新时代新理念职业教育教材·工科专业平台基础课系列

机 械 设 备

主　编　赵建英

副主编　张永红　李　红

北京交通大学出版社
·北京·

内 容 简 介

本教材内容包括绪论、内燃机、机床运动基本知识、车床、铣床、机床主要部件结构、其他设备、常用设备的安装与故障分析。本教材内容精练，以实用、够用为原则。本教材重点介绍通用设备的工作原理和典型结构，既体现了专业基础知识之间的相互联系，又具有典型性和通用性。通过学习常用、通用设备，使学生懂得常用机械设备的用途、工作原理、结构组成、技术性能等，了解常见机械设备故障的产生原因及排除方法。培养学生综合职业能力，起到举一反三、触类旁通的作用，为今后从事机械设备的操作、技术改造、设备更新以及安装调试等工作打下基础。每章后附一定数量的练习与思考题，可供学生巩固知识。

本教材可作为高职、中职、技工学校机械类、机电类专业学生的教学用书和在职职工的培训用书，也可作为相关工程技术人员的参考书。

图书在版编目（CIP）数据

机械设备 / 赵建英主编. —北京：北京交通大学出版社，2024.1
ISBN 978-7-5121-5187-1

Ⅰ. ①机… Ⅱ. ①赵… Ⅲ. ①机械设备 Ⅳ. ① TB4

中国国家版本馆 CIP 数据核字（2024）第 019931 号

机械设备
JIXIE SHEBEI

责任编辑：刘　蕊

出版发行：北京交通大学出版社　　　　　　电话：010-51686414　　　http://www.bjtup.com.cn
地　　址：北京市海淀区高梁桥斜街 44 号　　邮编：100044
印 刷 者：北京鑫海金澳胶印有限公司
经　　销：全国新华书店
开　　本：185 mm×260 mm　　印张：12　　字数：292 千字
版 印 次：2024 年 1 月第 1 版　　2024 年 1 月第 1 次印刷
印　　数：1～2 000 册　　定价：39.00 元

本书如有质量问题，请向北京交通大学出版社质监组反映。对您的意见和批评，我们表示欢迎和感谢。
投诉电话：010-51686043，51686008；传真：010-62225406；E-mail：press@bjtu.edu.cn。

前　言

　　机电技术应用专业因其就业面宽、就业范围广、适用行业种类多而吸引了许多学生选择，众多中、高职院校也因此开设了相关专业。中、高职职业教育的目标是培养高素质劳动者和技能型人才，中、高职职业教育的教材也必须服务于这个目标。机械设备是机械类、机电类等工科专业的主干课程之一，多年来，编者在职业教育和培训中积累了许多宝贵的经验，为了更好体现"以服务为宗旨、以就业为导向"的国家职业教育办学方针，为学生提供更实用的知识和技能，编者在深入企业调研、收集案例、查阅资料、制定课程标准的基础上，注重课程的职业性、基础性、针对性和服务性，同时着重考虑了企业常用、通用和典型的设备知识内容。本教材就是在此前提下，经过合理筛选与组织大量资料而编写的。本教材可作为高职、中职、技工学校机械类、机电类专业学生的教学用书和在职职工的培训用书，也可作为相关工程技术人员的参考书。

　　本教材内容包括绪论、内燃机、机床运动基本知识、车床、铣床、机床主要部件结构、其他设备、常用设备的安装与故障分析。本教材内容精练，以实用、够用为原则。本教材重点介绍通用设备的工作原理和典型结构，既体现了专业基础知识之间的相互联系，又具有典型性和通用性。通过学习常用、通用设备，使学生懂得常用机械设备的用途、工作原理、结构组成、技术性能等，了解常见机械设备故障的产生原因及排除方法。培养学生综合职业能力，起到举一反三、触类旁通的作用，为今后从事机械设备的操作、技术改造、设备更新以及安装调试等工作打下基础。每章后附一定数量的练习与思考题，可供学生巩固知识。

　　本教材由赵建英担任主编，张永红、李红担任副主编，具体参编人员及分工如下：张永红编写第一章第一节至第六节，杜凯伦编写第一章第七节至第八节，贾毅编写第一章第九节至第十一节，延晋文编写第二章，赵建英编写第三章，李红编写第四章，张斌兴编写第五章，来杰编写第六章，田博编写第七章。在编写过程中，编者参考了一些文献资料，在此谨向这些文献资料的作者致以诚挚的谢意。由于编者水平有限，书中难免有疏漏和不妥之处，希望广大读者批评指正。

编　者

2023 年 11 月

目　　录

绪　　论

一、机械设备的分类

企业生产中所用的机械设备，由于企业性质的不同及设备自身用途的不同，在其形状、大小、性能等方面差别很大，种类极其繁多。为了设计、制造、管理及使用方便，我们常按不同需要、不同的目的对设备进行分类，常用的分类方法有以下几种。

1. 按设备用途分类

这种分类方法应用十分广泛，是管理部门、生产部门常用的一种分类方法。根据用途不同，将机械设备分为以下十大类。

1）动力机械

动力机械指用作动力来源的机械，也就是原动机。如日常机器中常用的电动机、内燃机、燃气轮机以及在无电源的地方使用的联合动力装置。

2）金属切削机床

金属切削机床指对机械零件的毛坯或半成品进行金属切削加工用的机械。由于其产品的工作原理、结构性能、特点和加工范围不同，又分为车床、铣床、钻床、锯床、镗床、拉床、磨床及其他机床等。

3）金属成型机床

金属成型机床指除金属切削机床以外的金属加工机械。如锻压机械、铸造机械等。

4）交通运输机械

交通运输机械指用于长距离载人和载物的机械。如飞机、汽车、火车、船舶等。

5）起重运输机械

起重运输机械指用于在一定距离内提升或移动人或货物的机械。如各种起重机、运输机、升降机、卷扬机等。

6）工程机械

工程机械指在各种工程建设中，能够代替笨重体力劳动的机械与机具。包括挖掘机、铲土运输机、工程起重机、压实机、打桩机、钢筋切割机、混凝土搅拌机、装修机、路面机、凿岩机、军工专用工程机械、线路工程机械以及专用工程机械等。

7）农业机械

农业机械指用于农、林、牧、副、渔业等各种生产中的机械。如拖拉机、排灌机、林业机械、牧业机械、渔业机械等。

8）通用机械

通用机械指广泛用于工农业生产各部门、科研单位、国防建设和生活设施中的机械。如泵、阀、制冷设备、压气机和风机等。

9）轻工机械

轻工机械指用于轻纺工业部门的机械。如纺织机械、食品加工机械、印刷机械、制药机械、造纸机械等。

10）专用机械

专用机械指国民经济各部门生产中所特有的机械。如冶金机械、采煤机械、化工机械、石油机械等。

2. 按使用性质分类

这种分类方法以使用性质的区别作为基本依据，将机械设备分为以下六大类。

1）生产用机械设备

生产用机械设备指发生直接生产行为的机械设备。如动力设备、起重运输设备、电气设备、工作机器及设备、测试仪器及其他生产用具等。

2）非生产用机械设备

非生产用机械设备主要指企业中福利、教育部门和专设的科研机构等单位所使用的设备。

3）租出机械设备

租出机械设备指按规定出租给外单位使用的机械设备。

4）未使用机械设备

未使用机械设备指未投入使用的新设备和存放在仓库准备安装投产或正在改造、尚未验收投产的设备等。

5）不需用机械设备

不需用机械设备指不适合本单位需要、已报请上级等待调出处理的各种设备。

6）融资租入机械设备

融资租入机械设备指企业以融资租赁方式租入的机械设备。

二、机械设备在国民经济中的地位及发展概况

机械设备由一定形状和尺寸的机械零件组成。生产这些零件并把它们装配成机械设备或工具的工业，称为机械制造工业。提高机械设备使用效益，维护其技术状态，保证机械设备正常运行的行业称为机械设备维修与管理行业。金属切削机床就是生产和制造机器的机器，又称工作母机。它是用切削、特种加工等方法加工金属工件，使之达到所要求的几何形状、尺寸精度和表面质量的机器。在一般机械制造工厂中，机床所担负的工作总量，占机器制造工作总量的40%～60%，机床的技术性能直接影响到机械制造业的产品质量和生产经营效益。由此可见，机床在机械制造业中占有重要的地位。

其他机械设备，如内燃机、泵、空压机等，在机械制造行业及其他行业中，用于供水、供气、通风、供能等，为机械制造业和其他行业提供生产、生活的保障，对维持生产的正常进行有着重要的作用。

机械设备是随着社会生产的发展和科学技术的进步而不断发展、不断完善的。

早在6000多年前，就有了原始的钻床和木工车床。使用弓钻在石斧、陶瓷上钻孔，并出现了把木料支承在两个支架上，拉动绕在其上的绳子使木料旋转，用手握刀具"车削"回转

体的加工方法。17 世纪中叶，畜力开始代替人力作为机床的动力，但仍然用手握刀具加工，其加工质量完全取决于操作者的熟练程度，且劳动条件十分艰苦，生产效率极低。与此同时，又创造了加工天文仪器上大铜环的平面铣床和磨床。18 世纪，随着蒸汽机的发明问世以及机动走刀架的创造，以蒸汽为动力，对机床进行驱动或通过天轴对机床进行集群驱动，才基本上解放了操作者的双手，并使加工质量和加工效率有了明显的提高，初步形成了现代机床的雏形。19 世纪 20 年代初，随着电动机的问世，蒸汽机被取代，以电动机为动力，通过天轴对机床进行集群驱动，随后又用单独电动机的全齿轮传动，机床才基本具备了现代的结构形式。20 世纪初至 20 世纪 40 年代，由于高速钢和硬质合金的相继出现，促使机床向加大转速、功率和提高刚性结构的方向发展。同时，由于交流电动机、齿轮、滚动轴承、电气、液压等技术都有很大进步，使机床的传动、结构和控制等方面得到很大改进，机床的加工精度和生产效率显著提高。此外，机床的品种也有了进一步发展。例如各种高效率自动化机床、重型机床和精密机床相继制造成功。机床已发展成类型品种繁多、结构性能相当完善的现代化加工设备。20 世纪 50 年代，世界科学技术迅速发展，新的科研成果在工业生产领域中的大量应用，改变着现代机械制造生产技术的面貌，这促使机床进一步向提高加工精度、生产效率和自动化程度方向发展。此外，随着产品设计技术和材料技术的发展，机械产品中特殊形状和特殊材料的零件越来越多。为解决这些零件的加工问题，开发研制了一系列新工艺和新设备，如电火花加工机床、电解加工机床、超声波加工机床、电子束加工机床和激光加工机床等。

由上述机床的发展历史来看，机床总是随着机械工业的扩大和科学技术的进步而发展的，并始终围绕着不断提高生产效率、加工精度、自动化程度和降低生产成本，提高企业生产经营效益而进行，现代机床总的趋势仍然是继续沿着这一方向发展。

其他机械设备也是在人类改造自然的过程中不断发展成熟起来的。约公元前 1760—前 1756 年间，我国就发明了农田灌溉用的提水起重工具——桔槔；公元前 1115—前 1079 年间，发明了辘轳；公元 186—189 年间，又发明了脚踏水车。鼓风机最早的应用是从冶金事业开始的，我国利用水力作动力的鼓风机——木排，要比欧洲发明的水力鼓风机早 1 000 多年。

秦始皇陵出土的"铜车马"，就是 2 000 多年前使用的一种以马为原动力的高级轿车的缩型。铜车马用的材料几乎全为青铜，此外还有少量金、银材料的零件。组成铜车马的零件有近 3 000 个，最大的长达 2 460 mm，最小的不足 10 mm，许多零件结构特殊、装配工艺复杂、连接方式科学。从铜车马可以看出，当时车的设计制造已达到很高的水平，热、冷加工技术相当精湛高超。

三国、隋、唐、宋时期，我国的运输工具和兵器不断发展。诸葛亮为运送军需而设计的"木牛流马"，就是适合山地运输行走，省力并设有刹车装置的运输机械。古代还出现过一些构思巧妙的自动机械，是我国机械水平进一步提高的标志。十矢连弩就是其一，它用板木张弦，发出一箭后，又落至下一箭就位，可连发 10 支。指南针是我国古代机械科技成果的杰出代表。这些自动机械不但是我国科技中的瑰宝，而且在世界上产生了较大影响。

由于封建社会的长期统治，使我国机械工业的发展受到严重限制。与此同时，欧洲的科技和机械工业有了迅速发展。新中国成立前，所有的机器几乎都是舶来品，整个机械工业处于十分落后的状态。

新中国成立后，我国的机械工业开始进入现代机械时期，发展十分迅速。机械产品由测绘仿制变为自行设计制造，已进入世界先进行列。

机械设备是工业的"心脏"，是一切经济部门发展的基础。它的发展水平是衡量一个国家工业化程度的重要标志。发达国家重视装备制造业的发展，不仅在于其在本国工业中所占比重大、就业贡献占前列，更在于装备制造业为新技术、新产品的开发和生产提供重要的物质基础，是现代化经济不可缺少的战略性产业，即使是迈进"信息化社会"的工业化国家，也无不高度重视机械设备制造业的发展。如20世纪初形成的汽车工业，使整个20世纪成为内燃机汽车工业蓬勃发展的时期，美国、西欧和日本相继形成宏大的汽车工业体系，并发展为支柱产业。

我国正处于加快推进工业化进程中，制造业是国民经济的重要支柱和基础。据有关资料统计，我国的固定资产总值中，机械设备约占60%以上，机械产业对国民经济的发展有着举足轻重的作用，在我国发展工业化进程中具有战略性的地位，对我国的重大工程建设和重点产业调整有非常重要的作用。

本教材所介绍的常用机械设备概况，从机械设备的宏观表征出发，认识和了解设备的特性、用途、种类、名词术语、工作原理、一般结构、主要零部件及其功用，旨在扩大学生的知识面，增加机械方面的知识，以适应将来的工作需要。

第一章 内 燃 机

第一节 概 述

将热能转变为机械能的机器称为热机。根据燃料燃烧所处部位不同，热机又有外燃机和内燃机之分。燃料在机器外部燃烧的叫外燃机，如蒸汽机，其特点是气体在锅筒外部的炉膛内燃烧，其热能将锅筒内的水加热成为高温高压的水蒸气，再由水蒸气转变为机械能。燃料在机器内部燃烧的叫内燃机，如柴油机、汽油机等，其特点是燃烧的气体所含的热能直接转变为机械能。

内燃机具有结构紧凑、热效率高、体积小、重量轻等特点，被广泛应用于飞机、火车、汽车、船舶等交通工具以及农用机械、石油钻采及发电设备作为动力装置。

一、内燃机的分类

内燃机按其将热能转化为机械能的形式，可分为活塞式内燃机和燃气轮机两大类。活塞式内燃机按活塞的运动方式又分为往复活塞式和旋转活塞式两种。前者应用较多，通常所说的内燃机，一般均指往复活塞式内燃机。我们主要学习应用最广泛的往复活塞式内燃机。

按所用燃料不同内燃机可分为汽油机、柴油机、煤气机等。汽车上多用汽油机、柴油机，煤气机一般用在燃料来源丰富的地区，用于固定式内燃机。

按一个工作循环的行程数不同分四冲程和二冲程内燃机。大多数汽车、拖拉机的内燃机是四冲程内燃机。二冲程内燃机一般用作小型动力，如摩托车或小型船用动力等。

按燃料点火方式不同内燃机可分为压燃式和点燃式两类。压燃式内燃机是由雾状燃料与空气的混合气，在压缩过程中形成高温高压气体后自燃着火燃烧做功，如柴油机。点燃式内燃机是由电火花放电点燃混合气体后燃烧做功，如汽油机。

按冷却方式不同内燃机可分为水冷式和风冷式。其中以水冷式居多。

按气缸排列方式不同内燃机可分为直列式内燃机、V形内燃机和对置气缸式内燃机等。

内燃机是一部由许多机构和系统组成的复杂机器。内燃机类型很多，具体结构也不完全相同，但它们都有下列机构和系统，即机体、曲柄连杆机构、配气机构、燃料供给系统、冷却系统、润滑系统、起动系统、汽油机点火系统。

二、内燃机名称及型号编制规则

为了生产、使用和识别不同的内燃机，国家制定了《内燃机产品名称和型号编制规则》（GB/T 725—2008）。该规则中规定内燃机型号由四部分组成。其顺序及符号所代表的意义规定如下。

（1）第一部分为产品特征代号，产品特征代号可包括产品系列代号、换代符号和地方或企业代号，由制造商根据需要自选相应字母表示，需经主管部门批准。

（2）第二部分由气缸数、气缸布置形式符号、冲程型式符号和缸径符号组成。其中气缸数和缸径用数字表示；冲程型式用 E 表示二冲程（四冲程不标号）；气缸布置形式用 V 表示 V 形，用 P 表示卧式，多缸直列及单缸不标号。

（3）第三部分用字母表示结构特征和用途特征，其中结构特征中 N 表示凝气冷却、F 表示风冷、DZ 表示可倒转（直接换向）、S 表示十字头式、Z 表示增压、无符号表示水冷；用途特征中 T 表示拖拉机、M 表示摩托车、G 表示工程机械、Q 表示汽车、J 表示铁路机车、D 表示发电机组、C 表示船用主机及右机基本型、CZ 表示船用主机及左机基本型、无符号表示通用型及固定动力。

（4）第四部分为区分符号，同系列产品需要区分时，由制造商选用适当的符号表示。

下面列举几个内燃机型号。

1E65F 型汽油机，表示单缸、二冲程、缸径 65 mm、风冷、通用型。

6100Q-1 型汽油机，表示六缸、四冲程、缸径 100 mm、水冷、车用、第一种变型产品。

495T 型柴油机，表示四缸、直列、四冲程、缸径 95 mm、水冷、拖拉机用。

12V135Z 型柴油机，表示十二缸、V 形、四冲程、缸径 135 mm、水冷、增压通用型。

第二节　内燃机的一般构造、名词术语和组成

一、内燃机的一般构造

内燃机的一般构造是曲柄连杆机构，也被称为内燃机的基本构造，是内燃机的工作核心，图 1.1 所示为单缸汽油机的基本结构。

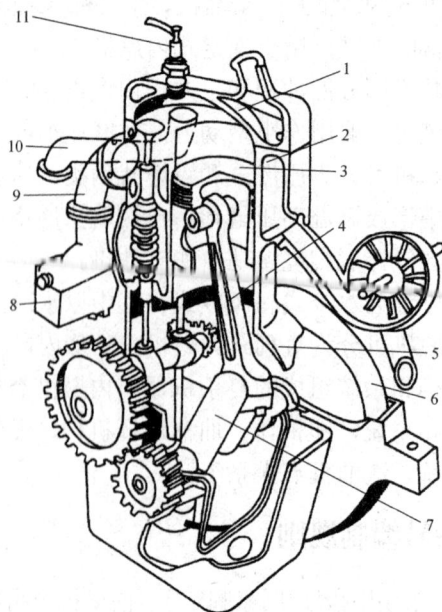

1—气缸盖；2—气缸；3—活塞；4—连杆；5—曲轴箱；6—飞轮；7—曲轴；8—化油器；9—进气管；10—排气管；11—火花塞

图 1.1　单缸汽油机的基本结构

气缸 2 内装有活塞 3，活塞通过活塞销、连杆 4 与曲轴 7 相连接，曲轴的两端支承在曲轴箱 5 的轴承上，曲轴的一端装有飞轮 6。活塞在气缸内作往复直线运动，通过连杆带动曲轴转动。活塞往复一次，曲轴旋转一圈。如此往复循环，使内燃机连续转动。在气缸盖 1 上设有进气门和排气门，以便吸入新鲜气体和排出废气。

二、内燃机的常用名词术语

图 1.2 为内燃机常用名词术语示意图。

上止点：活塞 4 顶面离曲轴回转中心 2 最远的位置，即活塞在气缸 5 中的最高位置。

下止点：活塞 4 顶面离曲轴回转中心 2 最近的位置，即活塞在气缸 5 中的最低位置。

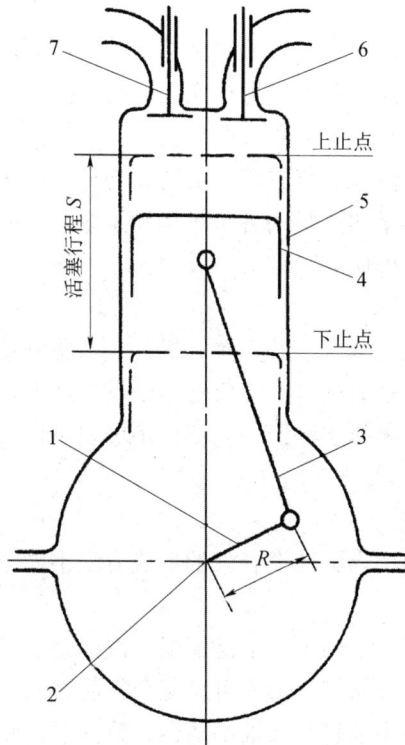

1—曲轴；2—曲轴回转中心；3—连杆；4—活塞；5—气缸；6—排气门；7—进气门

图 1.2　内燃机常用名词术语示意图

活塞行程（简称行程或冲程）：活塞运行的上、下两止点之间的距离，用 S 表示。曲轴每转 180°，活塞运动一个行程，S 等于曲轴 1 半径 R 的两倍。

气缸余隙容积（燃烧室总容积）：活塞在上止点时，活塞顶与气缸盖之间的气缸容积，用 V_{ce} 表示。它是气缸的最小容积。

气缸工作容积（活塞排量）：活塞从上止点到下止点所扫过的容积（单位为 L），即活塞面积与行程的乘积，用 V_s 表示，即

$$V_s = \frac{\pi D^2}{4 \times 10^6} S \tag{1-1}$$

式中：D——气缸直径，单位为 mm；

S——活塞行程，单位为 mm。

气缸最大容积：指活塞在下止点时，活塞顶面所封闭的气缸容积，用 V_t 表示，即

$$V_t = V_s + V_{ce} \tag{1-2}$$

压缩比：气缸最大容积与余隙容积之比，用 ε_c 表示。

压缩比表示活塞从下止点移到上止点时，气体在气缸内被压缩的程度。ε_c 越大，表示气体在气缸内受压缩的程度越大，压缩终了气体的压力和温度越高。一般柴油机的压缩比为 14～20，汽油机的压缩比为 6～9。

三、内燃机的组成部分

各种类型的往复式内燃机，尽管工作原理和具体结构不同，但它们都是为了完成把燃料燃烧产生的热能转变为机械能这一根本任务。它们一般都由下列机构和系统组成。

1. 曲柄连杆机构

曲柄连杆机构主要包括气缸体、气缸盖、活塞、连杆、曲轴、飞轮和曲轴箱等机件，气缸体、气缸盖和曲轴箱用以支承内燃机的各个机构和系统。活塞在气缸中作往复运动时，连杆使曲轴作旋转运动，从而对外做功。

2. 配气机构

配气机构主要由气门、气门弹簧、凸轮轴、挺杆、凸轮轴传动机构等零部件组成。其功用是根据内燃机的工作需要，适时地打开进气通道或排气通道，以便使可燃混合气体及时进入气缸，或使废气及时从气缸内排出；而当内燃机不需要进排气时，则控制气门将进气通道或排气通道关闭，保持气缸密封。

3. 燃料供给系统

由于汽油机和柴油机使用的燃料和混合气的形成方法不同，它们的燃料供给系统有很大差别。

汽油机燃料供给系统主要由油箱、汽油滤清器、汽油泵、空气滤清器和化油器等组成。它的作用是将一定量的干净空气与汽油形成可燃混合气后送入气缸。

柴油机燃料供给系统主要由油箱、柴油滤清器、输油泵、喷油泵、喷油器等组成。它的作用是将干净的柴油按一定要求喷入气缸。

4. 润滑系统

润滑系统主要由机油泵、机油滤清器及润滑油道组成。它主要用来润滑零件表面，减少摩擦和磨损。

5. 冷却系统

内燃机多采用水冷却系统，水冷却系统主要由水套、水泵、散热器、风扇等组成。空气冷却系统则主要由气缸体、散热片、风扇等组成。

6. 点火系统

点火系统是汽油机所特有的一个系统。它的作用是适时地点燃气缸内的可燃混合气。点火系统分蓄电池点火系统和磁电机点火系统。蓄电池点火系统主要由蓄电池、火花塞、点火线圈、分电器等组成；磁电机点火系统主要由磁电机和火花塞等组成。

7. 起动装置

要使内燃机由静止状态转入运转状态，必须借助外力（人力或其他动力）使曲轴旋转并达到一定的转速，以使气缸内的可燃混合气体实现第一次燃烧从而转为自行运转。这一装置称为起动装置。人力（手摇）起动只适用于小功率的内燃机，较大功率的内燃机则必须采用起动电动机、起动汽油机、压缩空气起动设备等装置。此外，为了方便起动，多数柴油机还设有减压机构和预热装置。

第三节 内燃机的工作原理

一、四冲程内燃机的工作原理

1. 单缸四冲程汽油机的工作原理

单缸四冲程汽油机工作过程如图 1.3 所示。

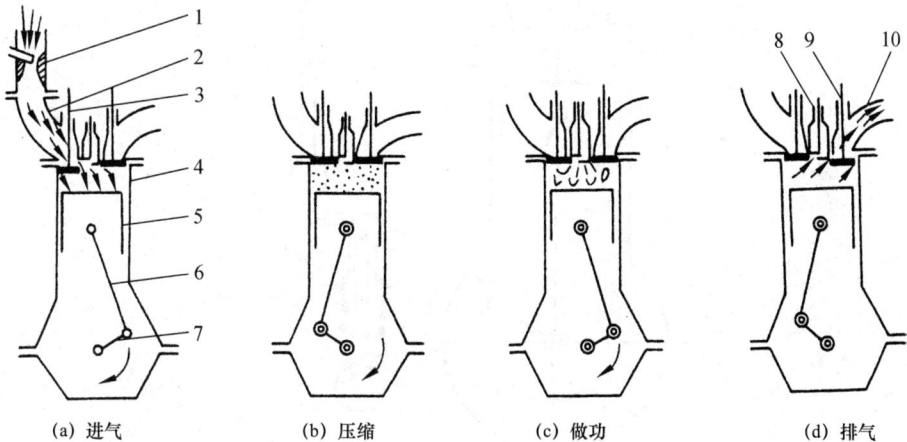

(a) 进气 　　(b) 压缩 　　(c) 做功 　　(d) 排气

1—化油器；2—进气管；3—进气门；4—气缸；5—活塞；6—连杆；7—曲轴；8—火花塞；9—排气门；10—排气管

图 1.3 单缸四冲程汽油机工作过程

（1）进气行程，如图 1.3（a）所示。气缸内吸入空气与汽油混合的可燃混合气，在进气管道上装有形成可燃混合气的部件——化油器 1。此时，排气门 9 关闭，进气门 3 开启，活塞 5 通过连杆 6 被曲轴 7 带动，从上止点到下止点移动一个行程。当活塞从上止点向下止点移动时，气缸内压力降到大气压以下，即在气缸内产生真空，于是可燃混合气便经进气管 2、进气门 3 被吸入气缸 4。压力为 73.6～88.3 kPa，温度为 370～400 K。

（2）压缩行程，如图 1.3（b）所示。为了使吸入气缸内的可燃混合气能迅速燃烧，从而产生较高的压力使汽油机发出较大的功率，必须在燃烧前将可燃混合气压缩，以加大密度、升高温度。在压缩行程中，进、排气门均关闭，曲轴通过连杆推动活塞由下止点往上止点移动，当活塞到达上止点时（即压缩终了），可燃混合气被压缩到活塞上方的很小空间（即燃烧室）。此时，可燃混合气的压力升高到 830～1 960 kPa，温度可达 600～700 K。

（3）做功行程，如图 1.3（c）所示。在压缩终了时，燃烧室中的可燃混合气温度和压力都较高，装在气缸盖上的火花塞 8 即发出电火花，点燃被压缩的可燃混合气。此时，燃烧着的气体还未充分膨胀。压力和温度迅速增高，最高压力达 2 940～4 900 kPa，温度达 2 200～2 800 K。高温高压的燃气推动活塞从上止点向下止点移动，并通过连杆使曲轴旋转而做功。

（4）排气行程，如图 1.3（d）所示。当膨胀接近终了时，排气门开启，由于曲轴旋转，通过连杆推动活塞由下止点向上止点移动，使废气经排气门排出气缸。排气终了时，缸内压力为 103～123 kPa，温度为 900～1 100 K。

排气行程结束后，曲轴继续旋转，活塞由上止点向下止点移动，又开始进入了下一个循环的进气行程。如此不断地依次进行"进气—压缩—做功—排气"四个连续过程来实现能量的转换。汽油机每完成进气、压缩、做功、排气四个行程称为一个工作循环。

2. 单缸四冲程柴油机的工作原理

图 1.4 为四冲程柴油机工作原理示意图。

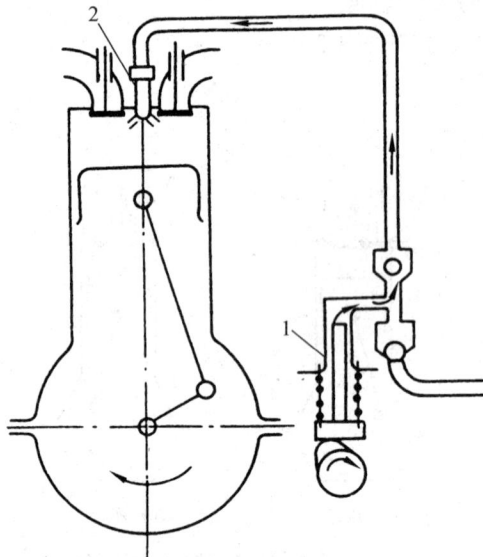

1—喷油泵；2—喷油器

图 1.4　四冲程柴油机工作原理示意图

柴油机在进气行程向气缸内吸入的是新鲜空气。在压缩行程接近终了时，柴油经喷油泵 1 将油压提高到 10 MPa 以上，经喷油器 2 喷入气缸，与压缩后的高温空气混合，形成可燃混合气。压缩终了时，气缸内气压可达 2 940～4 900 kPa，温度高达 750～1 000 K，超过柴油的自燃温度。因此，柴油雾化喷入气缸后，在很短的时间内与空气混合并立即自行发火燃烧。在缸内，气压急剧上升到 5 900～8 900 kPa，温度也上升到 2 000～2 500 K 时，活塞便在高压气体推动下，向下止点移动，带动曲轴旋转而做功。废气在做功行程终了时，开始通过排气门排出。

二、二冲程内燃机的工作原理

四冲程内燃机完成一个工作循环需经历四个行程。若把进气和排气两个过程合并到压缩和膨胀两个过程内，从而使内燃机在两个行程内（即活塞往复一次，曲轴转一周）完成一个工作循环，这种内燃机就是二冲程内燃机。二冲程内燃机的工作循环也是由进气、压缩、做功、排气四个工作过程组成，但是在两个行程内完成，因而其结构和原理与四冲程内燃机有很大差别。下面分别介绍单缸二冲程汽油机和单缸二冲程柴油机的工作原理。

1. 单缸二冲程汽油机的工作原理

图 1.5 所示为二冲程汽油机工作示意图。其结构的基本特点是没有专门的配气机构，但在气缸壁不同高度位置上开有三个孔，即进气孔 7、换气孔 1 和排气孔 5。其中进气孔将化油器与曲轴箱连通，换气孔将曲轴箱与气缸连通，排气孔将气缸与排气管连通。这种汽油机是利用活塞的上下移动来控制三孔的打开或关闭，达到配气的目的。

第一行程：活塞由下止点向上止点移动，当活塞将气缸壁上的三孔关闭时，开始压缩上一循环已进入缸内的可燃混合气，同时，由于活塞的上行，密封的曲轴箱空间变大，压力减小，形成真空，当活塞继续上行时，进气孔开启，在大气压力作用下，可燃混合气便进入曲轴箱，如图 1.5（a）所示。当活塞接近上止点时，火花塞发出的电火花点燃被压缩的可燃混合气，混合气燃烧后受热膨胀，缸内压力迅速增高。

第二行程：活塞在高压气体作用下，向下止点移动，如图 1.5（b）所示，通过连杆带动曲轴旋转做功。随着活塞的下移，进气孔逐渐被关闭，流入曲轴箱的可燃混合气得到初步压缩。当活塞接近下止点时，排气孔开启，如图 1.5（c）所示，缸内废气靠本身压力自行由排气孔排出。换气孔打开时，受到预压的可燃混合气便从曲轴箱经换气孔冲入气缸，对残留于气缸内的废气进行驱除，这时新鲜可燃混合气充满气缸。

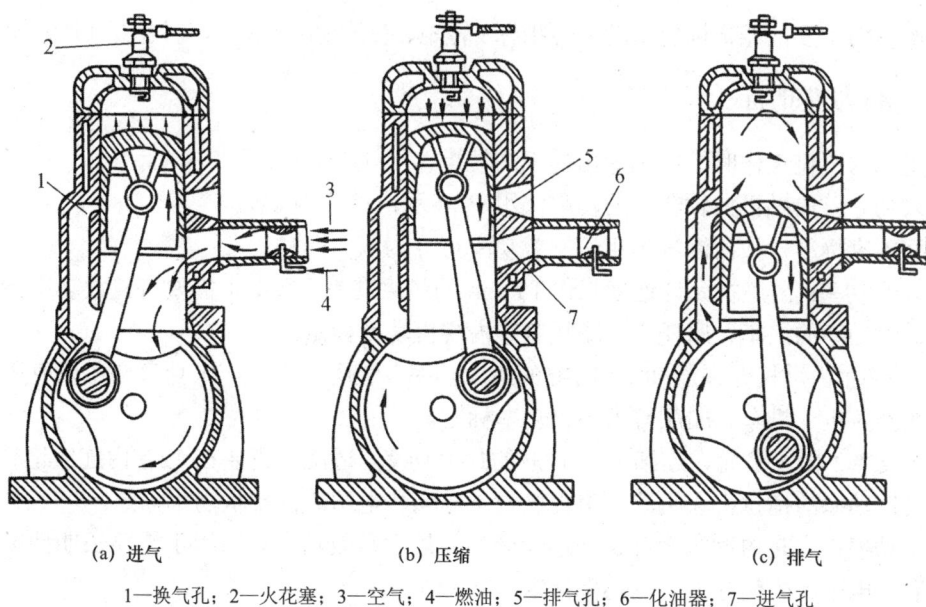

(a) 进气　　　　　(b) 压缩　　　　　(c) 排气

1—换气孔；2—火花塞；3—空气；4—燃油；5—排气孔；6—化油器；7—进气孔

图 1.5　二冲程汽油机工作示意图

活塞移到下止点时，第二行程结束，至此完成一个工作循环。二冲程汽油机就是这样往复不断循环进行工作的。

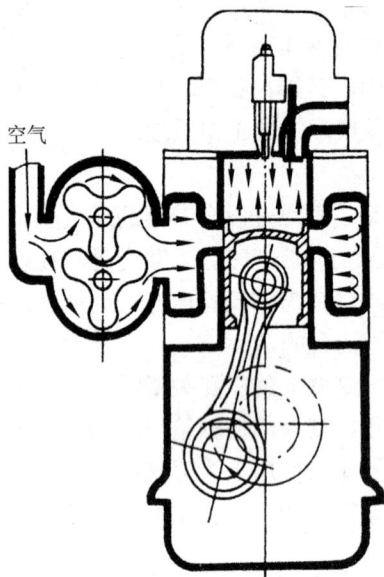

图 1.6　带扫气泵的二冲程柴油机工作示意图

2. 单缸二冲程柴油机的工作原理

图 1.6 所示为带扫气泵的二冲程柴油机工作示意图。

第一行程：活塞由下止点向上止点移动。行程开始前不久，进气孔、排气孔均开启，利用来自扫气泵被增压的空气使气缸换气。随着活塞上移，进气孔被遮盖，排气孔也关闭，气缸内的空气被压缩。当活塞接近上止点时，缸内气压增高，此时，柴油经喷油器喷入气缸，自行发火燃烧，缸内压力迅速增大。

第二行程：活塞在燃烧气体的膨胀压力作用下，自上止点向下止点移动，并带动曲轴旋转做功。活塞下行 2/3 行程时，通过排气孔排出废气。此后，缸内压力降低，进气孔开启，进行换气，直至活塞上移，完全遮盖进气孔为止。

这种类型的柴油机与二冲程汽油机相比，由于它是用纯空气驱除废气，没有燃料损失，因此经济效益较好。

第四节　内燃机的主要性能指标

内燃机的主要性能指标包括动力性指标（转矩、有效功率）和经济性指标（燃油消耗率）。

一、动力性指标

转矩：内燃机工作时，曲轴输出的平均转矩，用 T 表示。

有效功率：内燃机曲轴输出的功率，用 P_e 表示，单位为 kW。

根据国家标准，按内燃机的用途有效功率可分为以下四种。

15 min 功率：内燃机允许连续工作 15 min 的最大功率，适用于需要有较大功率储备或瞬时发出最大功率的汽车、摩托车、摩托艇等内燃机功率标定。

1 h 功率：内燃机允许连续工作 1 h 的最大功率，适用于需要一定功率储备以克服突增负荷的轮式拖拉机、机车、船舶等内燃机功率标定。

12 h 功率：内燃机允许连续工作 12 h 的最大功率，适用于需要在 12 h 内连续运转，又需要充分发挥功率的拖拉机、机车、工程机械、排灌和电站等内燃机功率标定。

持续功率：它是内燃机允许长期连续运转的最大有效功率。适用于需要长期持续运转的农业排灌、电站、船舶等内燃机功率标定。

内燃机产品铭牌（或说明书）上标明的功率和相应的转速称为标定功率和标定转速。

二、经济性指标

燃料消耗率：内燃机每发出 1 kW 有效功率，在 1 h 内所消耗的燃料质量称为燃油消耗率。

燃油消耗率越小，内燃机的经济性越好。

第五节 曲柄连杆机构

内燃机曲柄连杆机构的功用是将燃气在活塞顶上燃烧所产生的能量转变为曲轴的旋转并对外输出机械能。它的主要零部件有三组：机体组、活塞连杆组、曲轴飞轮组。

一、机体组

机体组包括气缸体、气缸盖及曲轴箱等，其构造如图 1.7 所示。机体组用来安装内燃机的所有零部件。机体上还加工有水道和油道，以确保零件工作时的冷却和润滑，其上有支撑支承，可将机体固定在机架上。

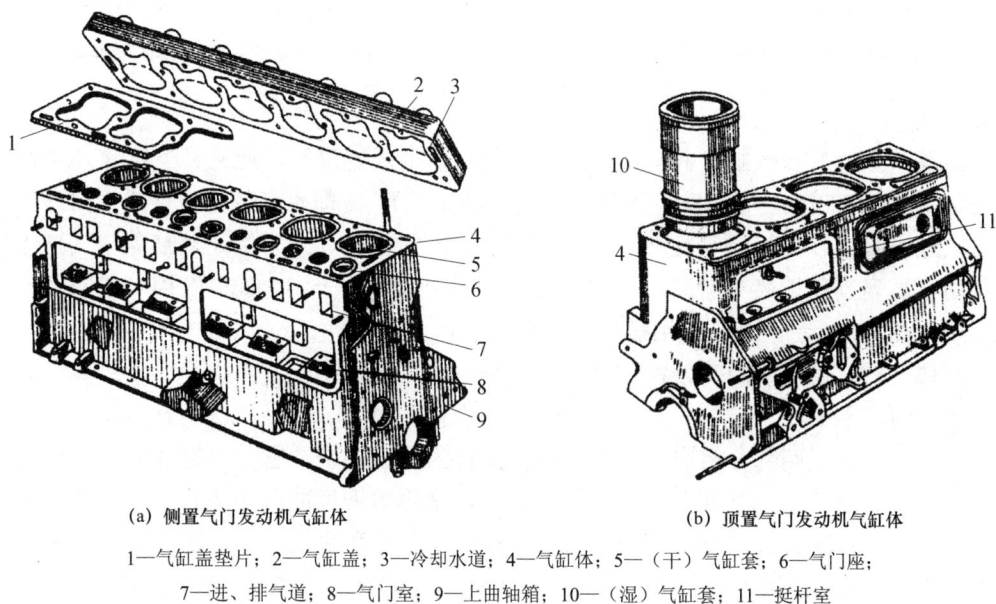

(a) 侧置气门发动机气缸体　　　　　　　　(b) 顶置气门发动机气缸体

1—气缸盖垫片；2—气缸盖；3—冷却水道；4—气缸体；5—（干）气缸套；6—气门座；
7—进、排气道；8—气门室；9—上曲轴箱；10—（湿）气缸套；11—挺杆室

图 1.7　机体组构造

1. 气缸体

气缸体上半部有一个或若干个为活塞在其中运动导向的圆柱形空腔，称为气缸。下半部为支承曲轴的曲轴箱，其内腔为曲轴运动的空间。

气缸工作表面由于常与高温高压的燃气相接触，又有活塞在其中作高速往复运动，所以气缸的工作温度很高，为此，必须对气缸随时加以冷却。冷却的方式有两种：水冷却和空气冷却（风冷）。内燃机上采用较多的是水冷却，缸体上有气缸套，气缸套有干式和湿式两种，如图 1.8 所示。湿式气缸套外壁直接与冷却水接触，干式气缸套外壁不直接与冷却水接触。

气缸套可用耐磨性较好的合金铸铁或合金钢制造。

内燃机用空气冷却时，在气缸体和气缸盖外表面铸有许多散热片，以增加散热面积，保证散热充分，如图 1.9 所示。

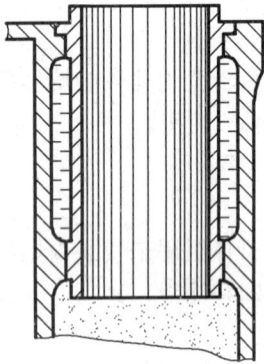

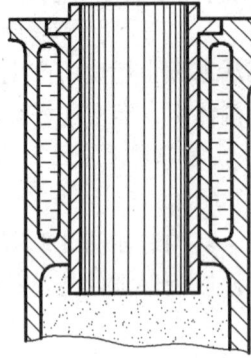

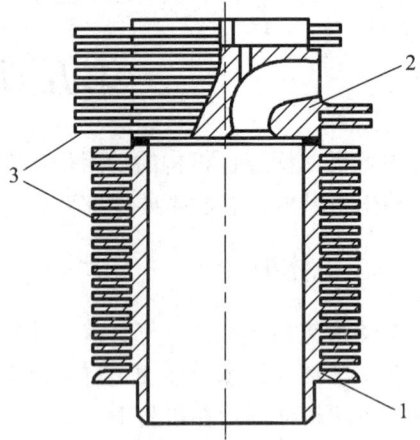

(a) 湿式气缸套   (b) 干式气缸套   1—气缸体；2—气缸盖；3—散热片

图 1.8 水冷式气缸体的结构形式   图 1.9 风冷式气缸体的结构形式

2. 气缸盖

气缸盖从上部密封气缸，并与活塞顶部和气缸壁形成燃烧室。此外，气缸盖还是许多零件的安装基体，气缸盖上设有火花塞座（或喷油器座孔）、冷却水套等。顶置式气门内燃机的气缸盖上还设有进、排气门座及气门导管孔和进、排气通道等。为保证气缸盖与气缸体间的密封，防止高温高压下燃气泄漏，在它们的结合面中间夹放一层金属－石棉制成的气缸盖垫片，形状如图 1.7 所示。气缸盖用螺栓紧固在气缸体上。

气缸体、气缸盖一般用灰铸铁、合金铸铁铸造或铝合金铸造。

3. 曲轴箱

曲轴箱由下、下两部分组成。曲轴箱的上部称为上曲轴箱，它与气缸体铸为一个整体，如图 1.7 所示；下部称为下曲轴箱，又称油底壳，常用薄钢板冲压而成。上、下曲轴箱用螺栓联接，中间夹有密封垫，以防机油泄漏。油底壳是贮存和收集润滑油的。油底壳底部装有放油螺塞，有的放油螺塞是磁性的，能收集机油中的金属屑，以减少内燃机运动零件的磨损。

二、活塞连杆组

活塞连杆组由活塞、活塞环、活塞销、连杆等机件组成，其构造如图 1.10 所示。活塞连杆组的功用是与气缸、气缸盖构成工作容积和燃烧室；承受燃气压力并通过连杆将活塞的往复直线运动变换成曲轴的旋转运动；密封气缸，防止燃气漏入曲轴箱和过多的机油窜入气缸。

1. 活塞

根据其作用，活塞可分为顶部、环槽部、裙部和活塞销座四部分。活塞顶部形状与所选用的燃烧室形式有关。汽油机一般采用平顶。柴油机则根据燃烧室的要求，设有各种不同形状的凹顶。环槽部车有若干活塞环槽，靠顶部的环槽装气环，一般为 2～3 道，下面的一道环槽装油环。油环槽的槽底钻有许多径向小孔，以便油环从缸壁上刮下的多余润滑油经此流回油底壳。裙部是活塞往复运动的导向部分。活塞销座用来安装活塞销，销座孔内有安放弹性卡环的卡环槽。

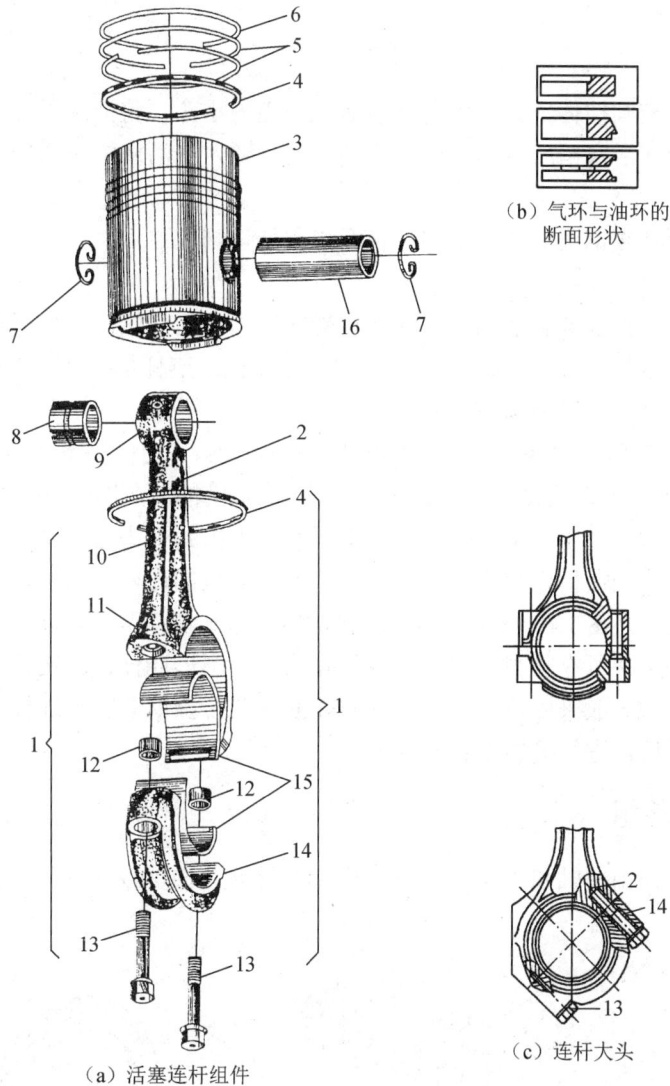

（b）气环与油环的断面形状

（a）活塞连杆组件

（c）连杆大头

1—连杆组件；2—连杆；3—活塞；4—油环；5—中气环；6—上气环；7—活塞销卡环；8—连杆衬套；9—连杆小头；
10—连杆杆身；11—连杆大头；12—定位套筒；13—连杆螺钉；14—连杆盖；15—连杆轴瓦；16—活塞销

图1.10　活塞连杆组构造

活塞一般用铝合金铸造。

2. 活塞环

活塞环是具有一定弹性的金属开口环，有气环和油环两种。气环的功用是密封活塞与气缸壁间的间隙，同时将活塞顶部的热量传给气缸壁，为活塞散热。油环用来刮除气缸壁上多余的机油，防止窜入燃烧室，并在气缸壁上均匀地布一层油膜，保证活塞、活塞环与气缸壁间的良好润滑。

活塞环目前多采用合金铸铁制成。

气环的断面形状如图1.10（b）上面两个图所示，有矩形、梯形等。油环的断面形状如图1.10（b）最下面一个图所示，其外圆上切有环形凹槽，槽底部开口有很多穿通的排油小孔或狭缝。

3. 活塞销

活塞销为一中空圆柱体，其功用是连接活塞与连杆小头，将活塞承受的气体作用力传给连杆。为防止浮动式活塞销产生轴向窜动而刮伤气缸壁，在活塞销座两端装有卡环以使活塞销轴向定位。

活塞销一般用低碳钢或低碳合金钢经表面渗碳处理制成。

4. 连杆

连杆的功用是连接活塞和曲轴，把活塞承受的压力传给曲轴，并将活塞的往复直线运动转变为曲轴的旋转运动。从图1.10（a）可以看出，连杆由连杆小头9、连杆杆身10、连杆大头11（包括连杆盖14）三部分组成。

连杆小头内装有减摩青铜衬套。为了润滑活塞销与衬套，在小头和衬套上开有集油孔或集油槽，用来收集内燃机运转时飞溅上来的机油。采用压力润滑的，在连杆杆身上开有压力油通道。

连杆杆身通常做成"工"字形断面，杆身断面从大头到小头逐渐变小。

连杆大头与曲轴的曲柄销相连。除了个别小型汽油机的连杆采用整体式大头外，连杆大头一般做成剖分式，如图1.10（c）所示。有斜切口和水平切口两种。被分开的部分称为连杆盖，用螺栓螺母联接并可靠紧固，大头孔内装有两个半圆形连杆瓦。连杆螺栓是一个承受交变载荷的重要零件，一般采用韧性较高的优质碳素钢或合金钢锻制。连杆一般用中碳钢或合金钢锻造而成，然后再进行机加工和热处理。

三、曲轴飞轮组

曲轴飞轮组主要由曲轴和飞轮等组成。图1.11所示为6100Q-1型汽油机的曲轴飞轮组。

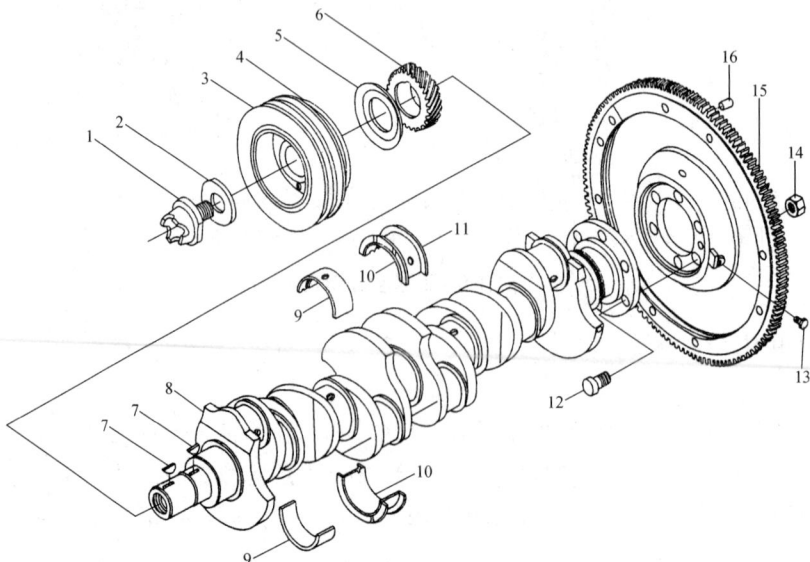

1—起动爪；2—锁紧垫圈；3—扭转减振器总成；4—带轮；5—挡油片；6—正时齿轮；7—半圆键；8—曲轴；
9, 10—主轴瓦；11—止推片；12—飞轮螺栓；13—滑脂嘴；14—螺母；15—飞轮与齿圈；16—离合器盖定位销

图1.11 6100Q-1型汽油机的曲轴飞轮组

1. 曲轴

曲轴的功用是把活塞的往复直线运动变为旋转运动，对外输出功率；另外，还用来驱动内燃机的配气机构及其他各种辅助装置。

曲轴有整体式和组合式两种，一般多采用整体式。曲轴的基本组成包括前端轴、主轴颈、连杆轴颈、曲柄、后端轴等。一个连杆轴颈和它两端的曲柄及主轴颈构成一个曲拐。

主轴颈和连杆轴颈：主轴颈是曲轴的支承部分，连杆轴颈也叫曲柄销，它与连杆大头相连。曲轴的形状和各曲拐的相对位置取决于气缸的数目与工作顺序。曲轴上钻有贯穿主轴颈、曲柄和连杆轴颈的润滑油道，图 1.12 所示为两种不同形式的曲轴油道。

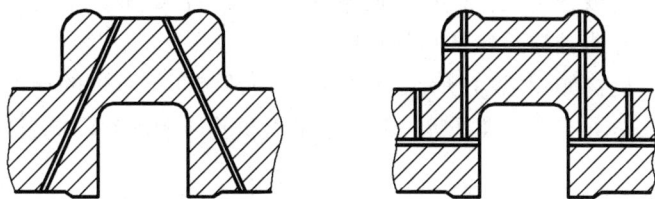

图 1.12 两种不同形式的曲轴油道

曲柄是主轴颈与连杆轴颈的连接部分。为了平衡曲轴旋转的惯性力，往往在曲柄上与连杆轴颈相反的方向装有平衡重物（或制成整体）。

前端轴和后端轴：前端轴是第一道主轴颈之前的部分，用来安装驱动其他装置的机件（如正时齿轮、带轮）等。后端轴是最后一道主轴颈之后的部分，一般在其后端有凸缘盘，用以安装飞轮。

曲轴一般采用中碳钢、中碳合金钢模锻或高强度的稀土球墨铸铁铸造，然后经机加工和热处理而成。

2. 飞轮

飞轮的主要功用是将做功冲程时的部分能量储存起来，用以带动曲柄连杆机构完成辅助冲程和通过上、下止点位置，保证内燃机工作的平稳性，使内燃机能克服短时间的超负荷。

飞轮采用灰铸铁制成。

第六节 配 气 机 构

配气机构的功用是按照内燃机的工作循环和各气缸点火顺序，定时开启和关闭进、排气门，使新鲜的可燃性混合气体（汽油机）或空气（柴油机）及时进入气缸，废气及时排出；同时在气门关闭时能封闭气缸内的高压气体。

一、配气机构的形式

配气机构一般有以下几种分类方法。

（1）按气门的位置不同，可分为顶置式气门配气机构和侧置式气门配气机构两大类。

（2）按凸轮轴的布置不同，可分为凸轮轴下置式、凸轮轴中置式和凸轮轴上置式。

（3）按每个气缸气门数目不同，可分为二气门式、四气门式、五气门式等多种。

（4）按曲轴和凸轮轴的传动方式不同，可分为齿轮传动式、链传动式和带传动式。

目前应用最广泛的是气门–凸轮式配气机构。

气门式配气机构中,顶置式气门配气机构应用特别广泛。

顶置式气门配气机构如图1.13所示。它主要由气门3、气门导管2、气门主弹簧4、气门副弹簧5、气门弹簧座6、锁片7、摇臂10、推杆13、挺柱14、凸轮15和正时齿轮等组成。进、排气门大头朝下,倒挂在气缸盖上。内燃机工作时,曲轴通过正时齿轮驱动凸轮轴旋转,再通过挺柱、推杆、摇臂来控制气门的开启和关闭。当凸轮转动到凸起部分顶起挺柱时,通过推杆和调整螺钉使摇臂轴摆动,压缩气门弹簧,使气门离座,即气门开启。当凸轮凸起部分滑过挺柱后,气门便在气门弹簧力作用下落座,即气门关闭。

四冲程内燃机每完成一个工作循环,曲轴旋转两周,各缸进、排气门各开启一次,此时凸轮轴只转一周,因此曲轴与凸轮轴的传动比为2:1。

侧置式气门配气机构如图1.14所示。进、排气门都装在气缸体的一侧,通过凸轮轴用挺柱直接驱动气门,省去了摇臂、推杆等,简化了配气机构。但因气门侧置,使燃烧室不紧凑,

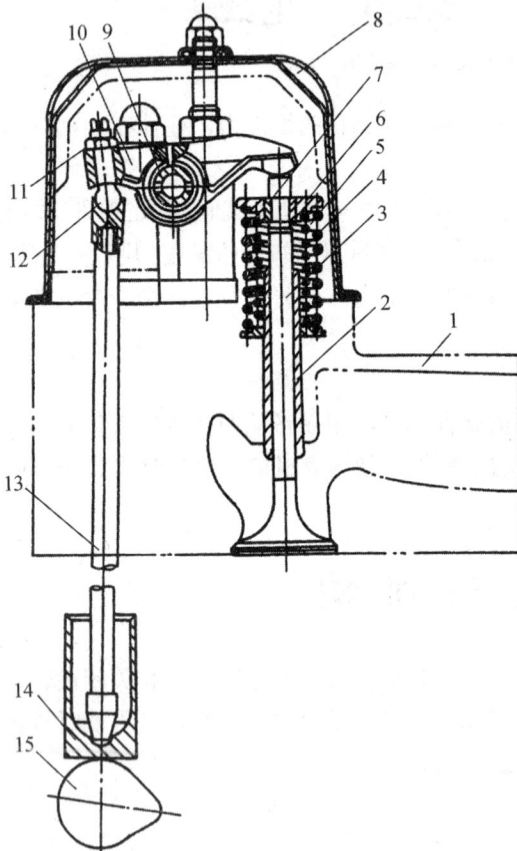

1—气缸盖;2—气门导管;3—气门;4—气门主弹簧;
5—气门副弹簧;6—气门弹簧座;7—锁片;8—气门室罩;
9—摇臂轴;10—摇臂;11—锁紧螺母;12—调整螺钉;
13—推杆;14—挺柱;15—凸轮

图1.13 顶置式气门配气机构

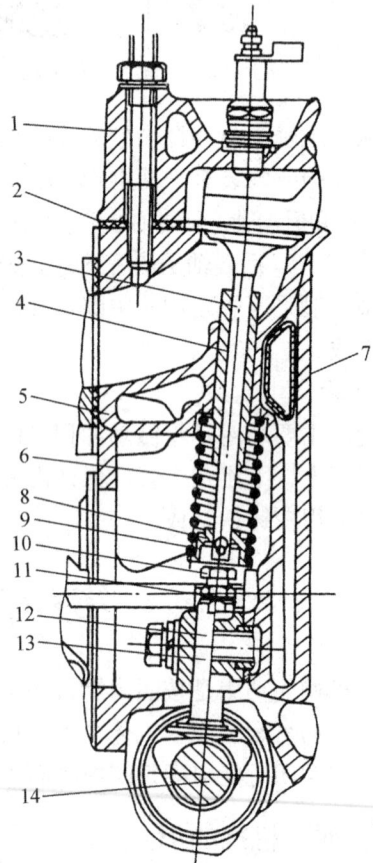

1—气缸盖;2—气缸盖垫片;3—气门;4—气门导管;
5—气缸体;6—气门弹簧;7—气缸壁;8—气门弹簧座;
9—锁销;10—调整螺钉;11—锁紧螺母;
12—挺柱;13—挺柱导管;14—凸轮轴

图1.14 侧置式气门配气机构

限制了压缩比的提高，不利于燃烧且增大了热量的损失，同时气体流动时拐弯多，进、排气阻力大。目前已被淘汰。

二、气门间隙

内燃机工作时，气门及其传动件受热膨胀会引起气门关闭不严，造成内燃机漏气，而使功率下降。为了消除这种现象，在内燃机冷态装配（气门须完全处于关闭状态）时，气门与传动件之间留有适当的间隙（即气门间隙），以补偿气门受热后的膨胀量。气门间隙必须定期检查和调整。为了能对气门间隙进行调整，在摇臂（或挺柱等）上装有调整螺钉及其锁紧螺母。

气门间隙的大小一般由生产商按设计试验确定。通常进气门间隙为 0.25～0.30 mm，排气门间隙为 0.30～0.35 mm。

三、配气机构的组件

配气机构由气门组和气门传动组两部分组成。

1. 气门组

图 1.15 所示为气门组，它包括气门、气门弹簧、气门座、锁片、气门导管等零件。它的功用主要是维持气门的关闭。这就要求：气门头部与气门座贴合紧密；气门导管对气门杆的上下运动有良好的导向；气门弹簧要有足够的弹力，以克服气门及其传动件的惯性力，使气门迅速关闭，确保气门与气门座间的紧密贴合。

气门分进、排气门两种，都采用合金钢制造。气门头部为平顶，与气门座间的配合面为 45°或 30°的锥面，以保证气门与气门座间的良好密封，防止漏气。气门上装有内、外两根旋向相反的弹簧，这样，可减小弹簧高度，当其中一根折断时，另一根仍能维持工作，并且能防止折断的弹簧卡入另一根弹簧圈内。

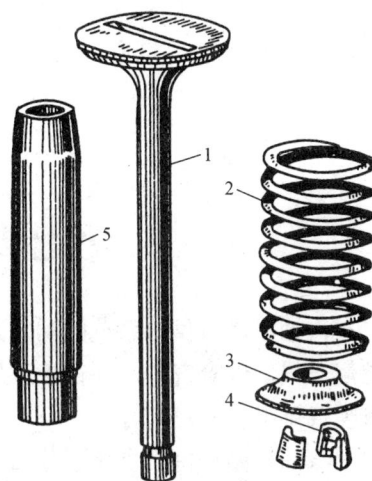

1—气门；2—气门弹簧；3—气门座；
4—锁片；5—气门导管

图 1.15 气门组

2. 气门传动组

气门传动组包括凸轮轴、正时齿轮、挺柱、调整螺钉（顶置式气门配气机构还有推杆和摇臂）等。其功用是定时驱动气门使其启闭。

凸轮轴一般都由曲轴通过正时齿轮驱动，如图 1.16 所示。

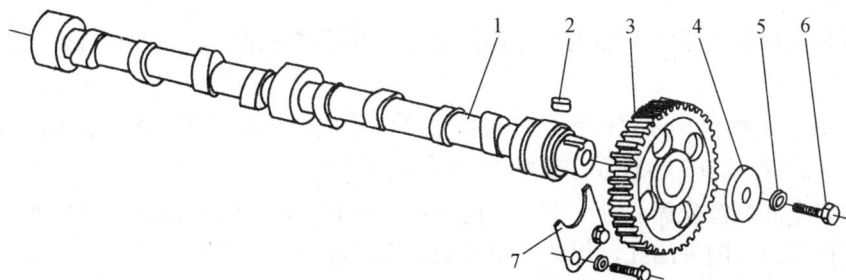

1—凸轮轴；2—键；3—正时齿轮；4—垫圈；5—弹簧垫圈；6—螺栓；7—止推片

图 1.16 凸轮轴

正时齿轮端面上应打上标记，安装时如图 1.17 所示那样，必须将标记对准，以保证正确的配气相位和发火时刻。

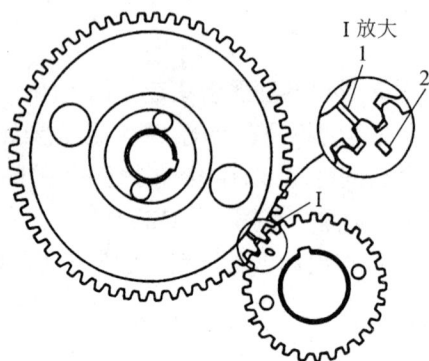

1，2—正时标记

图 1.17　正时齿轮安装示意图

第七节　汽油机燃料供给系统

汽油机燃料供给系统的功能是根据汽油机各种工况的要求，配制出一定数量和浓度的可燃混合气，供给气缸，并在接近压缩终了时点火燃烧而膨胀做功，做功行程完成后，将气缸内废气排出。

汽油机燃料供给系统可分为化油器式和电控燃油喷射式两种。化油器式结构简单，价格便宜，使用历史久远，但化油器供油方式对温度和环境变化比较敏感，已无法满足日益严格的排放法规要求，逐渐被电控燃油喷射式取代。

一、化油器式燃料供给系统

化油器式燃料供给系统如图 1.18 所示，由汽油箱 9、汽油滤清器 7、汽油泵 6、化油器 3 等组成。汽油在汽油泵吸力作用下，自汽油箱经汽油滤清器过滤后，吸入汽油泵，并被泵入化油器中。汽油在化油器中实现雾化和蒸发，并与来自空气滤清器的空气相混合形成可燃混合气，再经进气管分配到各个气缸。

1. 化油器

化油器是燃料供给系统中的主要部件，不同浓度不同流量的可燃混合气的配制就是靠化油器来提供的。

图 1.19 所示为简单化油器的构造与可燃混合气形成原理示意图。化油器由浮子室 10、浮子 11、针阀 12、量孔 9、喷管 3、喉管 2、节气门 4 等组成。

从汽油泵来的汽油先流入浮子室内，内燃机工作时，浮子便随油面的变化面上下波动，并带动针阀打开或关闭进油孔，保持浮子室的油面基本不变。内燃机工作前，喷管内的油面与浮子室内的油面高度相同。为防止汽油从喷管口溢出，一般喷管口高出油面 2～5 mm。浮子室上部有孔通大气，故若在喷管口处造成一定真空，即可将浮子室中的汽油吸出喷管。

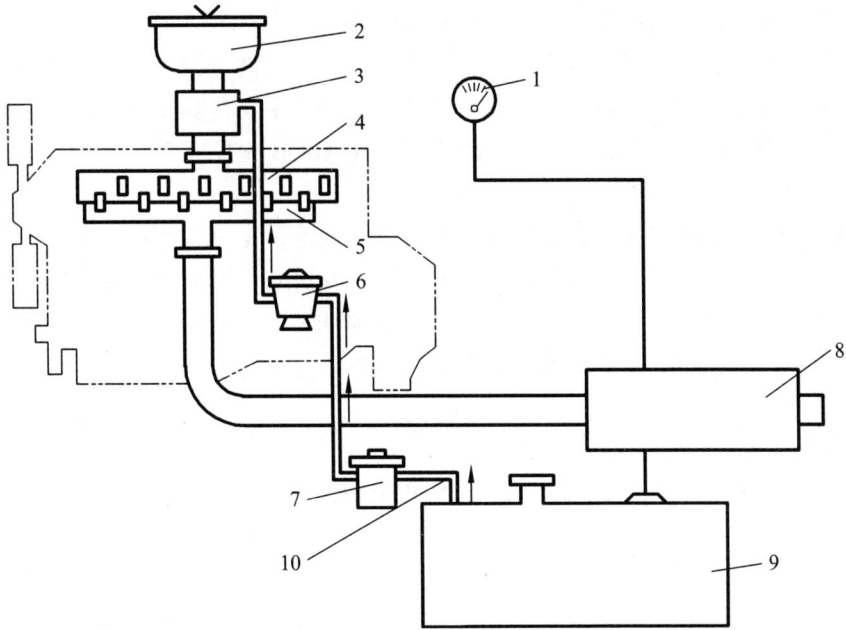

1—汽油表；2—空气滤清器；3—化油器；4—进气管；5—排气管；6—汽油泵；
7—汽油滤清器；8—排气消声器；9—汽油箱；10—油管

图1.18　化油器式燃料供给系统

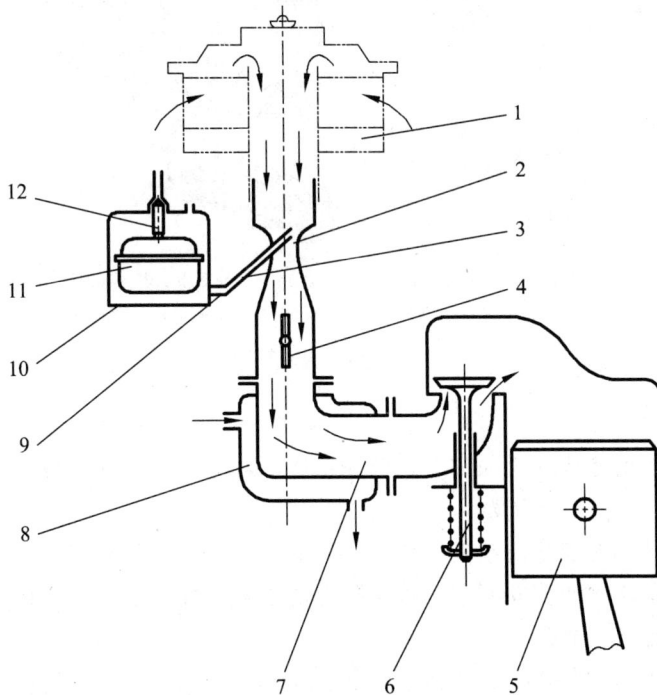

1—空气滤清器；2—喉管；3—喷管；4—节气门；5—活塞；6—进气门；7—进气管；
8—进气预热套；9—量孔；10—浮子室；11—浮子；12—针阀

图1.19　简单化油器的构造与可燃混合气形成原理示意图

浮子室下部装有尺寸精确的量孔，用来控制汽油的流量。

内燃机工作时，空气经空气滤清器、化油器、进气管流向气缸。当空气流入喉管的喉部时，因其截面积缩小，气流速度增大，压力降低，喉部产生一定真空度，因而汽油自浮子室经喷管喷入喉管中。喷出的汽油在喉部被高速的空气流冲散成雾状（称为雾化），并在进气管或缸内与空气混合成为可燃混合气。

化油器的喉部真空度取决于该处气流的速度，而流速又与空气流量有关。在汽油机工作时，通过改变节气门的开度，可以改变空气的流量，并引起可燃混合气浓度的变化。当汽油机转速一定时，节气门开度越大，则流速越高，喉部真空度越大，喷管喷出的油量越多，可燃混合气越浓。因此，通过调节节气门的开度，可以改变可燃混合气流入气缸的量，控制汽油机输出的功率。

2. 汽油箱

汽油箱如图 1.20 所示，其功用是贮存足够数量的汽油。

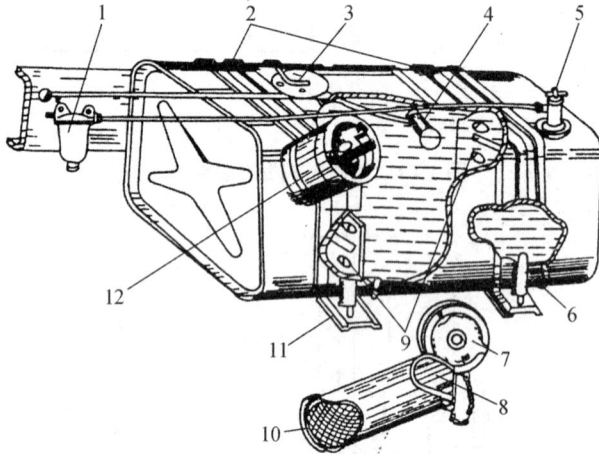

1—汽油滤清器；2—汽油箱固定箍带；3—油面指示传感器；4—油面指示表传感器浮子；5—出油开关；6—放油螺塞；7—汽油箱盖；8—加油延伸管；9—隔板；10—滤网；11—汽油箱支架；12—加油管

图 1.20　汽油箱

3. 汽油滤清器

汽油滤清器的功用是滤除汽油中的水分和杂质，保证汽油泵、化油器的正常工作。图 1.21 所示为最常见的 282 型汽油滤清器。

汽油机工作时，汽油在汽油泵的作用下，经进油口进入滤清器，水分和较重的杂质沉淀于杯底，较轻的杂质随汽油流向滤芯，被黏附在滤芯上，而清洁的汽油由滤芯的微孔渗入滤芯内部，经出油口流到汽油泵。

汽油滤清器的滤芯有多孔陶瓷式、金属缝隙式、纸质式等。

为了保证过滤效果和燃油通过能力，滤芯脏污后，应清洗或及时更换。

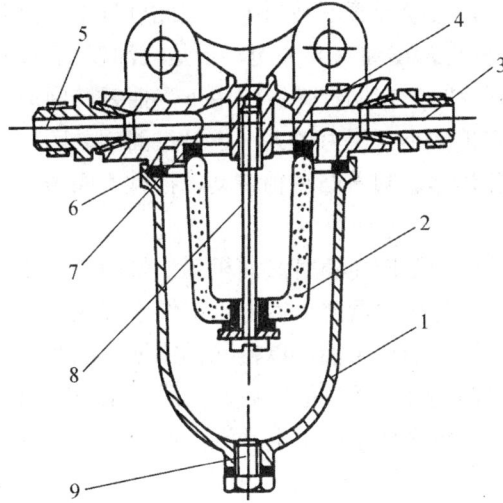

1—沉淀杯；2—滤芯；3—进油口；4—上盖；5—出油口；6，7—密封垫；8—螺栓；9—放油螺塞

图 1.21　282 型汽油滤清器

4. 汽油泵

汽油泵的功用是将汽油从油箱中吸出，保证连续不断地向化油器输送足够数量的汽油。

图 1.22 所示为最常见的机械驱动膜片式汽油泵。它装在汽油机的外侧，由配气机构的凸轮轴上的偏心轮驱动。

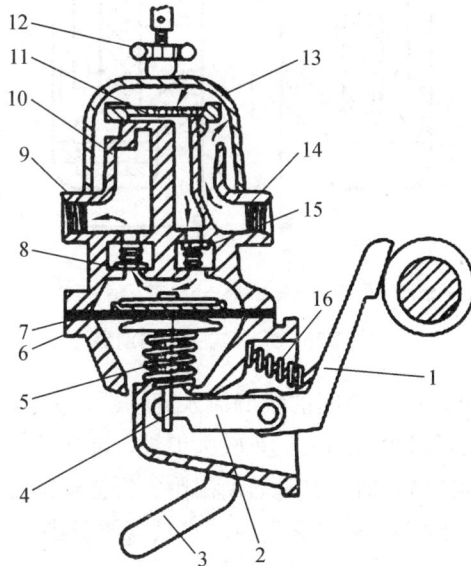

1—摇臂；2—联动杆；3—手摇臂；4—泵膜拉杆；5—泵膜弹簧；6—油泵下体；7—泵膜；8—出油阀；9—出油管接头；
10—油泵上体；11—滤网；12—油杯固定螺母；13—油杯；14—进油管接头；15—进油阀；16—摇臂弹簧

图 1.22　机械驱动膜片式汽油泵

凸轮转动时，偏心轮凸起部分摇动摇臂 1，压缩摇臂弹簧 16，同时，通过泵膜拉杆 4 将泵膜 7 拉到最低位置，此时，泵膜弹簧 5 被压缩。在此过程中，泵膜上方的容积增加，产生一定真空，因而进油阀 15 开启，出油阀 8 关闭，于是汽油便从进油管接头 14 经进油阀流入泵室。当偏心轮凸起部分转过时，在摇臂弹簧作用下，摇臂转回原位，泵膜便在泵膜弹簧作用下向上拱起，使其上方容积减小，压力增大，于是进油阀关闭，出油阀开启。汽油便从出油阀经出油管接头 9 流向化油器。随着凸轮轴转动，摇臂不断摆动，汽油不断地被泵送至化油器。

在汽油机正常工作时，汽油泵应能随着汽油机耗油量的变化而自动调节供油量。供油量的自动调节是由汽油泵的结构与化油器浮子室配合工作来实现的。

在汽油机启动之前，可用手摇臂泵油，以排除低压油路的空气。但应注意，使用手摇臂前，应转动曲轴，使偏心轮凸起部分转过摇臂后，再用手泵油，否则手泵油就不起作用。

近年来在汽车内燃机上，较多地采用了电动汽油泵。

5. 空气滤清器

空气滤清器的功用是清除空气中的灰尘杂质，将干净的空气送入气缸（或化油器）。

按照杂质被清除的方式不同，空气滤清器有惯性式、过滤式、油浴式之分。图 1.23 所示为综合式空气滤清器，它主要由盖 1、外壳 2、滤芯 7 等组成。

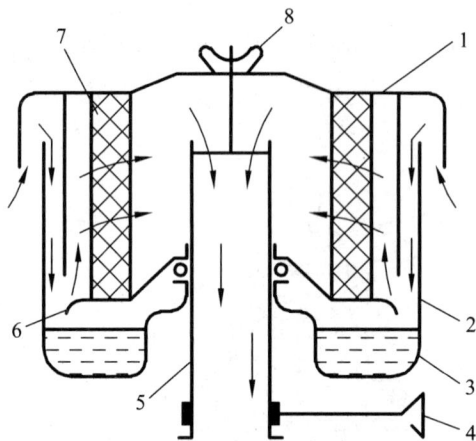

1—盖；2—外壳；3—油池；4—紧固夹螺栓；5—中心管；6—托盘；7—滤芯；8—固定螺母

图 1.23　综合式空气滤清器

内燃机工作时，空气从外壳与盖间的狭缝流入滤清器，先沿壳体与滤芯的环形空间向下冲，这样空气中带有的较大颗粒尘土因其具有较大惯性，冲向机油面，被机油黏附。较轻的尘土则在随空气穿过粘有机油的滤芯时，被滤芯所黏附。经滤清的空气便从中心管流入化油器。

目前，纸质干式空气滤清器得到广泛应用。它具有质量小、成本低、使用方便、效率高的特点。其缺点是纸质滤芯对油污十分敏感。

二、电控燃油喷射系统

（一）电控燃油喷射系统的功能、类型及组成

电控燃油喷射系统简称 EFI，其功能是对喷射正时、喷油量、燃油停供及燃油泵进行控

制。按不同的分类方法可分成不同的类型。

按喷射方式不同，电控燃油喷射系统可分为连续喷射系统和间歇喷射系统两种类型。连续喷射是指汽油机在运转期间，汽油连续不断地喷入进气道内，且大部分汽油是在进气门关闭时喷射的，因此大部分汽油在进气道内蒸发。间歇喷射是指在汽油机运转期间，将汽油间歇地喷入进气道内，按各缸喷油器的喷射顺序又可分为同时喷射系统、分组喷射系统、顺序喷射系统。同时喷射系统是各缸的喷油器并联，在汽油机运转期间，所有喷油器同时喷油、同时断油。这种喷射方式对各缸而言，喷油时刻不可能都是最佳的，其性能较差，一般用在部分缸数较少的汽油机上。分组喷射系统是将各缸的喷油器分成几组，同一组的喷油器同时喷油或断油。顺序喷射系统是各缸的喷油器分别控制，按汽油机各缸的工作顺序喷油，一般缸数较多的发动机均采用分组喷射系统或者顺序喷射系统。

按喷射位置不同，电控燃油喷射系统可分为进气管喷射系统和缸内直接喷射系统两种类型。缸内直接喷射技术是近年来研究和开发的新技术，是将喷油器安装在气缸盖上，把燃油直接喷入气缸内，配合缸内的气体流动形成可燃混合气，可进一步提高汽油机的经济性和排放性。进气管喷射系统按喷油器的数量不同，可分为多点喷射系统和单点喷射系统。

图 1.24（a）所示为多点喷射系统。多点喷射系统是在每缸进气门处装有一只喷油器，其燃油分配均匀性好，进气管可按最大进气量来设计，而且无论汽油机处于冷机或热机状态，其燃油的经济性都是最佳的，但其控制系统比较复杂，成本较高。图 1.24（b）所示为单点喷射系统。单点喷射系统是在节气门上方装一个中央喷射装置，采用顺序喷射方式，其结构简单，维修调整方便，成本较低，目前应用广泛。

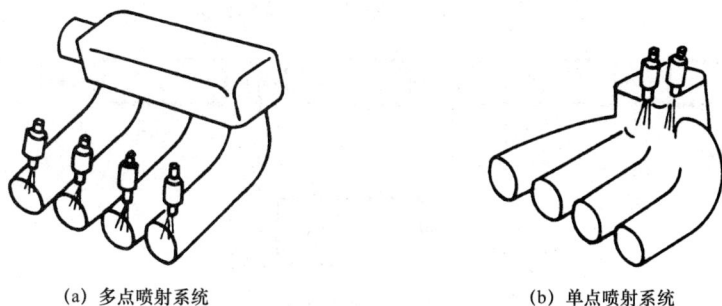

(a) 多点喷射系统　　　　　　　　　　　　(b) 单点喷射系统

图 1.24　电控燃油喷射系统喷射位置

电控燃油喷射系统形式多样，但其组成基本相同，都是由三个子系统组成：空气供给系统、燃油供给系统和控制系统，如图 1.25 所示。

（二）空气供给系统

空气供给系统的功用是为发动机提供清洁的空气并控制发动机正常工作时的进气量。空气供给系统工作原理如图 1.26 所示。利用空气流量计直接测量进气量，称 L 型喷射系统，如图 1.26（a）所示；利用绝对压力传感器检测进气管内的绝对压力，称 D 型喷射系统，如图 1.26（b）所示。发动机工作时，空气经空气滤清器过滤后，通过空气流量计、节气门体进入进气总管，再通过进气歧管分配给各缸。节气门体中设有节气门，用以控制进入发动机的空气量，从而控制发动机的输出功率（负荷）。在采用旁通空气式怠速控制系统的发动机上，节气门体

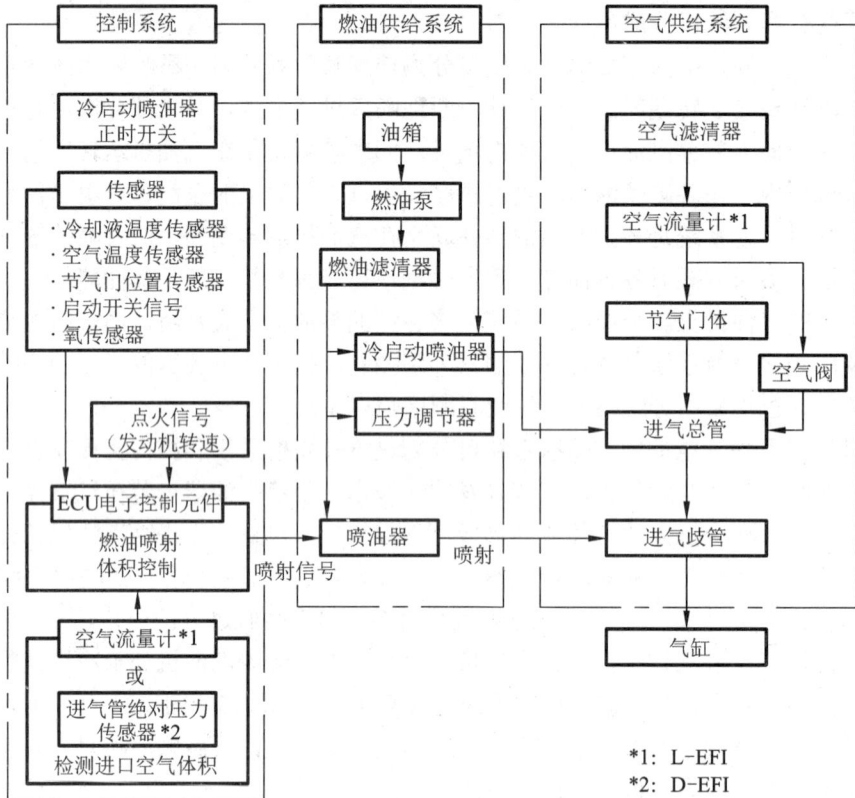

图 1.25　电控燃油喷射系统的组成

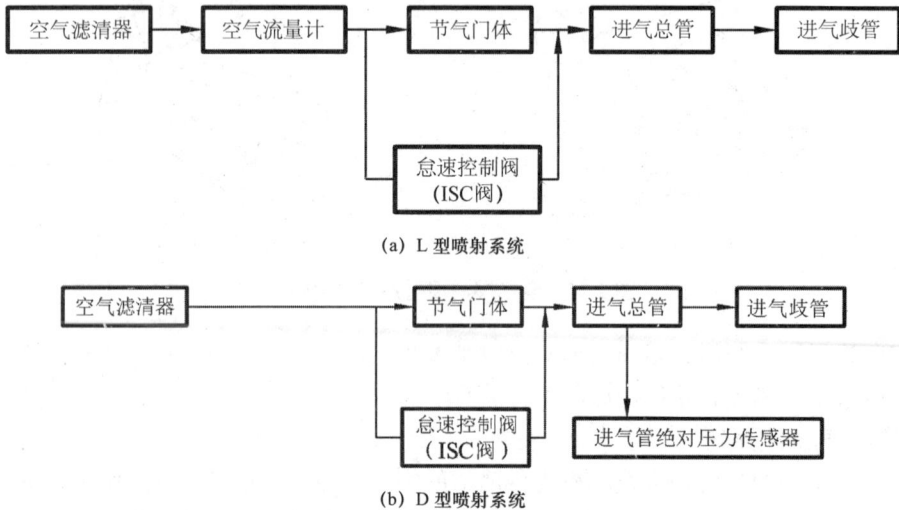

(a) L 型喷射系统

(b) D 型喷射系统

图 1.26　空气供给系统工作原理

的外部或内部设有与主进气道并联的旁通怠速进气通道，并由怠速控制阀控制怠速时的进气量。

　　各种电控燃油喷射发动机空气供给系统基本相同，主要组成元件包括空气滤清器、节气门体和进气管。怠速控制系统的怠速控制阀和控制系统的进气温度传感器、节气门位置传感器、进气管绝对压力传感器或空气流量计也安装在空气供给系统中。在部分电控燃油喷射发动机的空气供给系统中，还装有其他系统（如进气控制系统等）的元件。图 1.27 所示为丰田皇冠 3.0 轿车 2JZ—GE 发动机空气供给系统的组成。发动机工作时，经空气滤清器 1 滤清后的空气，通过稳压箱 2 和节气门体 3 流入进气室 5（即进气总管），然后被分配到各缸进气歧管再进入气缸。流入进气室的空气量取决于节气门体内的节气门开度和发动机转速。设置容量较大的稳压箱，可防止进气的波动，同时也可减少各缸进气的相互干扰。怠速控制阀、进气温度传感器、进气管绝对压力传感器、节气门位置传感器均安装在进气系统中。

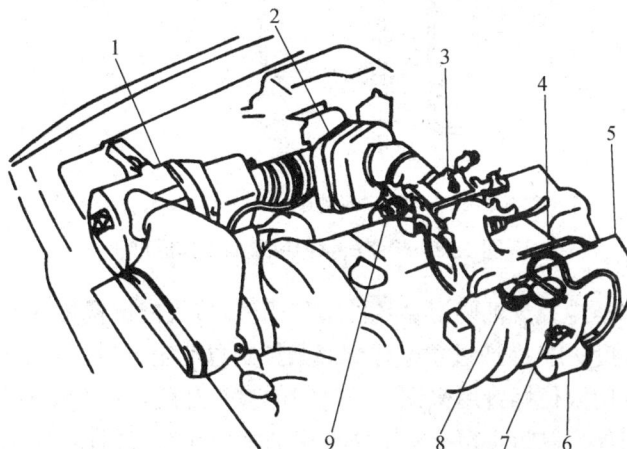

1—空气滤清器；2—稳压箱；3—节气门体；4—进气控制阀；5—进气室；6—真空罐；
7—电磁真空阀；8—真空驱动器；9—怠速控制阀

图 1.27　2JZ—GE 发动机空气供给系统的组成

1. 空气滤清器

空气滤清器是空气供给系统的主要组成部分。其功用是滤除空气中的杂质，以减轻发动机磨损。同时，空气滤清器也可减轻发动机进气噪声。

目前，汽车发动机广泛采用纸质干式空气滤清器。

在有些发动机装用的空气滤清器内装有温控装置自动调节进气温度，以便在发动机温度较低时，提高进气温度，改善混合气形成条件，降低排放污染，该装置称为热空气供给装置，其工作原理如图 1.28 所示。当进气温度低于 30 ℃时，温控开关接通进气歧管到真空驱动装置的真空通道，驱动装置中的膜片被吸起，并带动进气转换阀打开热空气入口，关闭冷空气通道，发动机吸入的空气为排气管周围的热空气；随着进气温度的提高，进气转换阀逐渐关闭热空气入口，打开冷空气入口，直到进气温度上升到 30 ℃以上时，进气转换阀完全关闭热空气通道，并打开冷空气通道，发动机吸入的空气为大气中的冷空气。

2. 节气门体

节气门体安装在进气管中，用以控制发动机正常工况下的进气量。节气门体主要由节气门和怠速空气道等组成。由于电控燃油喷射发动机怠速运转时，一般将节气门完全关闭，所以专门设有怠速空气道，以供给发动机怠速时所需的空气。怠速空气道由 ECU（电控单元）通过怠速控制阀控制。

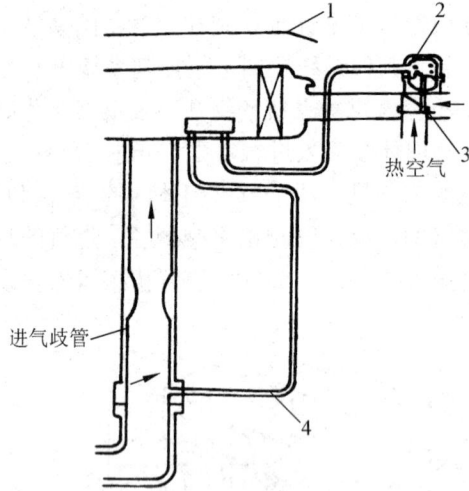

1—空气滤清器盖；2—真空驱动装置；3—进气转换阀；4—真空软管

图1.28　热空气供给装置的工作原理

图1.29所示为多点电控燃油喷射系统的节气门体。节气门位置传感器安装在节气门轴上，用来检测节气门的开度。ECU通过怠速控制阀来控制怠速空气道，以根据需要调节发动机怠速时的进气量。节气门限位螺钉用来调节节气门的最小开度。在发动机工作时，冷却液通过加热水管流经节气门体，以防止寒冷季节空气中的水分在节气门体上冻结。

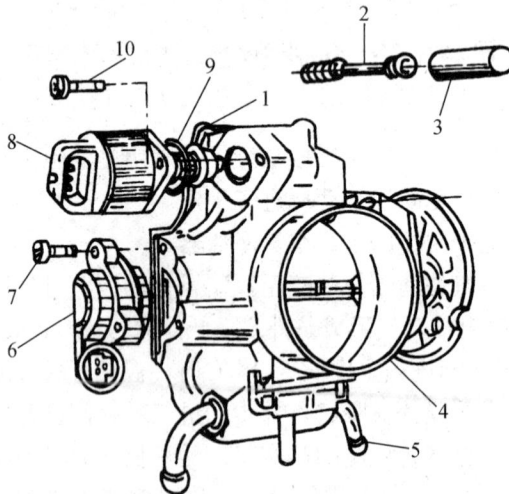

1—节气门体衬垫；2—节气门限位螺钉；3—螺钉孔护套；4—节气门体；5—加热水管；
6—节气门位置传感器；7—螺钉；8—怠速控制阀；9—密封圈；10—螺钉

图1.29　多点电控燃油喷射系统的节气门体

装有节气门限位螺钉的发动机，使用中一般不允许调整节气门限位螺钉，除非怠速控制阀发生故障而又无法及时修复，可通过调整节气门最小开度来保持发动机怠速运转，故障排除后，应将节气门限位螺钉调回原位。

3. 进气管

进气管一般包括进气软管、进气总管和进气歧管。进气软管用于连接空气滤清器与节气门体，进气总管用于连接节气门体与进气歧管。有些汽油机的进气总管与进气歧管制成一体，有些则是分开制造再用螺栓联接。

进气歧管的功用是给各缸分配空气。进气歧管用螺栓安装在气缸盖上，并在进气歧管与气缸盖之间装有密封垫，以防止漏气。发动机的进气歧管与排气歧管一般制成一体，称为整体式进、排气歧管，如图 1.30 所示。

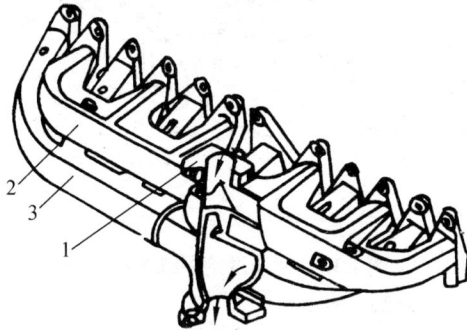

1—进气口；2—进气歧管；3—排气歧管

图 1.30 整体式进、排气歧管

有些发动机的进气歧管与排气歧管则分开制造，称为分置式进、排气歧管。分置式进、排气歧管又分为上下分置式和左右分置式两种结构类型。进气歧管与排气歧管一上一下安装在发动机的同一侧。左右分置式进、排气歧管的进气歧管与排气歧管分别安装在发动机左、右两侧。

采用整体式进、排气歧管或上下分置式进、排气歧管时，一般进气歧管被排气歧管包围，利用排气歧管的高温对进气歧管进行预热，有利于混合气的形成，但这会使进气温度提高，发动机的充气效率下降。采用左右分置式进、排气歧管，有利于提高发动机的充气效率，但对混合气形成不利。

（三）燃油供给系统

燃油供给系统的功用是供给喷油器一定压力的燃油，喷油器则根据 ECU 指令喷油。

燃油供给系统的工作原理如图 1.31 所示。电动燃油泵将汽油自油箱内吸出，经燃油滤清器过滤后送入输油管，燃油泵供给的多余汽油经压力调节器和低压回油管流回油箱，输油器负责向各缸喷油器供油。压力调节器通过控制回油量来调节输油管内的燃油压力，以保证喷油器的喷油压差保持恒定。

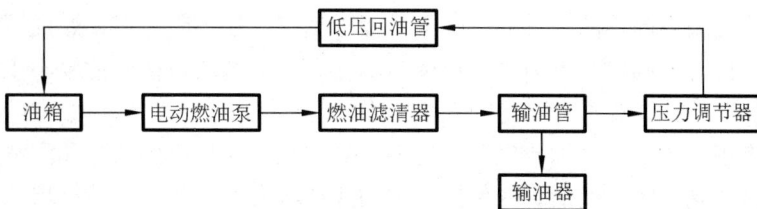

图 1.31 燃油供给系统的工作原理

各种汽油机的燃油供给系统基本相同，如图 1.32 所示，主要由电动燃油泵 3、燃油滤清器 4、脉动阻尼器 5、燃油压力调节器 1 及油管等组成。

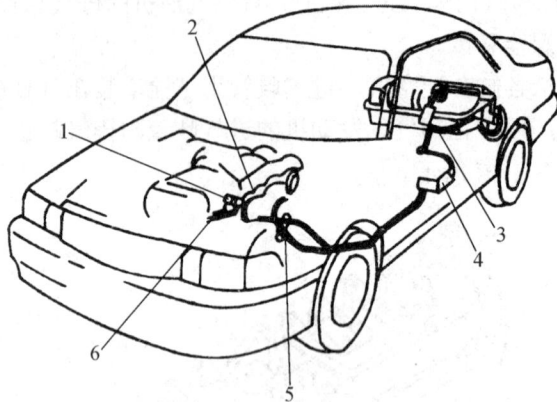

1—燃油压力调节器；2—燃油分配管；3—电动燃油泵；4—燃油滤清器；5—脉动阻尼器；6—喷油器

图 1.32　燃油供给系统的组成

1. 电动燃油泵

电动燃油泵是一种由小型直流电动机驱动的燃油泵，其作用是给电控燃油喷射系统提供具有一定压力的燃油。电动燃油泵的电动机和燃油泵连成一体，密封在同一壳体内。

电动燃油泵按安装位置不同，可分为内置式和外置式两种。

内置式电动燃油泵安装在油箱中，具有噪声小、不易产生气阻、不易泄漏、安装管路较简单等优点，应用更为广泛。有些汽油机在油箱内还设有一个小油箱，并将燃油泵置于小油箱中，这样可防止在油箱燃油不足时，因汽车转弯或倾斜引起燃油泵周围燃油的移动，使燃油泵吸入空气而产生气阻。

外置式电动燃油泵串接在油箱外部的输油管路中，优点是容易布置，安装自由度大，但噪声大，且燃油供给系统易产生气阻，所以只有少数汽油机应用。

电动燃油泵按结构不同，可分为涡轮式、滚柱式、转子式和侧槽式四种。

内置式电动燃油泵多采用涡轮式，外置式电动燃油泵多采用滚柱式。

图 1.33 所示为涡轮式电动燃油泵，主要由油泵电动机、涡轮泵、出油阀、卸压阀等组成。油箱内的燃油进入油泵内的进油室前，首先经过滤网初步过滤。

涡轮泵主要由叶轮、叶片、泵壳体和泵盖组成，叶轮安装在油泵电动机的转子轴上。油泵电动机通电时，油泵电动机驱动涡轮泵叶轮旋转，由于离心力的作用，使叶轮周围小槽内的叶片贴紧泵壳，并将燃油从进油室带往出油室。由于进油室燃油不断被带走，所以形成一定的真空度，将油箱内的燃油经进油口吸入；而出油室燃油不断增多，燃油压力升高，当燃油压力达到一定值时，则顶开出油阀经出油口输出。出油阀还可在燃油泵不工作时，阻止燃油倒流回油箱，以保持油路中有一定的残余压力。

燃油泵工作中，燃油流经油泵电动机内腔，对油泵电动机起到冷却和润滑的作用。燃油泵不工作时，出油阀关闭，使油管内保持一定的残余压力，以便于发动机启动和防止气阻产生。卸压阀安装在进油室和出油室之间，当燃油泵输出的燃油压力达到 0.44 MPa 时，卸压阀

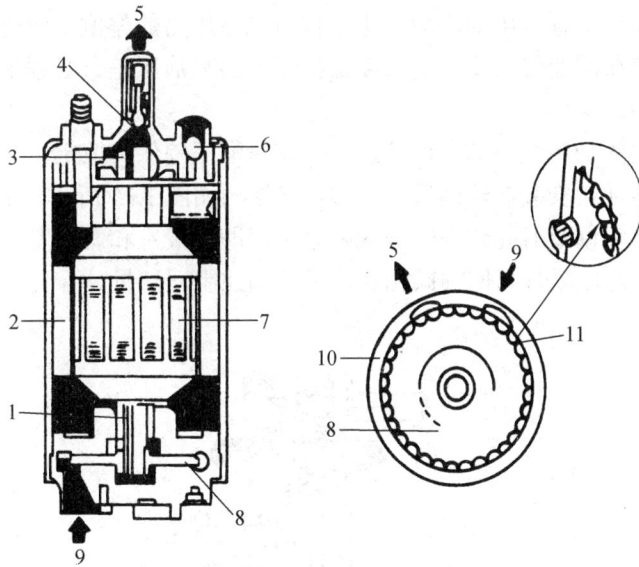

1—前轴承；2—油泵电动机定子；3—后轴承；4—出油阀；5—出油口；6—卸压阀；
7—油泵电动机转子；8—叶轮；9—进油口；10—泵壳体；11—叶片

图 1.33　涡轮式电动燃油泵的组成

开启，使燃油泵内的进油室与出油室连通，燃油泵工作只能使燃油在其内部循环，以防止输油压力过高。

涡轮式电动燃油泵具有泵油量大、泵油压力较高（可达 600 kPa 以上）、供油压力稳定、运转噪声小、使用寿命长等优点，所以应用最为广泛。

2. 燃油滤清器

燃油滤清器安装在燃油泵之后的高压油路中，其功用是滤除燃油中的杂质和水分，防止燃油系统堵塞，减小机械磨损以保证汽油机正常工作。

在电控燃油喷射系统中，一般采用的都是纸质滤芯、一次性的燃油滤清器。

3. 脉动阻尼器

在部分电控燃油喷射系统中，输油管的一端装有脉动阻尼器，其功用是衰减喷油器喷油时引起的燃油压力脉动，使燃油系统压力保持稳定。脉动阻尼器的结构如图 1.34 所示，主要由膜片和膜片弹簧等组成。发动机工作时，燃油经过脉动阻尼器膜片下方进入输油管，当燃油压力产生脉动时，膜片弹簧被压缩或伸张，膜片下方的容积略有增大或减小，从而可起到稳定燃油系统压力的作用。同时膜片弹簧的变形可吸收脉动能量，迅速衰减燃油压力的脉动。

4. 燃油压力调节器

喷油器的喷油量取决于喷油器的喷孔截面、喷油时间和喷油压差。在 EFI 系统中，ECU 通过控制喷油器的喷油时间来实现对喷油量的控制。因此，要保证燃油喷射量的精确控制，在喷油器的结构尺寸一定时，必须保持恒定的喷油压差。喷油器将燃油喷入进气管

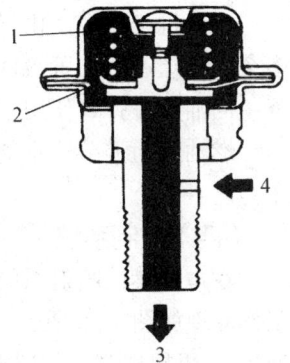

1—膜片弹簧；2—膜片；
3—出油口；4—进油口

图 1.34　脉动阻尼器的结构

内，喷油压差就是指输油管内燃油压力与进气管内气体压力的差值。而进气管内的气体压力是随发动机转速和负荷的变化而变化的，要保持恒定的喷油压差，必须根据进气管内压力的变化来调节燃油压力。

燃油压力调节器的功用就是调节燃油压力，使喷油压差保持恒定。

燃油压力调节器通常安装在输油管的一端，其结构如图 1.35 所示，主要由膜片、弹簧和回油阀等组成。膜片将调节器壳体内部分成两个室，即弹簧室和燃油室；膜片上方的弹簧室通过软管与进气管相通，膜片与回油阀相连，回油阀控制回油量。

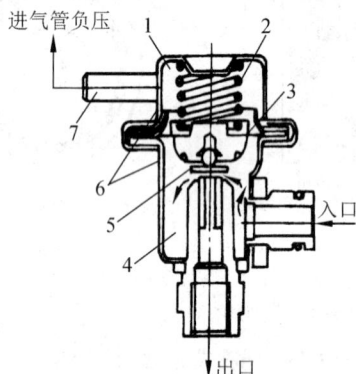

1—弹簧室；2—弹簧；3—膜片；4—燃油室；5—回油阀；6—壳体；7—真空管接头

图 1.35　燃油压力调节器结构图

汽油机工作时，燃油压力调节器的膜片上方承受的压力为弹簧的弹力和进气管内气体的压力之和，膜片下方承受的压力为燃油压力，当膜片上、下承受的压力相等时，膜片处于平衡位置不动。当进气管内的气体压力下降（真空度增大）时，膜片向上移动，回油阀开度增大，回油量增多，输油管内的燃油压力也下降；反之，当进气管内的气体压力升高时，则膜片带动回油阀向下移动，回油阀开度减小，回油量减少，输油管内的燃油压力也升高。由此可见，在发动机工作时，燃油压力调节器通过控制回油量来调节输油管管内燃油压力，从而保持喷油压差恒定不变。

汽油机工作时，由于燃油泵的供油量远大于消耗的油量，所以回油阀始终保持开启，使多余燃油经过回油管流回油箱。汽油机停止工作（燃油泵停转）时，随输油管内燃油压力下降，回油阀在弹簧作用下逐渐关闭，以保持燃油系统内有一定的残余压力。

燃油压力调节器不能维修，当工作不良时，应进行更换。拆卸时注意应先释放燃油系统压力。

（四）控制系统

在电控燃油喷射系统中，喷油量的控制是最基本的也是最重要的控制内容。控制系统的工作原理如图 1.36 所示。ECU 根据空气流量信号和汽油机转速信号确定基本的喷油时间（喷油量），再根据其他传感器（如冷却液温度传感器、节气门位置传感器等）对喷油时间进行修正，并按最后确定的总喷油时间向喷油器发出指令，使喷油器喷油或断油。

控制系统由监测进气量和汽油机负荷、水温、进气温度等状态的各种传感器和电控单元组成。主要部件有发动机负荷计量装置、分电器、爆震传感器、氧传感器、怠速旁通调节器、电控单元（ECU）。

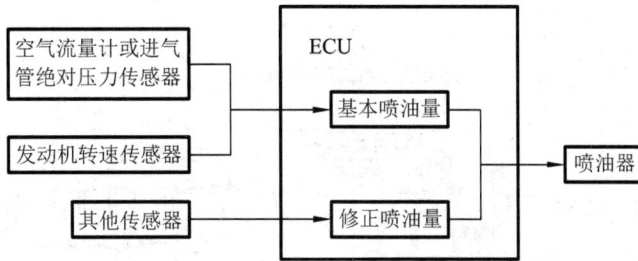

图 1.36 控制系统的工作原理

第八节 柴油机燃料供给系统

柴油机燃料供给系统的功用是根据柴油机工作的要求，定时、定量、定压地向气缸喷入一定数量的雾化柴油，使其与空气能迅速混合和燃烧。柴油机工作时，柴油机燃料供给系统将一定数量的洁净柴油增压后，以一定的规律喷入燃烧室，保证向各气缸定时喷油和喷油量相同，且与柴油机运行工况相适应；在每一个工作循环内，各气缸均喷油一次，喷油次序与气缸工作顺序一致；根据柴油机负荷的变化自动调节循环供油量，以保证柴油机稳定运转，尤其要稳定怠速，限制超速。

柴油机燃料供给系统应满足以下基本要求。

（1）供油量要适当，并能随负荷的变化而自动调节。

（2）柴油应当在恰当的时刻喷入燃烧室。

（3）喷油应雾化良好，喷射干脆，避免后滴现象。

（4）燃烧室的形状要有利于混合气的形成和燃烧。

柴油机燃料供给系统目前有机械式燃油供给系统和电控柴油喷射系统两种。

一、机械式燃油供给系统

机械式燃油供给系统有直列式柱塞泵燃油供给系统和分配式喷油泵燃油供给系统两种类型。

（一）直列式柱塞泵燃油供给系统

直列式柱塞泵燃油供给系统是为每个气缸配一个单体泵，柱塞数量与喷油器数量相同，将多个泵整合成一列统一驱动，使结构大大简化，其缺点是各个柱塞的喷油量不可能做到完全一致，各个气缸的进油量不平衡，出力大小不一，噪音和振动较大。

柱塞泵燃油供给系统的组成如图 1.37 所示，由油箱 1、柴油滤清器 3、输油泵 6、喷油泵 7、回油管 8、喷油器 11 等组成。柴油在输油泵作用下，自油箱吸入输油泵并泵出，经柴油滤清器送入喷油泵，加压后经喷油器，以雾状喷入燃烧室。喷油泵多余的柴油经回油管 8 流回输油泵的进口或直接流回油箱。喷油器泄漏的柴油经排油管 14 流回油箱。

燃油供给系统中，柴油从油箱经输油泵、柴油滤清器到喷油泵为低压油路，从喷油泵到

33

喷油器为高压油路，一般也称输油泵为低压油泵，喷油泵为高压油泵。

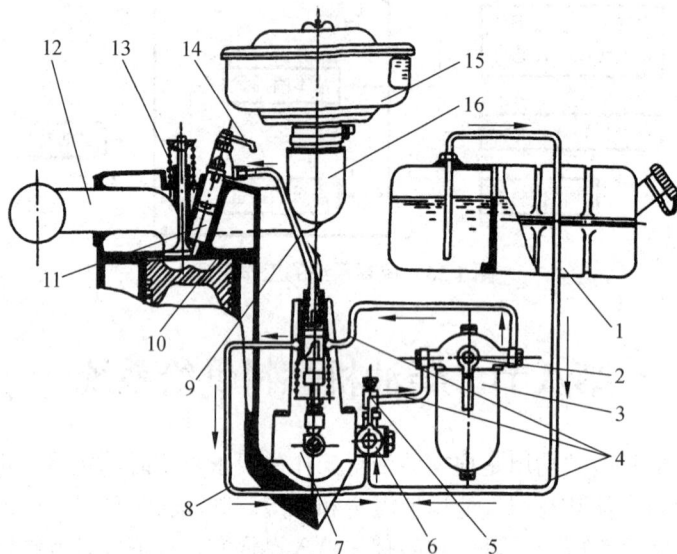

图 1.37

1—油箱；2—溢油阀；3—柴油滤清器；4—低压油管；5—手动输油泵；6—输油泵；7—喷油泵；8—回油管；
9—高压油管；10—燃烧室；11—喷油器；12—排气管；13—排气门；14—排油管；15—空气滤清器；16—进气管

图 1.37　柱塞泵燃油供给系统的组成

1. 喷油器

喷油器的功用是将柴油雾化，并喷射到燃烧室中。根据混合气的形成与燃烧要求，喷油器应具有一定的喷射压力和射程，以及合适的喷雾锥角；此外，喷停要迅速，不发生滴油现象。

柴油机一般采用闭式喷油器，其结构形式可分为孔式和轴针式两种。其中最重要的部件是喷油嘴，为精密偶件，应成对使用，不得互换。

图 1.38 所示为闭式喷油器。当喷油泵供油时，高压柴油经油道 18 进入喷油嘴下部环形高压油室中，油压作用在喷油器针阀 11 的承压锥面上，造成一个向上的轴向力，当此力克服了调压弹簧 7 的预紧力时，针阀即上移而打开喷孔，高压柴油就喷入燃烧室。当喷油泵停止供油时，油压迅速下降，针阀便在调压弹簧作用下迅速回位，关闭喷孔，停止喷油。喷油器的喷油压力取决于调压弹簧的预紧力，预紧力可由调压螺钉 5 来调节。

2. 喷油泵

喷油泵的功用是提高柴油压力，并根据柴油机的工作过程，将柴油定时、定量送入喷油器，以规定的喷射压力喷入燃烧室。为避免喷油器的滴油现象，喷油泵还必须保证供油停止迅速。

图 1.39 所示为最常见的柱塞式喷油泵的基本构造。它是由柱塞偶件（由柱塞 5 和柱塞套筒 4 组成）、出油阀偶件（由出油阀 3 和出油阀座 2 组成）、滚轮体总成、弹簧等组成。其中柱塞除了作直线往复运动外，还绕自身轴线在一定角度范围内转动。

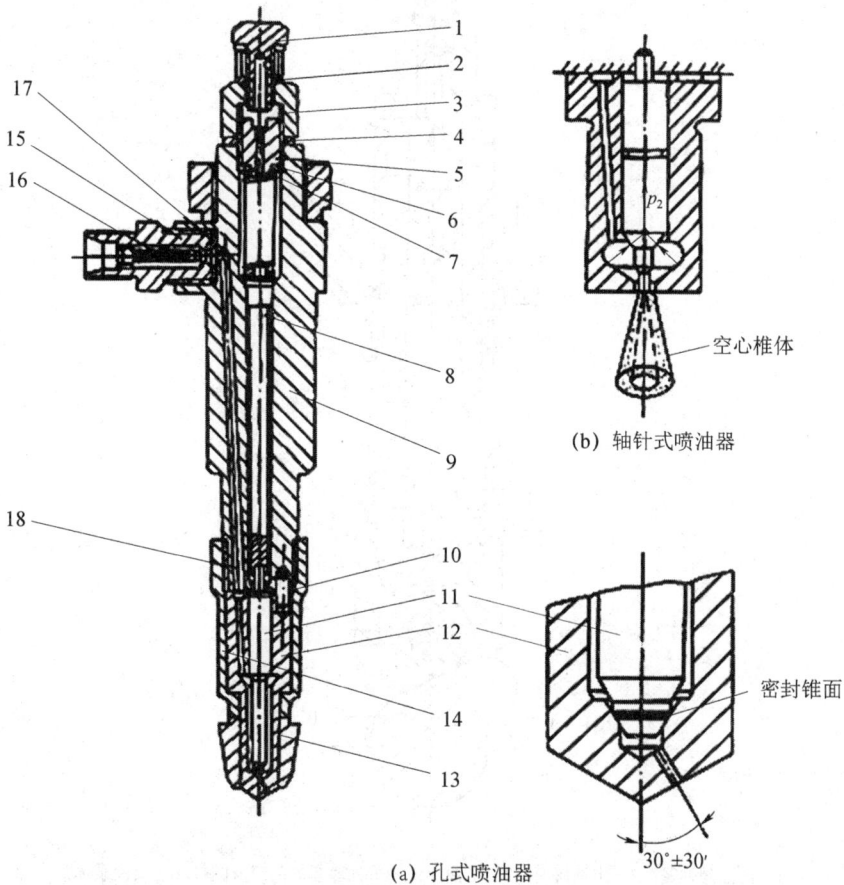

(b) 轴针式喷油器

(a) 孔式喷油器

1—回油管螺栓；2—回油管衬垫；3—调压螺钉护帽；4—调压螺钉垫圈；5—调压螺钉；6—调压弹簧垫圈；
7—调压弹簧；8—顶杆；9—喷油器体；10—定位销；11—喷油器针阀；12—针阀体；13—喷油器锥体；
14—紧固螺套；15—进油管接头；16—滤芯；17—进油管接头衬垫；18—油道

图 1.38　闭式喷油器

　　柱塞式喷油泵的泵油原理如图 1.40 所示，当凸轮的凸起部分转过之后，柱塞在柱塞弹簧力的作用下移到图 1.40（a）所示位置时，燃油自低压油腔经油孔 4 和 8 被吸入充满泵腔。当凸轮转动，使柱塞自下止点上移，起初有部分燃油从泵腔挤回低压油腔，直到柱塞上部的圆柱面将两个油孔完全封闭为止。此后，柱塞继续上升，如图 1.40（b）所示，柱塞上部的燃油压力迅速增高到足以克服出油阀弹簧 7 的作用力，出油阀 6 即开始上升，当出油阀上的圆柱形环带离开出油阀座 5 时，高压燃油便自泵腔通过高压油管流向喷油器。当柱塞上移到图 1.40（c）所示位置时，柱塞上的斜槽与油孔 8 开始接通，于是泵腔内的燃油便经柱塞中央的孔道、斜槽和油孔 8 流向低压油腔，这时，泵腔中的油压迅速下降，出油阀在弹簧作用下立即回位，喷油泵供油立即停止。此后，柱塞仍继续上升到上止点，但并不向高压油管供油。随着凸轮转动，柱塞又下行重复上述过程，凸轮每转一周，柱塞泵油一次。

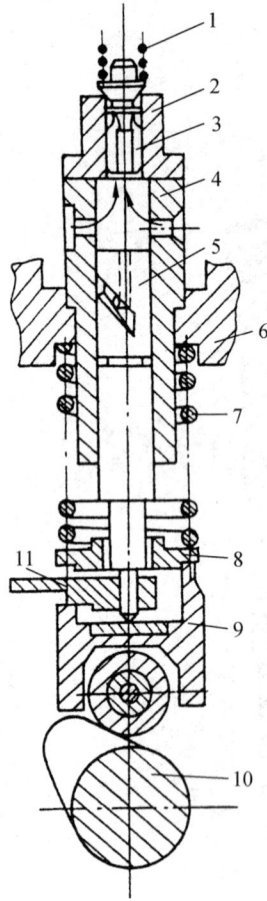

1—出油阀弹簧；2—出油阀座；3—出油阀；4—柱塞套筒；5—柱塞；6—喷油泵体；
7—柱塞弹簧；8—弹簧下座；9—滚轮体总成；10—凸轮轴；11—调节臂

图 1.39 柱塞式喷油泵的基本构造

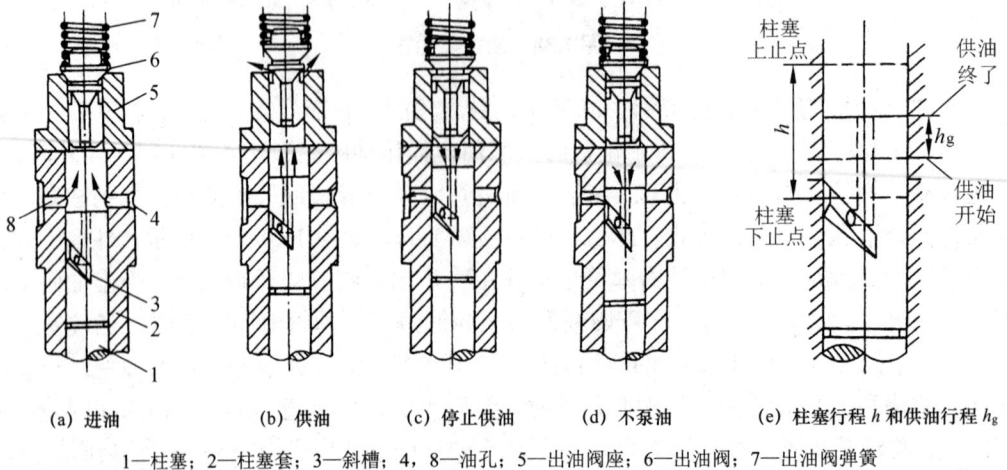

(a) 进油   (b) 供油   (c) 停止供油   (d) 不泵油   (e) 柱塞行程 h 和供油行程 h_g

1—柱塞；2—柱塞套；3—斜槽；4，8—油孔；5—出油阀座；6—出油阀；7—出油阀弹簧

图 1.40 柱塞式喷油泵的泵油原理

（1）柱塞供油量的大小取决于供油行程 h_g。转动柱塞，可改变供油量的大小。当柱塞转到图 1.40（d）所示位置时，柱塞根本不可能完全封闭油孔 8，即处于不泵油状态。

改变油量大小的常见油量调节机构有拨叉式和齿杆式两种。图 1.41 所示为带离心式两速调速器的齿杆式油量调节机构。两速调速器只在低速和最高转速时起作用，即内燃机在怠速时防止熄火，高速时防止飞车，中间转速时由操作人员操纵油门调节转速。

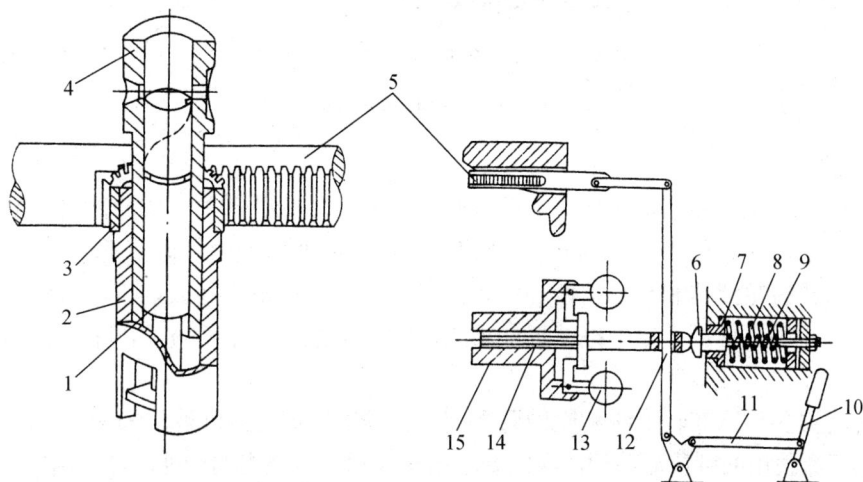

(a) 油量调节机构　　　　　　　　(b) 离心式两速调速器

1—柱塞；2—套筒；3—齿圈；4—柱塞套；5—供油调节齿杆；6—顶块；7—滑套；8—高速弹簧；9—低速弹簧；
10—操纵臂；11—拉杆；12—调速杠杆；13—飞块；14—滑动轴；15—飞块座

图 1.41　齿杆式油量调节机构

柴油机在工作时，通过装在喷油泵凸轮轴上的齿轮来带动飞块座 15 和飞块 13 旋转，推动滑动轴 14 移动。随着转速的变化（指怠速或高速情况），供油调节齿杆 5 左右移动，通过齿圈 3、套筒 2 带动柱塞 1 转动，以调节喷油泵的供油量。

（2）供油时间（即供油提前角）是柱塞上端圆柱面封闭柱塞套油孔时刻，它不随供油行程 h_g 的变化而变化。为了保证各缸供油时间准确并均匀一致，满足所要求的供油规律，在各种形式喷油泵中均设有供油时间调整机构，即设法改变柱塞与柱塞套在高度上的原始位置。

出油阀是一个单向阀，它的功用是出油、断油和断油后迅速隔断高压油管和泵室的油路，迅速降低高压油管中的燃油压力，使喷油器停止供油时干脆而无滴油现象。

出油阀的结构如图 1.42 所示。出油阀阀芯断面呈"十"字形，既能导向，又能让柴油通过。阀的上部有一圆锥面，与阀座锥面贴合，形成一密封带。密封带下面的小圆柱面称减压环带，它的作用是在喷油泵供油停止后迅速降低高压油管中的燃油压力，使喷油器立即停止喷油。当柱塞停止供油时，出油阀下落，减压环带封住阀座孔，泵腔出口被切断，于是燃油停止进入高压油管。继续下落直到密封锥面贴合，使高压油路的容积增大，迅速卸压，喷油立即停止而无后滴现象。

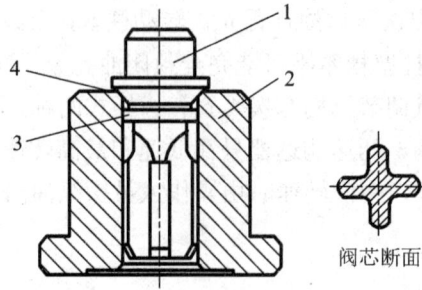

1—出油阀；2—出油阀座；3—减压环带；4—密封带

图 1.42 出油阀的结构

3. 柴油滤清器

为了保证喷油泵和喷油器工作可靠并延长使用寿命，除使用前将柴油严格沉淀外，在柴油机供给系统中，还采用 1～2 个柴油滤清器，以便清除柴油中的机械杂质和水分。

柴油滤清器有粗滤器和细滤器两种。粗滤器用来滤除柴油中较大的机械杂质，避免细滤器被迅速堵塞而缩短使用寿命。细滤器能将柴油中非常细小的杂质过滤出来，使柴油进一步净化。

柴油滤清器多串联在输油泵和喷油泵之间，其过滤原理与汽油滤清器相似。图 1.43 所示为柴油机上广泛使用的纸质滤芯滤清器的基本结构。输油泵泵出的柴油，经进油管进入壳体，再渗透过纸质滤芯 7 而进入滤芯内腔，最后经出油管接头 4 输出给喷油泵。其中放气螺塞 2 用来排出油路中的空气。纸质滤芯具有结构简单、体积小、质量小、过滤效果好、成本低等特点。

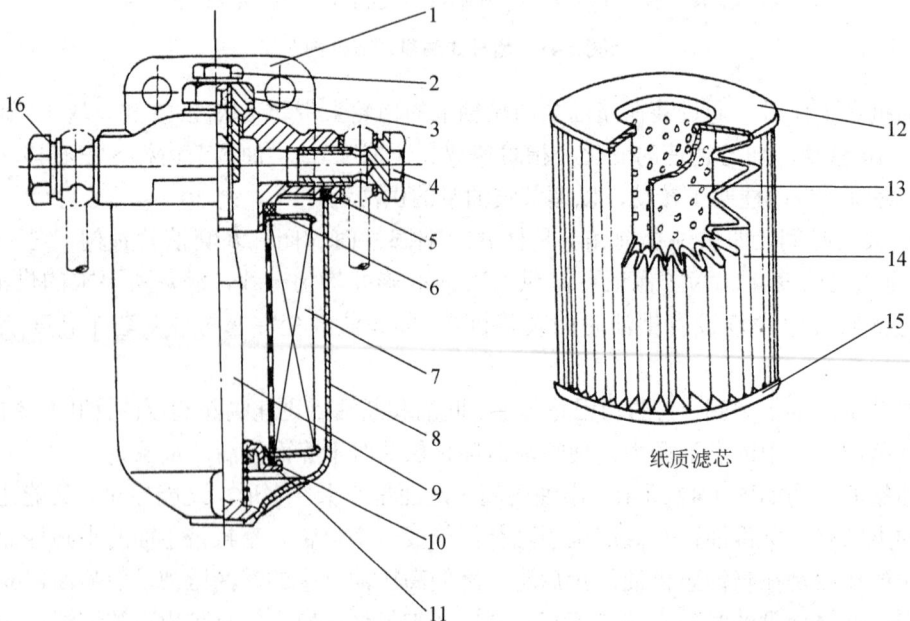

纸质滤芯

1—过滤座；2—放气螺塞；3—固定螺母；4—出油管接头；5，6—密封垫圈；7—纸质滤芯；8—外壳；9—拉杆；
10—密封圈；11—托座；12—上盖；13—中心管；14—滤纸；15—下盖；16—进油管接头

图 1.43 纸质滤芯滤清器的基本结构

4. 输油泵

输油泵的功用是保证柴油在低压油路中循环，并供应足够数量及一定压力的燃油给喷油泵。

柴油机多采用活塞式输油泵。多缸柴油机的输油泵一般均装在喷油泵壳体上，由喷油泵凸轮轴上专设的偏心轮驱动。

图 1.44 所示为活塞式输油泵油路示意图。

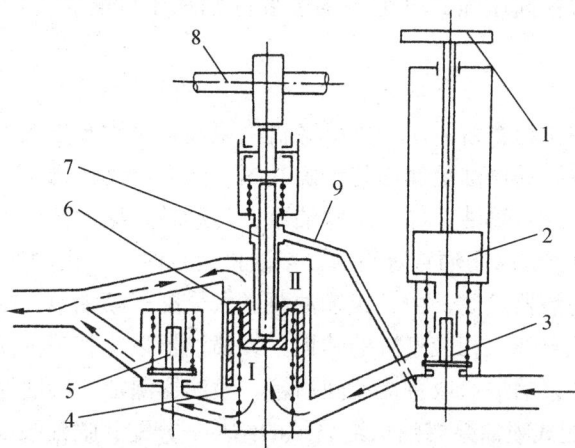

1—手油泵拉柄；2—手油泵活塞；3—进油阀；4—活塞弹簧；5—出油阀；6—活塞；7—顶杆；8—凸轮轴；9—回油道

图 1.44　活塞式输油泵油路示意图

输油泵活塞 6 将泵体内腔分为上、下两个空间。随着喷油泵凸轮轴 8 的旋转，轴上的偏心轮推动活塞作往复运动。当偏心轮凸起部分推动顶杆 7 时，克服活塞弹簧 4 的弹力使活塞下行，这时泵腔 I 因容积减小而油压增高，关闭进油阀 3，压开出油阀 5，燃油便由泵腔 I 通过出油阀流向泵腔 II（图 1.44 中虚线箭头所示）。当偏心轮凸起部分转过以后，活塞在活塞弹簧的作用下上移。这时泵腔 II 油压增高，出油阀关闭，燃油便经出油道流向燃油滤清器。与此同时，泵腔 I 容积变大，压力下降，进油阀被吸开，燃油便自进油口经进油阀进入泵腔 I（如图 1.44 中实线箭头所示）。即活塞上移时，同时完成了吸油和向外输油两个过程。活塞每往复一次，向外泵油一次。自泵腔 II 泄漏到顶杆及其导管之间的少量柴油供润滑用，然后经回油道 9 流回进油口，以防漏入凸轮室，冲淡室中的润滑油。

显然，输油泵的输油量大小取决于活塞的行程，而活塞的最大行程由偏心轮的偏心距决定。当喷油泵需要的油量减小时，泵腔 II 的油压将随之增高，活塞弹簧推动活塞上行的速度减慢，因而缩短了活塞的有效行程，减少了输油量。反之，就会增大活塞的有效行程，增加输油量。这样，就实现了输油量的自动调节。

输油泵上还装有手油泵，用以排除燃油供给系统内的空气，使燃油在启动前充满滤清器及喷油泵。用手油泵泵油时，先将手油泵拉柄 1 上提，手油泵活塞 2 随之上行，进油阀被吸开，燃油经进油阀被吸入手油泵泵腔。然后压下手油泵拉柄，活塞 2 下行，手油泵泵腔容积减小，油压增高，进油阀关闭，燃油便经泵腔 I、出油阀流入并充满燃油滤清器和喷油泵低压腔，将其中空气驱除干净。停止使用手油泵后，应将手油泵拉柄压下并拧紧，再启动柴油机。

（二）分配式喷油泵燃油供给系统

分配式喷油泵，简称分配泵，按其结构不同，分为径向压缩式分配泵和轴向压缩式分配泵两种。径向压缩式分配泵具有零件数目少、结构紧凑、通用性高、防污性好等优点，但由于存在对分配转子和分配套筒、柱塞和柱塞孔的配合精度要求较高、有些零件结构复杂不便加工等缺点，近年来已较少应用。轴向压缩式分配泵是德国博世公司研制的一种分配泵，简称 VE 泵。这种泵与径向压缩式分配泵的主要区别在于分配转子的运动状态和调速机构不同。

1. 基本结构

分配式喷油泵燃油供给系统只用一副柱塞机构泵油，每次泵出的油通过一个转动机构分配到各个喷油器，对各缸的供油更加均匀精确。图 1.45 所示为分配式喷油泵燃油供给系统，由油箱、油水分离器、一级输油泵、二级输油泵、传动轴、柴油滤清器、调速手柄、分配式喷油泵、回油管、喷油器、高压油管等组成。柴油机运行时，一级输油泵将柴油从油箱吸出，经油水分离器、柴油滤清器过滤，由二级输油泵送入分配式喷油泵，根据柴油机各气缸的工作顺序将柴油加压分配泵体上相应气缸的油道，经喷油器以雾状喷入燃烧室。喷油泵多余的柴油经回油管流回输油泵的进口或直接流回油箱。喷油器漏泄的柴油经回油管流回油箱。

图 1.46 所示为分配式喷油泵燃油供给系统的结构。分配式喷油泵是分配泵式燃油供给系统中的核心部件，它主要由传动供油部分、调速控制部分、供油提前角自动调节机构、输油泵及调压阀等组成。而传动供油部分是分配式喷油泵燃油供给系统的核心，由凸轮盘 20（端面凸轮）、滚轮机构 21、分配转子回位机构 18、分配转子 16、分配套筒 14 和泵体等组成。曲轴通过齿轮带动分配泵驱动轴 27 转动，经调速器驱动齿轮 22、联轴节 23，带动凸轮盘 20

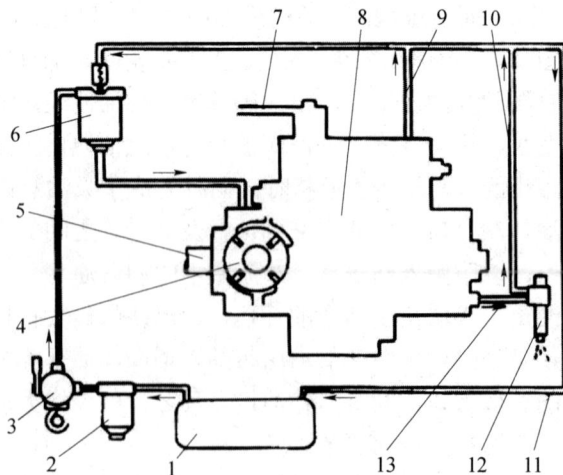

1—油箱；2—油水分离器；3—一级输油泵；4—二级输油泵；5—传动轴；6—柴油滤清器
7—调速手柄；8—分配式喷油泵；9、10、11—回油管；12—喷油器；13—高压油管

图 1.45　分配式喷油泵燃油供给系统

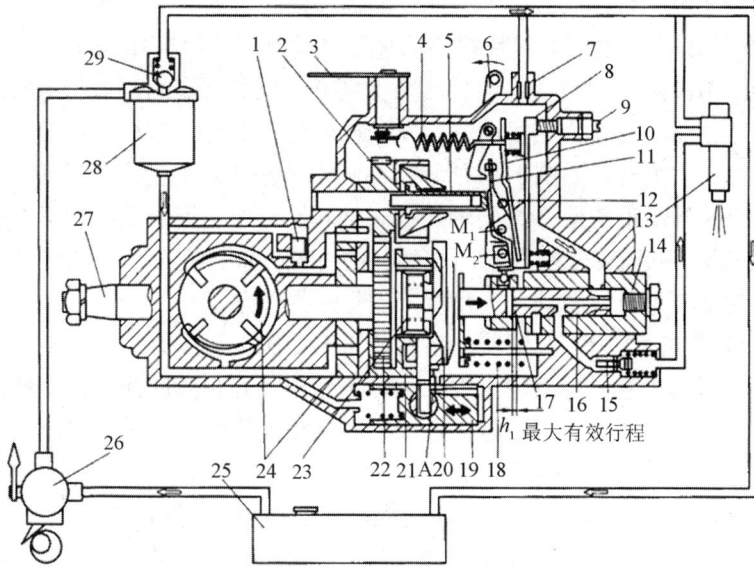

1—调压阀；2—离心飞块总成；3—操纵杆；4—调速弹簧；5—滑动套筒；6—停止操纵杆；7—溢流喉管；8—预调杠杆；
9—最大供油量调节螺钉，10—张力杠杆；11—起动杠杆；12—张力杠杆限位销钉；13—喷油器；14—分配套筒；
15—出油阀总成；16—分配转子；17—油量控制滑套；18—分配转子回位机构；19—供油提前角自动调节油缸；
20—凸轮盘；21—滚轮机构；22—调速器驱动齿轮；23—联轴节；24—叶片式输油泵（二级输油泵）；25—油箱；
26—膜片式输油泵（一级输油泵）；27—分配泵驱动轴；28—柴油滤清器；29—溢流阀；M_1—预调杠杆轴；
M_2—起动杠杆轴；A—供油提前角油量自动调节机构

图1.46 分配式喷油泵燃油供给系统的结构

轮盘和分配转子 16 同步转动，同时凸轮盘端面的凹凸面和回位机构使分配泵转子作往复运动，这样压缩腔内的柴油通过分配转子分配到相应气缸的油道中，经出油阀、高压油管和喷油器喷入对应的气缸，完成进油、泵油和配油工作。

调速控制部分根据转速变化控制供油量的变化。传动轴上的齿轮带动离心飞块旋转，离心飞块的离心力推动滑动套筒轴向移动，通过起动杠杆机构拨动分配转子上的油量控制滑套移动，控制滑套随转速变化而左右移动，改变其右侧棱边与分配转子上径向卸油孔的相对位置，从而达到随转速变化控制供油量变化的目的。

供油提前角自动调节机构安装在泵体下部，如图1.46所示。由供油提前角自动调节油缸 19 和滚轮机构 21 联合作用而完成调节功能。图1.47所示为供油提前角自动调节机构，在滚轮架 2 上装有滚轮 1，滚轮数与气缸数相同。滚轮架通过传力销 6、连接销 5 与活塞 4 联接，油缸右腔经孔道与泵腔相通，油缸左腔经孔道与精滤器相通。当泵体内柴油压力变化时，推动提前器活塞移动，拨动传力销使滚轮架转动，改变滚轮与

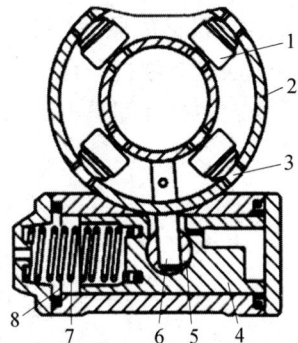

1—滚轮；2—滚轮架；3—滚轮轴；4—活塞；
5—连接销；6—传力销；7—弹簧；8—油缸

图1.47 供油提前角自动调节机构

41

平面凸轮盘凸起的相对位置，从而达到改变供油提前角的目的。

发动机在常用转速下工作时，叶片式输油泵 24 中输送到泵腔内的低压柴油，经孔道进入供油提前角自动调节油缸 19 的右腔，油缸活塞受到低压柴油向左的推力与向右的油缸左腔弹簧力及精滤后的柴油压力之合力相平衡。当发动机转速升高时，叶片式输油泵的转速随之增加，泵腔内的柴油压力上升，如图 1.47 所示，油缸中活塞 4 两端受力不平衡，活塞左移，经连接销 5、传力销 6 推动滚轮架 2 绕其轴线顺时针转动一个角度，使凸轮盘端面凸峰提前某一角度作用于滚轮 1，从而使分配转子向右移动的时刻提前，完成了泵油提前作用；反之，活塞右移，使滚轮架 2 逆时针转动一个角度，则供油提前角减小。

调压阀用来调节柴油压力，二级输油泵及调压阀如图 1.48 所示。叶片式输油泵旋转时，将柴油加压后进入泵体内腔，当柴油压力太高时，调压活塞打开回油口，柴油返回进油口，使压力下降。压力越高，弹簧压缩量越大，油孔开启截面积越大，回油量就越多，起到自动调节输油压力的作用。由于调压阀的作用，输油泵产生的油压随着油泵转速（即发动机转速）增加而成正比提高，从而使供油提前角随转速提高而线性加大，满足柴油机高效燃烧的要求。

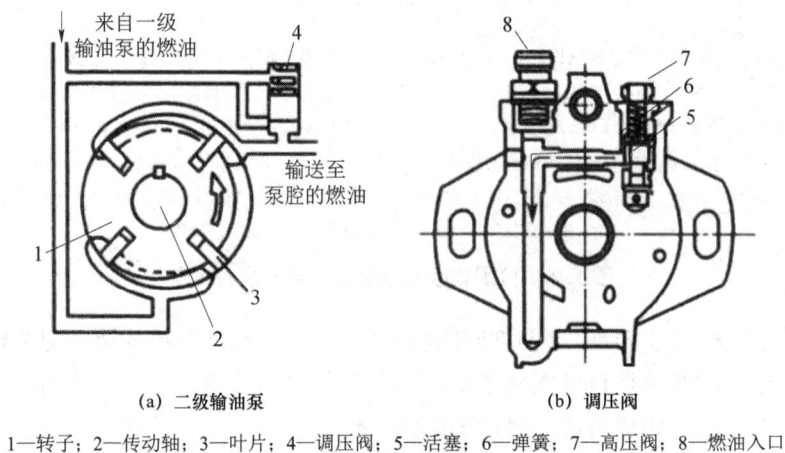

(a) 二级输油泵　　　　　　(b) 调压阀

1—转子；2—传动轴；3—叶片；4—调压阀；5—活塞；6—弹簧；7—高压阀；8—燃油入口

图 1.48　二级输油泵及调压阀

2. 供油及分配原理

对于四缸柴油机而言，分配泵的凸轮盘上有四段凸轮型线，相互间隔 90°；滚轮架中装有四个滚轮，相互间隔也是 90°，凸轮与滚轮结构如图 1.49 所示。

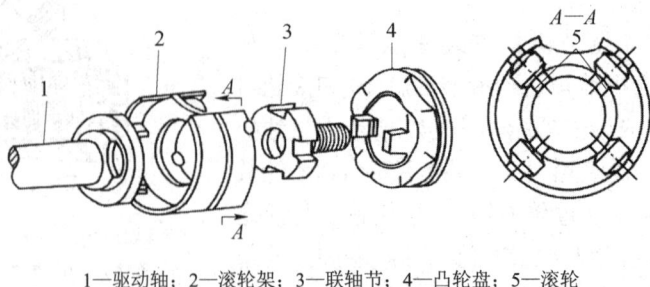

1—驱动轴；2—滚轮架；3—联轴节；4—凸轮盘；5—滚轮

图 1.49　凸轮与滚轮结构

分配泵驱动轴转动时，经联轴节 23 带动凸轮盘 20 和分配转子 16 同步转动，如图 1.46 所示。在转动过程中，当凸轮盘端面的凸面与滚轮相接触时，分配转子向右移至极限位置。当凸轮盘转过，分配转子在回位机构 18 的作用下左移，直至凸轮凹面与滚轮相接触为止。驱动轴每转过 90°，在凸轮盘和回位机构的配合作用下，分配转子左右往复运动一次的同时转动 90°，分配转子就相应完成一次进油、喷油和配油的供油过程。这样的供油过程重复四次，分别向四个气缸喷油。在柴油机的一个工作循环中，分配泵传动轴旋转一周，完成四次供油。无论是四缸分配泵还是六缸分配泵，分配转子完成一次进油、喷油和配油的供油过程是相同的。

1）进油过程

如图 1.50 所示，分配转子 16 的右端均布 4 个轴向槽，在与泵体至出油阀的通道 12 相对应的分配转子断面上，均布 4 个转子分配孔。当泵体进油道 2 与转子轴向槽 7 相通时，转子分配孔 13 与出油阀通道隔绝，即从分配转子轴向看,转子轴向槽 7 与转子分配孔 13 相错 45°。

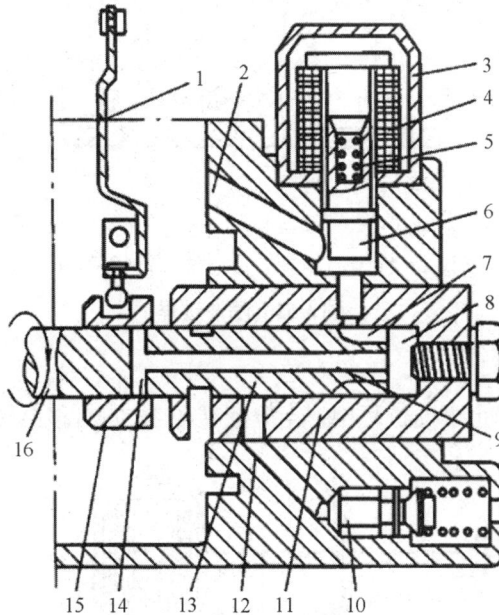

1—起动杠杆；2—泵体进油道；3—电磁阀；4—线圈；5—进油阀弹簧；6—进油阀；7—转子轴向槽；8—压缩室；9—转子纵向油道；10—出油阀；11—分配套筒；12—泵体至出油阀的通道；13—转子分配孔；14—转子泄油孔；15—油量控制套筒；16—分配转子

图 1.50 进油过程

分配转子 16 左移为进油过程，此时，转子分配孔 13（4 个孔）与出油阀通道（4 个孔）隔绝，转子泄油孔 14 被油量控制套筒 15 封死，压缩室 8 的容积增大，产生真空度。被叶片式输油泵送到泵腔内的柴油，在真空度作用下经泵体进油道 2、进油阀 6、转子轴向槽 7 进入压缩室并充满转子纵向油道 9。当分配转子到达下止点进油过程结束时，凸轮盘已旋转到最低点与滚轮接触。

2）喷油过程

分配转子右移，为喷油过程，如图 1.51 所示。当分配转子开始右移时，转子轴向槽 7 与泵体进油道 2 隔绝，转子泄油孔 14 仍被封死。转子分配孔 13 与泵体至出油阀有通道 12 相通。随着分配转子的右移，压缩室 8 的容积不断减小，柴油压力不断升高，当油压升高至足以克服出油阀弹簧力而使出油阀 10 右移开启时，柴油经出油阀 10、高压油管和喷油器喷入气缸。

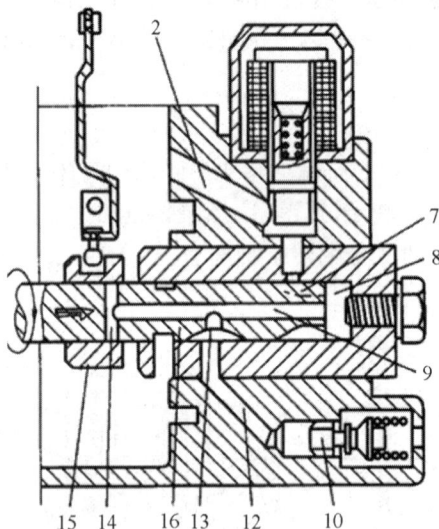

2—泵体进油道；7—转子轴向槽；8—压缩室；9—转子纵向油道；10—出油阀；12—泵体至出油阀的通道；
13—转子分配孔；14—转子泄油孔；15—油量控制套筒；16—分配转子

图 1.51 喷油过程

3）停止泵油

如图 1.52 所示，在停止泵油过程中，当分配转子 16 向右移至转子泄油孔 14 露出油量控

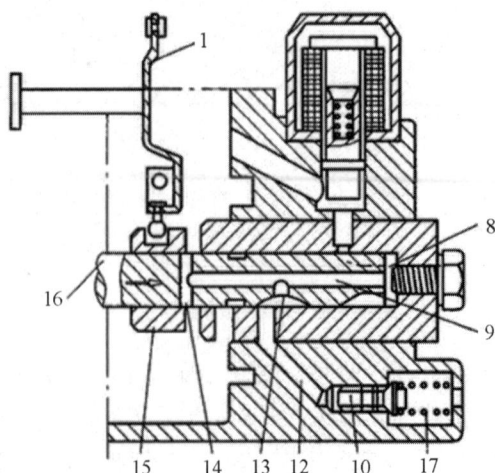

17—出油阀弹簧（其他图注同图 1.50）

图 1.52 停止泵油过程

制套筒 15 的右端面时，被压缩的柴油迅速流向低压泵腔，使压缩室 8、转子纵向油道 9 及泵体至出油阀的通道 12 中的油压下降。出油阀 10 在出油阀弹簧 17 的作用下迅速左移关闭，停止向喷油器供油。停止泵油过程持续到分配转子向右行程的终止。

在四缸柴油机的一个工作循环中，分配泵传动轴旋转一周，完成四次供油。

与柱塞式供给系统比，分配泵结构简单、零件少、体积小、质量轻，因此，使用中故障少，容易维修；分配泵精密偶件加工精度高，供油均匀性好，因此不需要进行各缸供油量和供油定时的调节；分配泵的运动件靠喷油泵体内的柴油进行润滑和冷却，因此，对柴油的清洁度要求很高；分配泵凸轮的升程小，有利于提高柴油机转速。分配泵自开发以来，获得广泛推广，成为生产批量最多的多缸喷油泵。

二、电控柴油喷射系统

电控柴油喷射系统与传统的机械方式比较，具有以下优点。

（1）对喷油定时的控制精度更高，反应速度快。

（2）对喷油量的控制精确、灵活、快速，喷油量可随意调节，可实现预喷射和后喷射，喷油规律可调。

（3）喷油压力高，且比较恒定，如高压共轨电控柴油喷射系统可高达 200 MPa，不受发动机转速的影响，优化了燃烧过程；机械泵转速越高，压力越高，受转速影响。

（4）结构简单，可靠性好，适用性强，可以在新老发动机上使用。目前车用柴油机基本上都采用电控柴油喷射系统，工程机械和农用机械采用机械式燃油供给系统。

1. 电控柴油喷射系统的基本原理

电控柴油喷射系统由传感器、控制单元（ECU）和执行机构三部分组成，其工作原理如图 1.53 所示。其任务是对喷油系统进行电子控制，实现对喷油量以及喷油时间的实时控制。

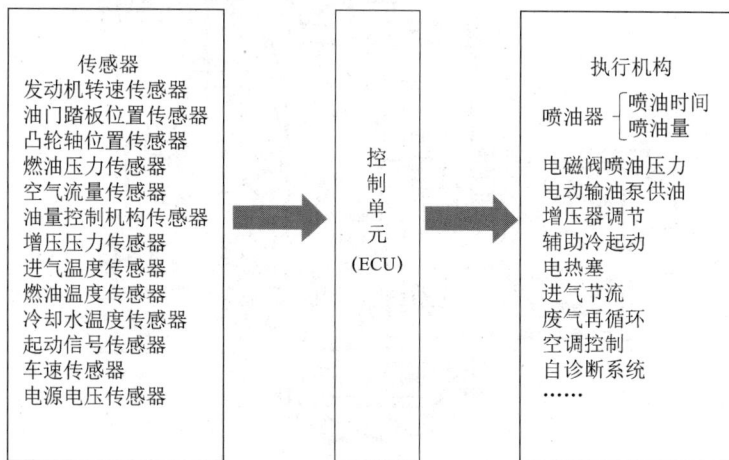

图 1.53 电控柴油喷射系统的工作原理

电控柴油喷射系统中采用了转速、温度、压力等传感器，如采用发动机转速、油门踏板位置、燃油压力、进气温度、燃油温度、冷却水温度等传感器，用来测定发动机的工作状况，如转速、温度、流量、压力、位置等，并将实时检测的参数同步输入计算机，将信号传给控制单元。

控制单元根据传感器的信号，与已储存的设定参数值或参数图谱进行比较，经过处理计算，判断发动机处于什么工作状态，确定供油压力、时间、油量等，按照最佳值或计算后的目标值把指令送到执行器，对执行机构进行控制，驱动喷油系统，使柴油机运作状态达到最佳。

执行机构接收控制单元的指令后，完成对发动机的喷油、进气、排气等操作，包括对喷油器的喷油时间和喷油量、电磁阀喷油压力、电动输油泵供油、增压器调节、辅助冷起动、进气节流、废气再循环、空调控制、自诊断系统等的实时操作。

电喷柴油机由 ECU 控制喷油器喷油工作，在发动机各工况下给出最合适、最精确的喷油量和喷油时间，使发动机产生更大的功率，同时减少油耗，传统柴油机的油量控制是依据对各种工况的需求，由柴油泵的柱塞与套的相对位置的改变来实现的。电子控制柴油发动机更为环保高效。

2. 电控柴油喷射系统的类型

电控柴油喷射系统根据控制方式不同可分为位置控制式、时间控制式、压力-时间控制式三类。

第一代柴油机电控喷射系统采用位置控制式系统，它不改变传统机械式喷射系统的工作原理和基本结构，只是在原来机械燃油供给的基础上，采用电控组件代替机械调节器和供油提前器，以控制喷油量和喷油时间。

图 1.54 所示为位置控制式 VE 分配泵电控柴油喷射系统，它利用溢流环控制阀 1、通过

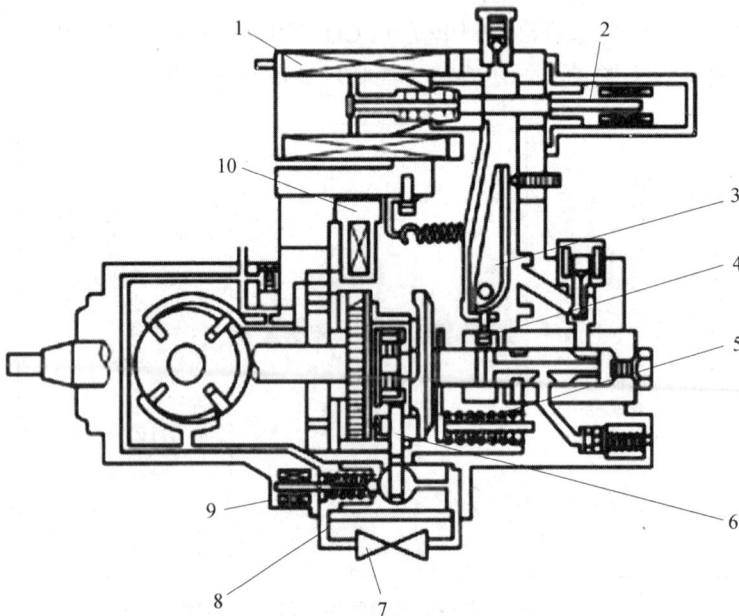

1—溢流环控制阀；2—溢流环位置传感器；3—控制杠杆；4—溢流环套；5—滚轮；6—滚轮环控制杆；
7—供油提前控制阀；8—活塞；9—供油提前器位置传感器；10—转速传感器

图 1.54 位置控制式 VE 分配泵电控柴油喷射系统

控制杠杆 3 来控制溢流环套 4 的位置，实现油量调控；利用供油提前控制阀 7 控制活塞 8 两侧的压差，移动活塞以控制滚动环控制杆 6，使滚轮 5 转动一个位置，以实现喷油时间定时控制。

　　位置控制式电控系统保留了大部分的机械结构，仅将油量和电磁控制机械结构换成可准确控制位置的电磁阀或步进电机来驱动，大大提高了喷射系统对各种柴油机应用的适应性和灵活性，但是这种系统由于未变更原有高压喷油组件，因而不能对喷油率和喷油压力进行调控，此外，由于多缸共用一个油量和定时控制机构，不能对各缸进行独立控制，以实现各缸均衡，系统响应速度也比较慢。

　　第二代柴油机电控喷射系统采用时间控制式系统。时间控制式是指借助电子控制手段控制高压油路限压电磁阀的开闭时刻来控制喷油量，而不对喷油压力和其他参数进行电子调节，因控制对象限压电磁阀的开闭时刻是时间量而得名。其特点是在高压油路中，利用电磁阀直接控制喷油开始时间和结束时间，以改变喷油量和喷油定时，具有直接控制、响应快速的特点。虽然时间控制式电控实现了分缸控制式，但仍然存在无法精确计量喷油量的问题。

　　图 1.55 所示为时间控制式电控单体泵的结构简图。柱塞在凸轮驱动下上行，压缩进入柱塞腔内的燃油，此时如果电磁溢流阀处于开启状态，那么柱塞腔中的燃油经卸压通道回流到低压油路；如果溢流阀处于关闭状态，回油通道被关闭，柱塞腔及高压油路中的燃油压力快速提升，打开喷油器开始喷油；如果要停止喷油，则断开电磁溢流阀上电磁线圈的供电，打开卸压通道，高压油路中的燃油压力会迅速降低，喷油器关闭。柱塞下行时，电磁溢流阀处于开启状态，低压油路中的燃油被吸入柱塞腔内，完成充油。

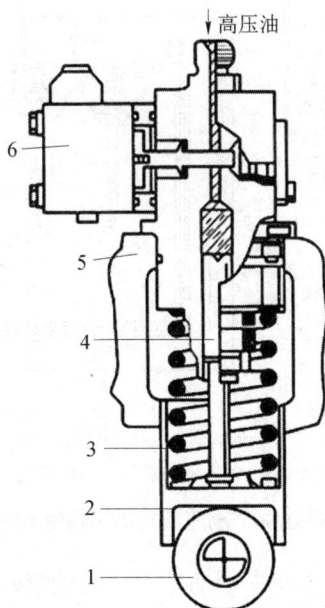

1—滚轮；2—滚轮体；3—柱塞弹簧；4—柱塞；5—柴油机；6—电磁溢流阀

图 1.55　时间控制式电控单体泵的结构简图

　　与位置控制式电控柴油喷射系统相比，时间控制式具有控制精度高，快速响应性能好，控制自由度大，可对各缸的喷油量和喷油定时分别进行调节等优点，喷油泵的机械结构也得到了简化和强化，适合高压喷射。这种系统存在的不足是喷射压力与发动机的转速紧密相关，比如在低速时，喷油压力比较低，喷射稳定性不足，喷油量难以实现更精确的控制，另外也难以实现多次喷射，发动机的燃烧噪声没有明显改善。

第三代为压力–时间控制式系统，也称直接数控系统。它完全脱开了传统的油泵分缸燃油供应方式，将喷射压力与发动机的转速解耦，在高压油泵和喷油器之间加装稳压装置，也就是共轨，通过对共轨压力和喷油压力、时间的精确控制，可以实现喷油量的精确控制。这种燃油供给系统称高压共轨燃油喷射系统。由于喷油量的控制必须依赖于同时控制喷油压力和喷油时间这两个量，因此这种高压共轨燃油喷射系统被称为压力–时间控制式燃油喷射系统。

高压共轨燃油喷射系统主要由高压油泵、共轨管、高压油管、电控喷油器、电控单元（ECU）以及各类传感器等组成，如图 1.56 所示。高压油泵一般采用柱塞泵或转子泵，把来自低压输油泵中的燃油泵入一个公共的油道，即共轨管，它在高压油泵和喷油器之间。通过设置高压油泵上的电磁阀来控制和调节共轨管中的压力，然后通过精确控制安装于喷油器上的电磁阀开闭，来实现燃油的高压喷射。电控喷油器由电磁阀控制其开启和关闭，控制喷油时刻、喷油时间长短（即喷油量）及一个循环中的喷油次数。

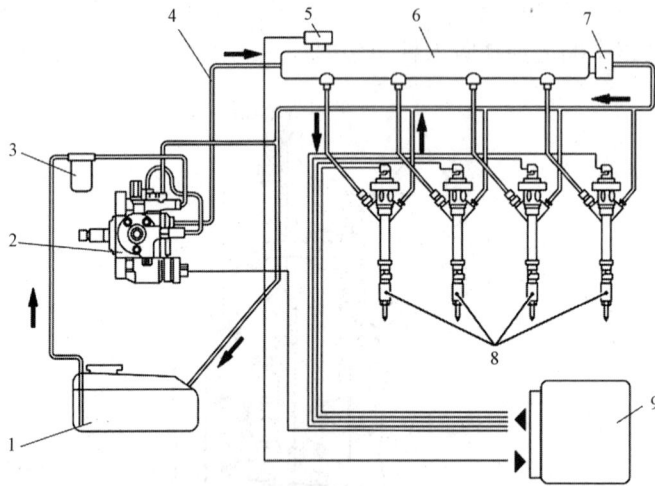

1—油箱；2—高压油泵；3—燃油滤清器；4—高压油管；5—轨压传感器；6—共轨管；
7—限压阀；8—电控喷油器；9—电控单元（ECU）

图 1.56　高压共轨燃油喷射系统

高压共轨燃油喷射系统的优点在于喷油压力与发动机转速无关，解决了传统油泵高低速时喷油压力差别过大、性能难以兼顾的矛盾，而且可以实现更高的喷射压力和多次喷射，可以柔性调节喷油速率、喷油定时和喷油量，这些优点对于优化发动机的喷油策略至关重要。该系统存在的问题是，由于喷油器始终处于可随时喷油状态，当针阀无法正常关闭时，易发生异常喷射现象，系统的成本相对高，控制变量多，控制程序也更加复杂。

第九节　内燃机润滑系统

内燃机工作时，各运动零件的相对运动表面（如曲轴与主轴承、活塞与气缸壁、凸轮与气门挺柱、齿轮副等）之间必然有摩擦。金属表面的直接摩擦不仅会增大内燃机内部的功率消耗，使零件表面迅速磨损，而且摩擦产生的热量可能使某些零件表面熔化，致使内燃机无法运转。因此，为保证内燃机正常工作，必须对各相对运动表面加以润滑。

内燃机的润滑是由润滑系统来实现的。润滑系统的功用就是把干净的润滑油不断供给零件的各摩擦表面进行润滑，以减小零件间的摩擦和磨损；通过润滑油的循环，还可冷却和清洁摩擦表面；润滑油的黏性还能提高气缸壁与活塞间的密封性；润滑油膜附在零件表面，有防止零件被氧化和腐蚀的作用。

一、常见的润滑方式及润滑油

1. 常见的润滑方式

（1）压力润滑，是指润滑油在机油泵作用下，以一定的压力输送到摩擦表面进行润滑的润滑方式。承受负荷较大及相对运动速度较高的主轴承、连杆轴承及凸轮轴轴承等采用的就是压力润滑。

（2）飞溅润滑，是指利用运动零件飞溅起来的油滴或油雾，落在摩擦表面进行润滑的润滑方式。承受负荷较小及相对运动速度较低的零件（包括一些不易实现压力润滑的零件和少数结构简单的小功率内燃机），如配气机构、活塞销座、连杆小头衬套、气缸壁等采用的就是这种润滑方式。

（3）综合式润滑。内燃机一般不采用单一的润滑方式，而是同时采用压力润滑和飞溅润滑两种方式，分别对不同的摩擦表面供油润滑。

（4）掺混润滑，是指在汽油中掺入少量机油，通过化油器与空气形成可燃混合气后进入曲轴箱和缸时，润滑油凝结在各摩擦表面进行润滑的润滑方式。摩托车及其他小型曲轴箱扫气的二冲程汽油机采用的就是这种润滑方式。

2. 润滑油

内燃机润滑系统的润滑均采用机油，机油品种应根据季节气温的变化来选择。夏季用黏度大的机油；冬季用黏度小的机油。在严寒地区，配制和选用合适的机油，是提高内燃机冬季启动性能的重要措施之一。

不同种类的内燃机使用的润滑油是不同的，高速柴油机使用的是柴油机润滑油，又称柴油机机油；汽油机使用的是汽油机润滑油，又称车用机油。

二、润滑系统的组成及润滑油路

1. 润滑系统的组成

一般润滑系统主要由以下几个部分组成。

（1）贮存机油的油底壳、提供足够油压的机油泵、由油管和油道组成的输送油的循环油路。

（2）用来滤除机油中杂质的机油过滤装置，包括集滤器、粗滤器、细滤器。

（3）各种阀门，包括限制系统压力的限压阀、保证油路畅通的旁通阀（安全阀）、保证主油道压力不致过高的回油阀。

（4）反映润滑系统工作状况的机油压力表、机油温度表和机油标尺。

（5）有些水冷式和风冷式内燃机，由于热负荷较重，还装有机油散热器，以加强机油冷却。

2. 润滑油路

各种内燃机的润滑油路大致相似，图 1.57 所示为 6100Q 型内燃机润滑油路示意图。内燃机工作时，油底壳内的机油被机油泵 2 经集滤器 1 吸入，产生一定压力后输出。其中较少的机油（10% 左右）流入细滤器 6，滤去杂质后流回油底壳。而大部分机油（90% 左右）流入粗滤器 12，滤去杂质后进入主油道 10，并由此流向各运动零件的工作表面。当粗滤器的滤芯被杂质堵塞使粗滤器失效时，机油便顶开旁通阀 11 直接进入主油道。进入主油道的机油经分油道进入各主轴承和凸轮轴轴承；进入曲轴前端喷嘴 4 的机油，润滑正时齿轮；进入中间主轴承分油道中的机油同时还通向机油泵和分电器驱动轴 7；主轴承中的部分机油同时沿曲轴中的斜孔进入连杆轴承。因连杆大头运动而飞溅的机油对凸轮、气缸壁、活塞、气门杆及导管等进行飞溅润滑。

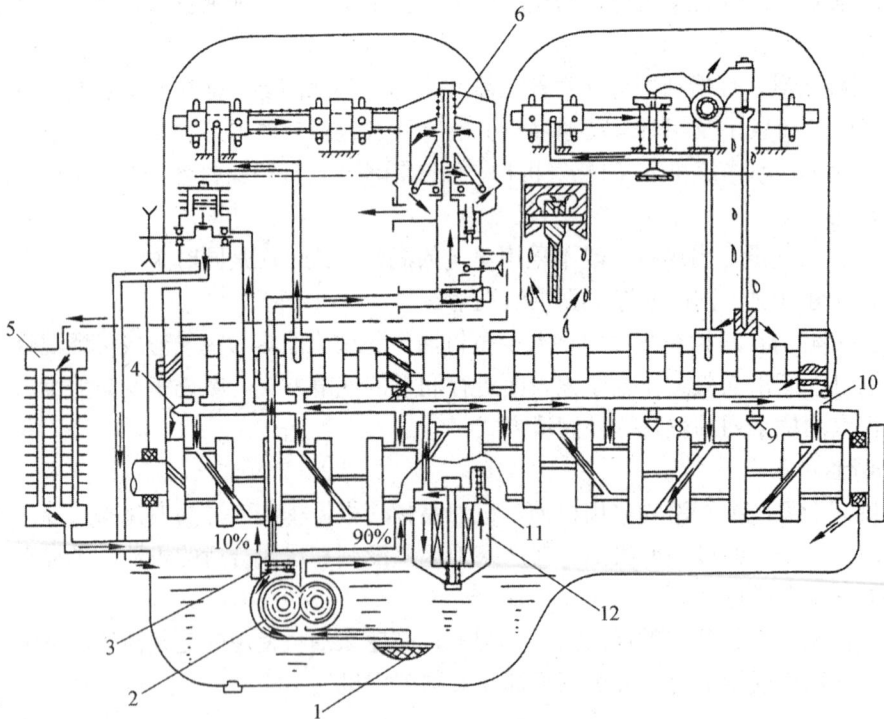

1—集滤器；2—机油泵；3—限压阀；4—喷嘴；5—机油散热器；6—细滤器；7—机油泵和分电器驱动轴；
8—油压过低传感器；9—油压传感器；10—主油道；11—旁通阀；12—粗滤器

图 1.57 6100Q 型内燃机润滑油路示意图

机油泵的端盖上装有限压阀 3，限压阀的作用是限制润滑系统内的油压。当油压超过正常工作范围时，机油压力便克服弹簧的张力使球阀打开，部分机油又泄回进油端，使润滑油路的油压保持正常。

在主油道上装有油压传感器 9 和油压过低传感器 8，以便了解润滑系统工作是否正常。

润滑油的冷却除靠迎面气流吹拂油底壳外，主要依靠机油散热器 5 散热。

三、润滑系统的主要部件

（一）机油泵

机油泵的功用是提高机油压力，保证足够的循环油量，使内燃机得到可靠的润滑。

机油泵的结构形式通常采用齿轮式和转子式两种。齿轮泵在泵的相关知识中介绍，这里介绍转子泵的工作原理，如图 1.58 所示。

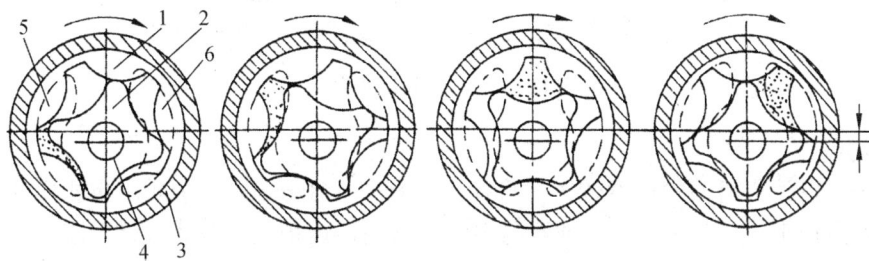

1—外转子；2—内转子；3—壳体；4—泵轴；5—进油口；6—出油口

图 1.58 转子泵的工作原理

转子泵采用啮合方式，内转子 2 固定在泵轴 4 上，外转子 1 松套在壳体 3 内，内外转子不同心。外转子有 5 个齿槽，内转子有 4 个齿。转子泵工作时，内转子带动外转子旋转，两者转速不同，内外转子的齿廓始终保持相切。这样，内外转子间便形成四个容积不断变化的空腔。图中虚线所示进油孔一侧的空腔容积由小变大，机油被吸入。虚线所示油孔一侧的空腔容积由大变小，将机油压送出去。

（二）机油过滤装置

机油过滤装置的功用是除去机油中的杂质，防止它们进入零件摩擦表面，保证机油在使用过程中具有良好的润滑性能，延长机油寿命。为此，在润滑系统中装有几个过滤能力各不相同的过滤器——集滤器、粗滤器、细滤器，分别串联和并联在主油道中。这样，既能使机油得到较好的过滤，又不至于造成很大的流动阻力。

1. 集滤器

集滤器一般是滤网式的，装在机油泵之前，防止粒度大的杂质进入机油泵。图 1.59 所示为常用的浮式集滤器。浮子 3 是空心的，使集滤器能浮在油面上。固定油管 5 通往机油泵，安装后固定不动。吸油管 4 活套在固定油管 5 中，使浮子能自由地随油面升降。浮子下面装有滤网 2，滤网有弹性，中央有环口，平时依靠滤网本身的弹性，使环口紧压在罩 1 上。罩的边缘的缺口，与浮子装合后便形成狭缝。

当机油泵正常工作时，情况如图 1.59（a）所示，机油是从罩与浮子间的狭缝被吸入，经滤网滤去杂质后，通过油管进入机油泵的。当滤网被堵塞时，情况如图 1.59（b）所示，滤网上方的真空度增大，以致能克服滤网的弹力，使滤网上升，环口离开罩。此时机油不经滤网而直接从环口进入吸油管内，保证了机油的供给不致中断。

51

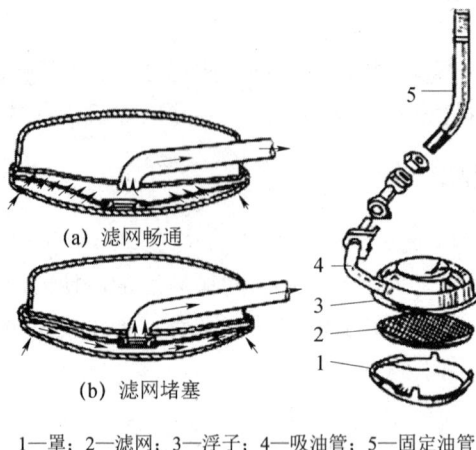

(a) 滤网畅通

(b) 滤网堵塞

1—罩；2—滤网；3—浮子；4—吸油管；5—固定油管

图1.59 浮式集滤器

2. 粗滤器

粗滤器用以滤去机油中粒度较大（直径为 0.05～0.10 mm）的杂质。粗滤器的存在对机油的流动阻力较小，故可串联于机油泵与主油道之间，这种联接方式称为全流式。机油泵出油量的绝大部分通过粗滤器。

粗滤器根据滤芯不同，有各种不同的结构。汽油机上常用的有金属片缝隙式粗滤器，其结构如图1.60所示。滤芯由若干滤片9和隔片10交替叠放在矩形断面的滤芯轴14上，并用上、下盖板及螺母压紧。由于滤片之间有隔片，造成一条缝隙（宽为0.06～0.10 mm）。工作时，机油就从滤芯周围通过此缝隙流进滤芯中部的8个空腔内，并向上从出油道流出（机油流向如图上的箭头所示）。为了便于清洁滤芯，在滤片之间装有与隔片厚度一样的刮片11。

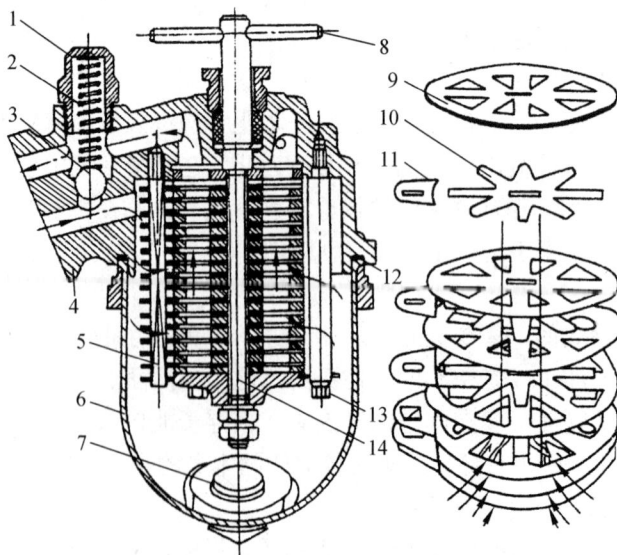

1—阀门盖；2—阀门弹簧；3—钢球；4—上盖；5—刮片固定杆；6—外壳；7—放油塞；8—手柄；
9—滤片；10—隔片；11—刮片；12—衬垫；13—固定螺栓；14—滤芯轴

图1.60 金属片缝隙式粗滤器

拧动滤芯轴顶端的手柄 8 旋转滤芯时，嵌在滤片间的污物便被刮片剔出，保证了滤芯的正常工作。当粗滤器积污过多时，旁通阀（由阀门盖 1、阀门弹簧 2、钢球 3 等组成）被自动顶开，机油不经滤芯而直接流入主油道，保证了连续供油。

3. 细滤器

细滤器可滤去机油中直径为 0.01～0.04 mm 的细小杂质，细滤器对机油的流动阻力较大，所以与主油道相并联，这种联接方式称为分流式，只允许少量机油通过。

图 1.61 所示为常用纸质滤芯细滤器。滤芯 2 用经过树脂处理的微孔纸制成，滤芯内侧有中心管，其上开有许多径向孔，工作时，来自机油泵的机油通过滤芯并汇集在中心管内，然后经出油口流向油底壳。当滤芯堵塞时，机油的压力升高，冲开旁通阀 3，不经细滤器而全部流向主油道，以保证主油道所需的油量。

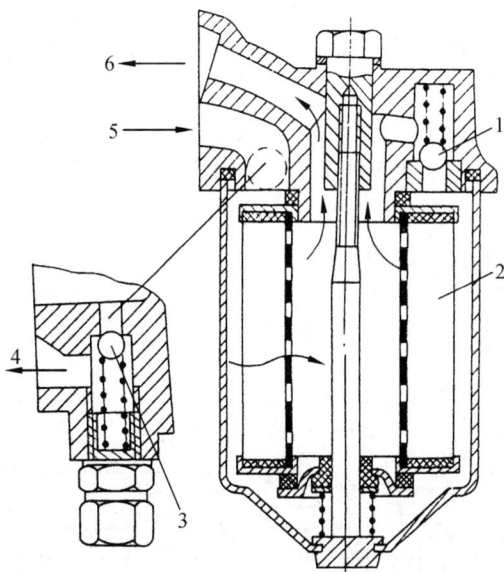

1—安全阀；2—滤芯；3—旁通阀；4—通油底壳；5—油泵来油；6—通主油道

图 1.61　纸质滤芯细滤器

（三）机油散热器

在有些内燃机上，为了使机油保持在最有利的温度范围内工作，除靠机油在油底壳内自然冷却外，还另装有机油散热器。

机油散热器可利用空气来冷却，也可利用水来冷却，它们的基本结构相似。

空气冷却的机油散热器多并联在主油道上，从机油泵中分流一部分机油，利用风扇风力使机油冷却。水冷却的机油散热器，是将机油散热器置于冷却水路中，并串联在主油道之前，用冷却水的温度来控制机油的温度。

第十节　内燃机冷却系统

内燃机工作时，气缸内气体温度高达 1 800～2 800 K，直接与高温气体接触的机体（如气缸盖、气缸套、活塞、气门等）强烈受热，温度会升得很高，从而使它们的机械强度下降，正常间隙破坏并使机油失效。因此，为保证内燃机正常工作，必须对这些在高温下工作的机件进行适当的冷却。

内燃机的冷却必须适度。若冷却不足，内燃机过热，引起气缸中充气量减少，零件润滑不良；但若冷却过度，一方面由于热量散失过多，会使热效率降低，另一方面由于混合气与冷气缸壁接触，使其中原已汽化的燃油又凝结并流到曲轴箱内，不仅增加了燃油消耗，且使机油变稀而影响润滑，结果使内燃机功率下降，磨损加剧。

内燃机常见的冷却系统有水冷系和风冷系两种。大多数内燃机采用水冷系，部分内燃机（特别是小排量内燃机）采用风冷系。

一、水冷系

水冷系是以水为冷却介质，对内燃机进行冷却，再把热量散发到大气中。根据散热方式不同，水冷系可分为强制循环式和自然循环式两种。目前广泛采用强制循环式冷却。

（一）强制循环式水冷系

在强制循环冷却系统中，冷却水的循环是在水泵作用下实现的。图 1.62 所示为强制循环式水冷系示意图。主要由散热器 2、风扇 4、水泵 5、节温器 6、水套 8、分水管 9 等组成。水泵和风扇由内燃机曲轴通过带传动驱动。

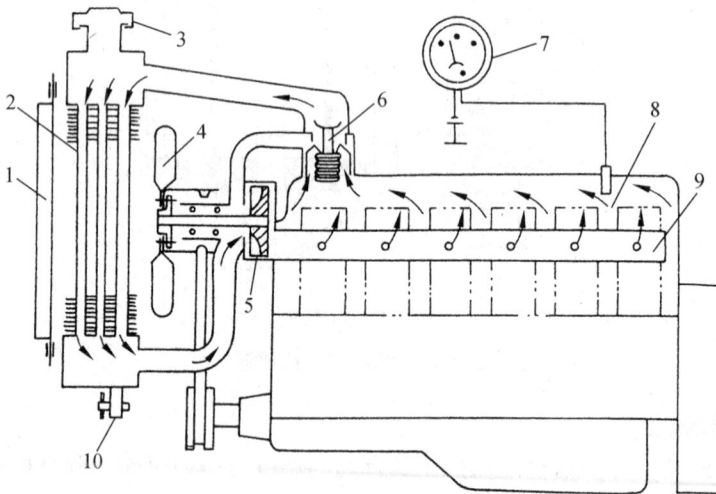

1—百叶窗；2—散热器；3—散热器盖；4—风扇；5—水泵；6—节温器；7—水温表；8—水套；9—分水管；10—放水开关

图 1.62　强制循环式水冷系示意图

内燃机工作时，水泵及风扇旋转，冷却水在水泵作用下，自分水管分别进入各气缸水套。吸热后经缸盖水套出口处的节温器进入散热器上部流向下部。当冷却水流经散热器时，把热量传给散热器芯，然后被风扇所形成的气流带走，使水本身得到冷却。冷却的水再由散热器底部经水管被水泵吸入加压，再流入水套。如此不断地循环，使内燃机中在高温条件下工作的零件不断地得到冷却。

为了保证内燃机在不同的负荷和转速下，经常在最适宜的温度范围内工作，冷却系统中设有冷却强度（指空气的流量和水的流量）调节装置，如百叶窗 1 和节温器 6 等。

在水冷系中，利用水的自然对流实现循环冷却，称为自然循环式水冷系。这种水冷系的循环强度小，目前只有少数小排量的内燃机采用。

（二）水冷系的主要部件

1. 水箱（散热器）

水箱的功用是将来自内燃机水套的冷却水加以冷却，再把热量传到大气中去。图 1.63 所示为其构造图，水箱主要由上贮水箱 2、散热器芯部 5、下贮水箱 7 等组成。由内燃机气缸盖上的出水口流出的高温热水经进水管进入上贮水箱，再经散热器芯冷却后流入下贮水箱，而后从出水管流出，被吸入水泵。

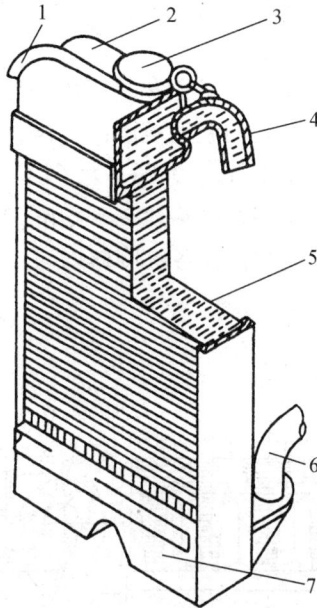

1—溢水管；2—上贮水箱；3—水箱盖；4—进水管；5—散热器芯部；6—出水管；7—下贮水箱

图 1.63　水箱构造

水箱芯部构造如图 1.64 所示，由冷却管 1、散热片 2 组成。冷却管是焊接在上、下贮水箱之间的直管，作为冷却水的通道，空气吹过管的外表面，从而使管内的流动水得到冷却。

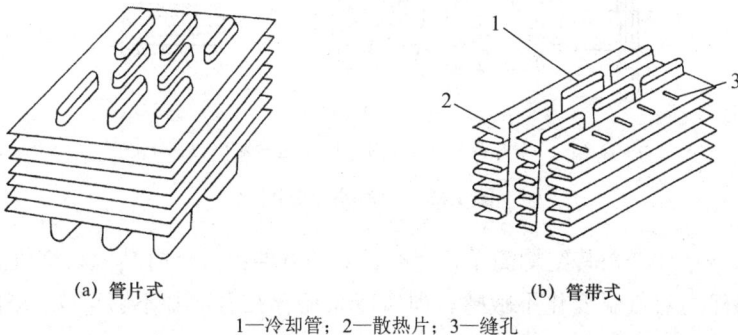

(a) 管片式　　　　　　　　　　(b) 管带式

1—冷却管；2—散热片；3—缝孔

图 1.64　水箱芯部构造

为了进一步提高散热效果和使结构紧凑，在冷却管外面横向套装了很多金属散热片来增加散热面积，同时也增加了整个散热器的刚度和强度。

2. 水泵

水泵的功用是对冷却水加压，使水在冷却系统中加速循环流动。目前内燃机大多采用离心式水泵。

3. 风扇

水冷式内燃机通常采用轴流式风扇，装在散热器后面，并与水泵同轴。当风扇旋转时，产生的气流沿着轴向由前到后通过散热器芯部，使流经散热器芯部的冷却水冷却，提高水箱的散热能力。

二、风冷系

风冷系是利用高速空气流直接吹过气缸盖和气缸体的外表面，把从气缸内部传出的热量散到大气中去，以保证内燃机在最有利的温度范围内工作。

图 1.65 所示为一台四缸内燃机风冷系示意图。为了增大散热面积，各缸都是用传热性好的铝合金分开铸造的，并铸有均匀排列的散热片 3。采用了功率、流量均较大的轴流式风扇，以加强冷却。为了有效地利用空气流和保证各缸冷却均匀，一般都装有导流罩 2 和分流板 5。有的还装有气缸导流罩 4。

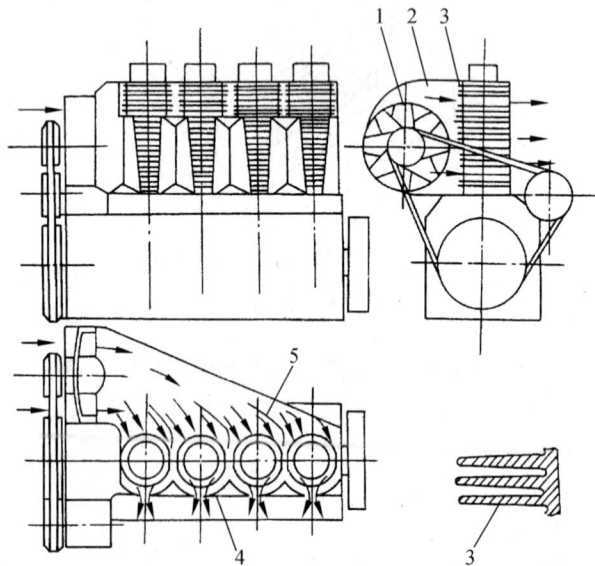

1—风扇；2—导流罩；3—散热片；4—气缸导流罩；5—分流板

图 1.65　风冷系示意图

风冷系与水冷系比较，其结构简单，使用、维修方便；由于内燃机与空气之间温差较大，故风冷系的散热能力对气温变化不敏感。但风冷系还存在着冷却不够可靠，消耗功率大和噪声大等缺点，目前应用不如水冷系普遍。

第十一节 汽油机点火系统

汽油机点火系统的功用是按照汽油机各缸的点火顺序，在一定的时刻供给火花塞以能量足够的高压电，使火花塞两极产生足够的电火花，点燃被压缩的混合气，从而使汽油机做功。

汽油机点火系统按其产生高电压的方式不同，可分为蓄电池点火方式和磁电机点火方式。蓄电池点火方式是由蓄电池或发电机向点火系统提供电能，磁电机点火方式是由磁电机向点火系统提供电能。

汽油机点火系统最主要的功能是控制点火提前角。按对点火提前角的控制方式不同，汽油机点火系统可分为传统点火系统、普通电子点火系统和电控点火系统。

传统点火系统又称机械触点式点火系统。它利用机械触点控制点火提前角。汽油机工作时，为保证点火顺序，利用分电器给各缸配电。传统点火系统结构简单，成本低，但点火能量低，工作可靠性差，已逐渐被淘汰。

普通电子点火系统的功能和原理与传统点火系统基本相同，只是控制点火系统提前角的元件用电子点火器代替了断电器。

电控点火系统由 ECU 来控制和修正点火提前角，甚至可取消分电器，完全取消机械装置，成为全电子点火系统。电控点火系统由于减少甚至取消了机械装置，与其他点火系统相比，不仅点火提前角的控制精度更高，而且能量损失少，对无线电干扰小，工作可靠。随着电子控制技术的发展和普及，电子点火系统的应用越来越多。

一、蓄电池点火系统

图 1.66 所示为四缸内燃机蓄电池点火系统的组成和线路示意图，其中包括低压电路和高压电路两部分。低压电路中包括低压电源—— 蓄电池 1、断电器（由断电器凸轮 7、触点臂 8、断电器触点 9 等组成）、点火线圈 2 中的初级线圈 4 等。高压电路中包括点火线圈 2 中的次级线圈 5、分电器 13、火花塞 14 等。

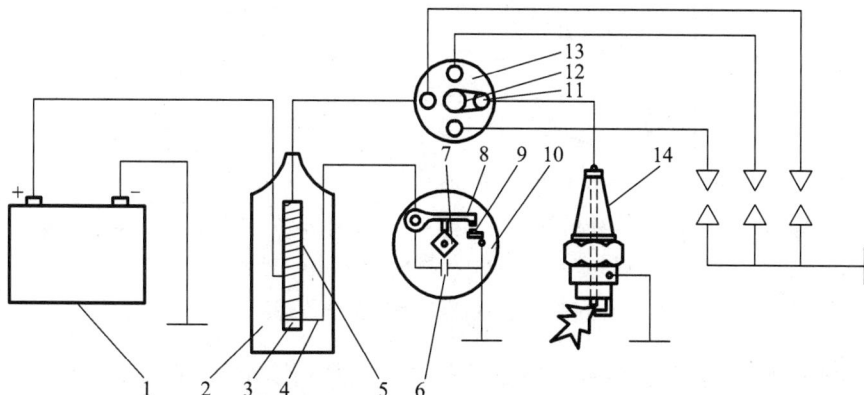

1—蓄电池；2—点火线圈；3—铁芯；4—初级线圈；5—次级线圈；6—电容器；7—断电器凸轮；8—触点臂；
9—断电器触点；10—断电器；11—分电器侧触点；12—分火头；13—分电器；14—火花塞

图 1.66 四缸内燃机蓄电池点火系统的组成和线路示意图

蓄电池是点火系统的电源,它的一个电极通过导线与点火线圈相连,另一个电极则利用机体等金属件与用电器相连,称搭铁。由低电压转变为高电压是由点火线圈和断电器共同完成的。

汽油机工作时,带动凸轮转动,使断电器两触点不断地闭合与断开。当触点闭合时,初级电流的流向为:蓄电池—初级线圈—触点臂—断电器触点—搭铁—蓄电池负极。初级线圈有电流时,在铁芯中便产生了磁场。在汽油机每一气缸压缩行程接近终了时,断电器凸轮把触点顶开。此时,初级电流迅速衰减以至消失,铁芯中的磁通随之减小,因而在匝数多的次级线圈中感应产生很高的电压。与此同时,分火头 12 正好转到与该气缸火花塞相连接的分电器侧触点 11 的位置上,并与之接触。这样,次级线圈的高电压作用在火花塞的两极而产生放电火花,将该缸内的可燃混合气点燃。很显然,分电器侧触点数目与火花塞数目相等。

断电器的凸轮与分电器分火头都装在分电器轴上,由配气凸轮机构的凸轮轴通过一对斜齿轮来驱动。断电器凸轮每转一周,初级电路断开的次数一般等于其上凸棱的数目,因此断电器凸轮的凸棱数等于汽油机的气缸数,即火花塞数。

电容器 6 并联在断电器上,其作用是在断电器两触点分开时吸收能量,避免两触点分离产生电火花,以保护触点。

二、磁电机点火系统

图 1.67 所示为磁电机点火系统工作原理图,它由磁电机和火花塞两大部分组成。磁电机的组成主要有发电机(由旋转磁铁 1、蹄铁 11 等组成)、感应线圈(由初级线圈 N_1、次级线圈 N_2 等组成)、断电器(由凸轮 2、触点 3、断电臂 5 等组成)等。

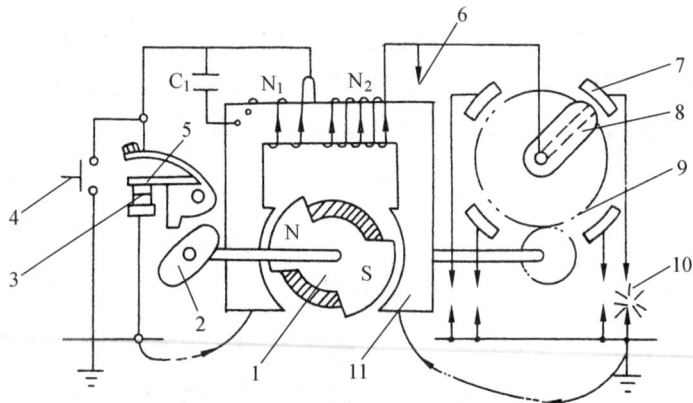

1—旋转磁铁;2—凸轮;3—触点;4—断电按钮;5—断电臂;6—火花塞安全间隙;7—旁电极;
8—配电转子;9—传动齿轮;10—火花塞;11—蹄铁

图 1.67 磁电机点火系统工作原理图

当旋转磁铁旋转时,交变磁通使感应线圈中产生感应电动势。当触点闭合时,初级线圈中便有电流通过,电流的回路为:初级线圈—触点—搭铁—铁芯—初级线圈。当初级线圈中的电流达到最大值,而触点 3 被突然断开时,初级线圈中的电流突然消失,磁力线的变化率很大,由于互感的作用,便在匝数较多的次级线圈上产生一个很高的电动势。于是高压电击穿火花塞间隙产生电火花，将气缸内的可燃混合气被点燃。高压电流的回路为：次级线圈—火花塞—搭铁—铁芯—初级线圈—次级线圈。

磁电机次级线圈引出端与壳体间留有火花塞安全间隙 6，它的作用是在汽油机转速过高、磁电机产生过高电压或高压线路断路时自动跳火将能量释放，从而使次级线圈中的绝缘体不致被击穿。

断电器的触点 3 与断电按钮 4 并联，按下此按钮，初级电路接通，次级线圈中便不能产生高电压而停止点火。

三、半导体点火系统

目前所用的传统的蓄电池点火系统存在如下缺点：断电器触点分开时，在触点处形成的火花使触点逐渐烧蚀，因而断电器的使用寿命短。当火花塞间隙漏电时，次级电压升不上去，不能可靠地点火，次级电压的大小随汽油机的转速增高和气缸数的增多而下降，因此在高速时易出现缺火。近年来，汽油发动机向多缸高速化发展，以及使用稀混合气以达到省油、净化排气的目的，这些都要求点火系统能够提供足够的次级电压和火花能量，保证最佳点火时刻，而蓄电池点火已不适应这一要求。

使用半导体点火系统一个优点是可避免蓄电池点火系统在高速时的缺火现象，并在火花塞积炭时有较强的跳火能力，还可延长触点的使用寿命，提高火花能量。采用微机控制的半导体点火系统，另一个优点是能根据不同工况的要求调节最佳的点火时刻。因此采用半导体点火系统可提高汽油机的动力性和经济性，并减少空气污染。

目前使用的半导体点火系统，分为半导体辅助点火系统、无触点半导体点火系统和微机控制的半导体点火系统三大类。

下面简单介绍半导体辅助点火系统的工作过程，图 1.68 所示为其电路图。当接通点火开关，且断电器触点 K 闭合时，由于电阻 R_2、R_3 的分压作用，使三极管基极 b 的电位高于发射极 e，产生基极电流，导通三极管，即导通了点火线圈的初级电路。

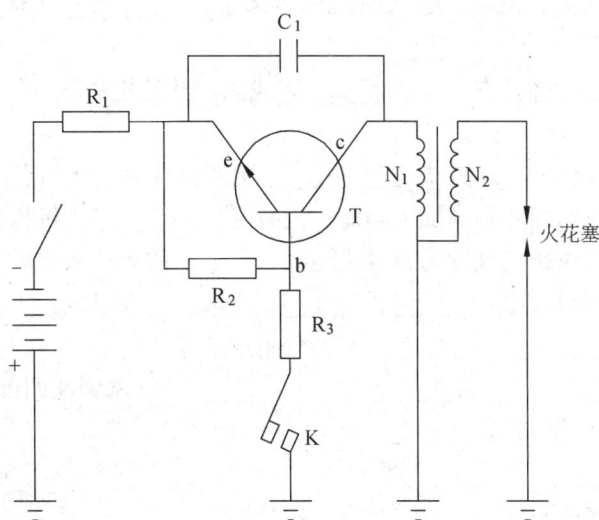

图 1.68　半导体辅助点火系统电路图

触点 K 断开时，切断基极电流，经点火线圈的初级电流迅速下降到零，在次级线圈 N_2 中产生高电压，击穿火花塞的间隙，产生火花而点燃混合气。

在这种点火系统中，只有晶体三极管基极电流流过断电器触点 K，其值仅为初级电流的 $1/6 \sim 1/5$，故触点无烧蚀现象，延长了触点的使用寿命。由于在这种点火系统中，初级电流的增加只受三极管集电极 c 最大电流的限制，只要选用合适的三极管并配以初级电流大、匝数比高的点火线圈，就可以提高次级线圈电压和点火能量。

练习与思考题

一、填空题

1. 将热能转变为机械能的机器称为_____。

2. 按燃料燃烧所处部位不同，热机分为_____和_____。

3. 内燃机有_____和_____。我们通常所说的内燃机，一般是指_____内燃机。

4. 内燃机按所用燃料不同分为_____、_____、_____等。

5. 内燃机按一个工作循环的行程数不同分为_____和_____内燃机。

6. 内燃机按冷却方式不同分为_____式和_____式，其中以_____式居多。

7. 内燃机的基本构造是_____，它主要由_____、_____、_____等组成。

8. 活塞往复一次，曲轴旋转_____。曲轴每转 180°，活塞运动一个_____。

9. 点火系统是_____特有的一个系统。

10. 内燃机一个完整的工作循环是由_____、_____、_____、_____四个工作过程组成的，二冲程内燃机是在_____个冲程中完成此循环的，而四冲程内燃机是在_____个冲程中完成此循环的。

11. 内燃机在进气时，汽油机进入气缸的气体是_____，柴油机进入气缸的气体是_____。

12. 汽油机的混合气体是在_____完成的，柴油机的混合气体是在_____完成的。

13. 汽油机混合气体的点燃方式是_____，柴油机混合气体的点燃方式是_____。

14. 二冲程内燃机与四冲程内燃机相比，没有专门的_____机构。

15. 二冲程内燃机进排气过程的完成是通过_____的运动来实现的。

16. 内燃机的机体组件由_____、_____、_____等组成。

17. 曲轴箱由_____、_____两部分组成。

18. 活塞可分为_____、_____、_____和活塞销座四部分。

19. 水冷式气缸体的形式有_____、_____。

20. 活塞环有_____和_____两种。

21. 根据气门位置的不同，气门式配气机构分为_____、_____两种。

22. 内燃机润滑系统的作用是_____、_____、_____、_____、_____。

23. 常见的润滑方式有_____ 、_____ 、_____、_____。

24. 在润滑系统中装有过滤能力各不相同的过滤装置，它们分别是_____、_____、_____。

25. 内燃机常见的冷却系统有_____、_____。

26. 水冷却系统的主要部件有_____、_____、_____等。

二、名词解释

热机　外燃机　内燃机　上止点　下止点　活塞行程　气缸余隙容积　气缸工作容积
气缸最大容积　压缩比　四冲程内燃机　有效功率　燃油消耗率

三、简述题

1. 内燃机由哪几部分组成？

2. 内燃机从不同的角度来划分有哪些类型？

3. 二冲程内燃机和四冲程内燃机一般用于哪些场合？

4. 内燃机的工作核心是什么？叙述它的工作过程。

5. 叙述内燃机各部分的组成和作用。

6. 内燃机完成一个工作循环包括哪些过程？

7. 简述四冲程柴油机的工作原理。

8. 简述四冲程汽油机的工作原理。

9. 简述二冲程汽油机的工作原理。

10. 比较二冲程内燃机和四冲程内燃机的不同点。

11. 比较汽油机和柴油机的不同点。

12. 结合前面所学内容，简述各种内燃机的使用场合。

13. 曲柄连杆机构由哪些主要零件组成？

14. 活塞环分为哪几种？各起什么作用？

15. 曲轴、飞轮的作用是什么？

16. 内燃机配气机构的作用是什么？

17. 简述空气滤清器的作用和工作过程。

18. 配气机构按气门的位置不同有哪两种？有何区别？

19. 分析顶置式配气机构的工作过程。

20. 气门间隙有什么作用？间隙过大、过小会产生什么影响？

21. 汽油机燃料供给系统的功用是什么？

22. 绘制化油器的结构示意图，并简述其结构、作用和工作原理。

23. 绘制汽油泵的结构示意图，并简述其结构、作用和工作原理。

24. 绘制汽油滤清器的结构示意图，简述其结构、作用和工作原理。

25. 汽油机电控燃油喷射系统的功用是什么？由哪几部分组成？

26. 汽油机空气供给系统的作用是什么？它是怎样工作的？有哪些主要元件？

27. 燃油系统的作用是什么？它是怎样工作的？有哪些主要元件？

28. 汽油机燃油系统中控制系统的作用是什么？它是怎样工作的？有哪些主要元件？

29. 涡轮式电动燃油泵是怎样工作的？

30. 燃油压力调节器有何功用？它是怎样工作的？

31. 柴油机燃料供给系统的功用是什么？柴油机燃料供给系统应满足哪些基本要求？

32. 柴油机燃料供给系统的类型有哪些？

33. 传统机械式柴油机燃料供给系统由哪些主要部件组成？它是如何工作的？

34. 结合喷油器的结构示意图，简述其结构、作用和工作原理。

35. 绘制喷油泵的结构示意图，简述其结构、作用和工作原理。

36. 结合输油泵的结构示意图，简述其结构、作用和工作原理。

37. 简述分配式喷油泵燃油供给系统是如何工作的。

38. 电控柴油喷射系统有哪些特点？

39. 什么是高压共轨燃油喷射系统？有哪些组成部分？它是如何工作的？

40. 润滑的作用是什么？润滑方式有哪几种？

41. 润滑系统的组成部分有哪些？

42. 润滑系统是如何进行工作的？

43. 叙述机油泵、机油散热器、机油过滤器的作用。

44. 内燃机为什么要冷却？

45. 结合课本中的图，分析强制循环式水冷却系统的工作过程。

46. 叙述水箱、水泵、风扇、节温器、百叶窗的作用。

47. 说明蓄电池点火系统的工作原理。

四、解释下列型号

6100Q、12V135、495T、1E65F

第二章　机床运动基本知识

第一节　概　　述

一、金属切削机床的概念

金属切削机床通常简称为机床，它是利用切削刀具通过切削加工的方法将金属毛坯（或半成品）的多余金属切除，制成零件图纸所要求的形状、尺寸和精度的成品的一种机器。所以，金属切削机床是制造机器的机器，又称为工作母机。

二、金属切削机床的分类

目前，我国按机床的加工方式和用途不同，把机床分为十二大类：车床、钻床、镗床、磨床、齿轮加工机床、螺纹加工机床、铣床、刨插床、拉床、特种加工机床、锯床、其他机床。每类机床又分成十组，每组又分成十型（或系）。磨床的品种较多，故将其再分成三类。每类机床的代号用其名称的汉语拼音的第一个大写字母表示，组和系的代号分别用数字 0~9 表示，分类代号用数字表示，详见表 2.1 及表 A.1。

表 2.1　机床的类别及分类代号

类型	车床	钻床	镗床	磨床			齿轮加工机床	螺纹加工机床	铣床	刨插床	拉床	特种加工机床	锯床	其他机床
代号	C	Z	T	M	2M	3M	Y	S	X	B	L	D	G	Q
参考读音	车	钻	镗	磨	二磨	三磨	牙	丝	铣	刨	拉	电	割	其

除上述基本分类方法外，机床还可按照使用上的万能性程度、加工精度、自动化程度、主轴数目以及机床重量等进行分类，而且随着机床的不断发展，其分类方法也将不断发展。

三、金属切削机床型号的编制方法

机床的型号是一个代号，用以表示机床的类型、主要技术参数、使用及结构特性等。目前我国的机床型号编制方法是按《金属切削机床　型号编制方法》（GB/T 15375—2008）编制。通用机床型号的表示方法如下。

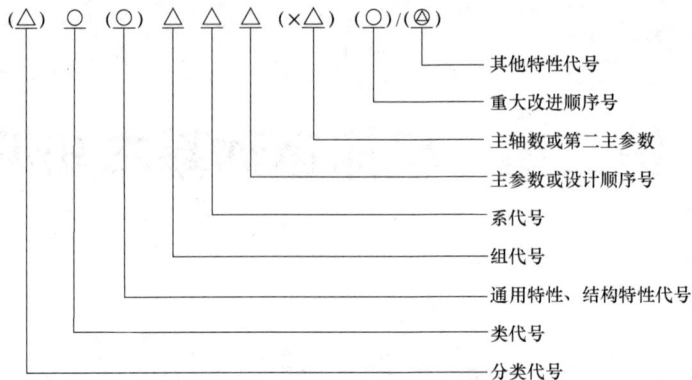

注1：有"（ ）"的代号或数字，当无内容时，则不表示。若有内容则不带括号。
注2：有"○"符号的，为大写的汉语拼音字母。
注3：有"△"符号的，为阿拉伯数字。
注4：有"◎"符号的，为大写的汉语拼音字母，或阿拉伯数字，或两者兼有之。

1. 机床的分类代号、类代号

机床的类别及分类代号见表2.1。

2. 机床的特性代号

（1）通用特性代号。当机床具有表2.2中所列的某种通用特性时，在类代号之后加上相应的通用特性代号，如CM6132型精密普通车床型号中的M表示通用特性为"精密"。

表2.2 机床通用特性及其代号

通用特性	高精度	精密	自动	半自动	数控	自动换刀	仿形	轻型	加重型	柔性加工单元	数显	高速
代号	G	M	Z	B	K	H	F	Q	C	R	X	S

（2）结构特性代号。为了区别主参数相同而结构不同的机床，在型号中用汉语拼音字母的大写区分并排在通用特性代号之后。通用特性用过的字母及I、O两字母不能用作结构特性代号。

3. 机床的组代号、系代号

机床的组代号、系代号用两位阿拉伯数字分别表示，第一位数字表示组别，第二位数字表示系别，位于类代号或通用特性代号（结构特性）之后。例如，CA6140型普通车床型号中的"61"，说明它属于车床类6组、1系。

4. 主参数或设计顺序号

主参数用折算值（主参数乘折算系数）表示，位于组、系代号之后。某些通用机床，当无法用一个主参数表示时，在型号中用设计顺序号表示，设计顺序号由01开始。

各种型号的机床，其主参数的折算系数可以不同：一般来说，对于以最大棒料直径为主参数的自动车床、以最大钻孔直径为主参数的钻床、以额定拉力为主参数的拉床，其折算系数为1；对于以床身上最大工件回转直径为主参数的普通车床、以最大工件直径为主参数的绝大多数齿轮加工机床、以工作台工作面宽度为主参数的立式和卧式铣床、绝大多数镗床和磨床，其主参数的折算系数为 1/10；大型的立式车床、龙门刨床、龙门铣床等的主参数折算系数为 1/100。各类机床的主参数名称及折算系数可查阅 GB/T 15375—2008。部分机床的主参数名称及折算系数可参见附录。例如，CA6140 型普通车床型号中的"40"，其主参数的折算系数为 1/10，说明该机床在床身上的最大工件回转直径为 400 mm。

5. 第二主参数

第二主参数一般是指主轴数、最大跨距、最大工件长度、最大模数、最大车削（磨削、刨削）长度及工作台工作面长度等，用"×"分开，读"乘"。它在型号中的表示方法如下。

（1）机床的主轴数、最大模数、厚度等以实际值列入型号以实际的轴数标于型号中主参数之后。

（2）凡第二主参数属于长度、跨距、行程等的折算系数为 1/100；凡第二主参数属于直径、深度、宽度的用 1/10 的折算的系数。各类机床的第二主参数名称及折算系数详见 GB/T 15375—2008。

6. 重大改进顺序号

当机床的性能及结构布局有重大改进，并按新产品重新试制和鉴定后，在原机床型号之后按 A、B、C 等字母顺序加进改进顺序号，以区别于原型号机床。

7. 同一型号机床的变型代号

某些专门用途的通用机床，如加工曲轴、凸轮轴的车床及磨床，双端面磨床，专门化半自动车床等，需要按不同的加工对象，在基型机床的基础上，变换机床的结构形式。这种变型机床，在原机床型号之后加 1、2、3 等数字，并用"/"分开，读作"之"。

【例 1】最大磨削直径为 40 mm 的精密无心外圆磨床，其型号为 MM1040。

【例 2】最大磨削直径为 200 mm 的外圆超精加工磨床，其型号为 2M1320。

【例 3】加工最大棒料直径为 50 mm 的卧式六轴自动车床，其型号为 C2150·6。

【例 4】工作台工作面宽度为 500 mm，经第一次重大改进设计的卧轴矩台平面磨床，其型号为 M7150A。

四、金属切削机床的技术规格及其对选用机床的意义

每一种通用机床，都应该能够加工各种不同尺寸的工件，所以，它不可能做成一种规格。国家根据机床的生产和使用情况，规定了每一种通用机床的主参数和第二主参数系列。现以普通车床为例加以说明。

普通车床的主参数是指床身上工件的最大回转直径，有 250、320、400、500、630、800、1 000、1 250 mm 八种规格，主参数相同的普通车床，往往又有几种不同的第二主参数——最大工件长度。例如，CA6140 型普通车床在床身上最大回转直径为 400 mm，而最大工件长度有 750、1 000、1 500、2 000 mm 四种。

普通车床的技术规格的内容，除主参数和第二主参数外，还有刀架上最大回转直径，中心高（主轴中心至床身矩形导轨的距离）、通过主轴孔的最大棒料直径、刀架的最大行程、主轴内孔的锥度、主轴转速范围、进给量范围、加工螺纹的范围、电动机功率等。

机床的技术规格可以从机床说明书中查出。了解机床的技术规格，对正确使用机床和合理选用机床都具有十分重要的意义。例如，当我们使用两顶尖进行加工或在主轴上安装心轴

和其他夹具时，需了解主轴内孔锥度；当需要在主轴端上安装卡盘或花盘、夹具时，需了解主轴端的外锥体或螺纹尺寸；当采用长棒料加工时，要了解最大加工棒料直径；当加工螺纹或决定切削用量时，要选择机床所具有的主轴转速和进给量，要考虑机床的电动机功率是否够用等。所以，只有结合机床的技术规格进行全面的考虑，才能正确使用和合理选用机床。

第二节　机床的运动

各种类型的机床，为了进行切削加工以获得所要求的几何形状、尺寸精度和表面质量的工件，必须使刀具和工件完成一系列的运动。至于机床需要多少个运动，是直线运动还是旋转运动，完全取决于被加工零件的表面形状和加工时所采用的刀具。以车床车削圆柱体表面为例（见图 2.1），当工件被三爪卡盘夹持并启动机床之后，手摇刀架使车刀在纵、横方向接近工件（运动Ⅱ和Ⅲ），然后再使车刀横向切入工件（运动Ⅳ）至一定深度（吃深，其深度取决于本工序要求的尺寸 d）；通过工件的旋转（运动Ⅰ）和车刀纵向直线移动（运动Ⅴ），车削出圆柱体表面；当车刀纵向移动到所需的长度尺寸 l 时，车刀横向退离工件（运动Ⅵ），并纵向退回至起始位置（运动Ⅶ）。此外，在加工过程中还可能要完成开车、停车和变速等动作。

机床在加工过程中完成的各种运动，按其功用可分为表面成形运动和辅助运动两类。

一、表面成形运动

直接参与切削过程，为形成所需表面形状所必须的有关刀具与工件间的相对运动，称为表面成形运动。如图 2.1 中所示工件的旋转运动Ⅰ和车刀的纵向直线移动Ⅴ是形成圆柱体表面的成形运动。根据切削过程中所起的作用不同，表面成形运动又分为主体运动和进给运动。

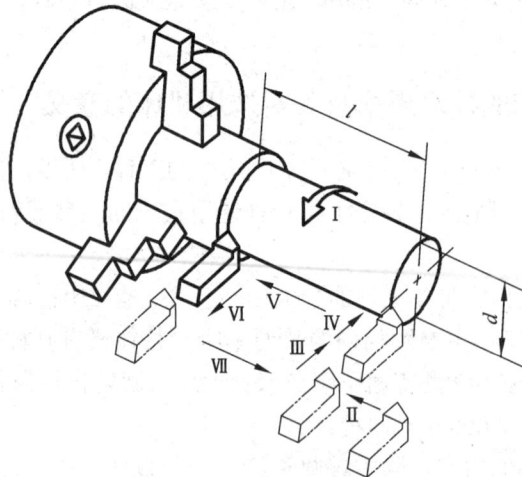

图 2.1　车削圆柱体表面的运动

1. 主体运动

直接切除毛坯上的金属使之变成切屑的运动，称为主体运动。主体运动速度高、要消耗大部分的机床动力。车床工件的旋转、铣床铣刀的旋转、磨床砂轮的旋转、钻床和镗床的刀具旋转、牛头刨床的刨刀及龙门刨床的工件直线往复移动等都是主体运动。

对旋转主体运动，其主轴转速的单位以 r/min 表示；对直线往复主体运动，其直线往复速度的单位以双行程/min 表示。

2. 进给运动

不断地将被切金属投入切削，以逐渐切出整个工件表面的运动称为进给运动。进给运动的速度低，消耗动力很少。车床刀具相对于工件作纵向直线移动、卧式铣床工作台带动工件相对于铣刀作纵向直线移动、外圆磨床工件相对于砂轮作旋转（称圆周进给运动）和纵向直线往复移动等都是进给运动。进给运动速度的单位用下列方法表示。

（1）mm/r，如车床、钻床、镗床等。

（2）mm/min，如铣床等。

（3）mm/双行程，如刨床等。

任何一台机床，至少有一个主体运动，但进给运动可能有一个或几个，也可能没有（如拉床没有进给运动）。

二、辅助运动

一般情况下，单靠表面成形运动，只能使被加工表面获得一个轮廓形状，不一定能一次达到尺寸精度及表面质量的要求，因此，机床常常需要一再重复表面成形运动，这就需要机床有一系列的辅助运动，如刀具接近工件、切深、刀具退离工件、快速退回起始位置（如图 2.1 所示的运动Ⅱ、Ⅲ、Ⅳ、Ⅵ、Ⅶ等）。另外，为了使刀具与工件具有正确相对位置的对刀运动，多工位工作台和多工位刀架的周期性转位，加工局部表面时的周期性分度运动等，也属于辅助运动。总之，机床上除了表面成形运动外的所有运动，都是辅助运动。

第三节　机床传动系统

机床加工过程中所需的各种运动，是通过运动源、传动装置和执行件并以一定的规律所组成的传动链来实现的。

（1）运动源，是给执行件提供动力和运动的装置，常采用三相异步电动机。

（2）传动装置，是传递动力和运动的装置，它把运动源的动力和运动最后传给执行件。同时，传动装置还需完成变速、变向和改变运动形式等任务，以使执行件获得所需的运动速度、运动方向和运动形式。

（3）执行件，是执行机床工作的部件，如主轴、刀架、工作台等。执行件用于安装刀具或工件，并直接带动其完成一定的运动形式和保证准确的运动轨迹。

传动装置一般有机械、液压、电气传动等三种。液压传动与电气传动已分别在有关课程中详细介绍，在此不再赘述。机械传动装置有无级变速和分级变速传动装置两种，由于无级变速传动装置的变速范围小，零件制造精度要求很高，经济性较差，一般不常采用，而多数以液压和电气的无级变速所取代。下面，着重介绍几种常用的机械传动装置。

一、常用的机械传动装置

机械传动装置通常由定比传动副、变换传动比的变速机构和变换运动方向的变向机构等组成。

（一）定比传动副

定比传动副包括齿轮副、皮带轮副、齿轮齿条副、蜗杆蜗轮副和丝杠螺母副等。它们的共同特点是传动比固定不变，而齿轮齿条副和丝杠螺母副还可以将旋转运动转变为直线运动。

（二）变速机构

变速传动装置是实现机床分级变速的基本机构，常用的有滑移齿轮变速机构、离合器变速机构、挂轮变速机构、皮带轮变速机构和摆移齿轮变速机构等。常用的机械分级变速机构如图2.2所示。

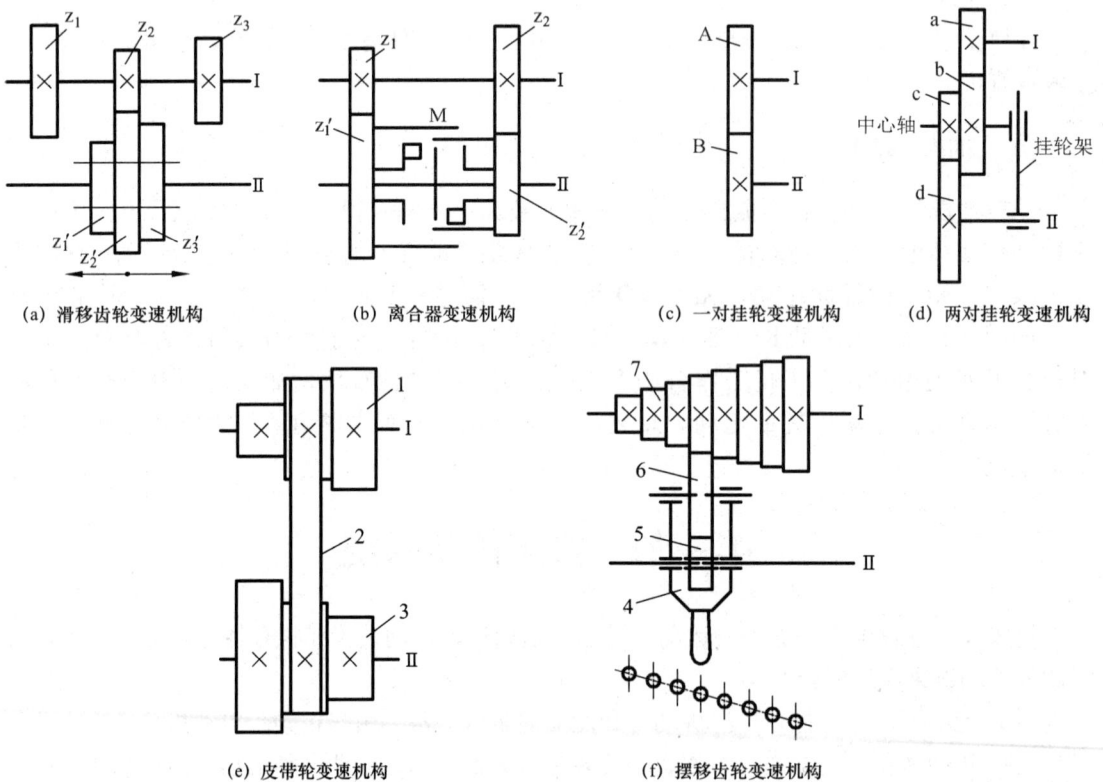

(a) 滑移齿轮变速机构　　(b) 离合器变速机构　　(c) 一对挂轮变速机构　　(d) 两对挂轮变速机构

(e) 皮带轮变速机构　　　　(f) 摆移齿轮变速机构

图2.2　常用的机械分级变速机构

1. 滑移齿轮变速机构

滑移齿轮变速机构如图2.2（a）所示，轴 I 上装有三个固定齿轮 z_1、z_2、z_3，三联滑移齿轮块 z_1'、z_2'、z_3' 制成一体，并以花键与轴 II 联接。当它分别处于左、中、右三个不同的啮合工作位置时，使传动比不同的齿轮副 z_1/z_1'、z_2/z_2'、z_3/z_3' 依次啮合工作，此时，如轴 I 只有一种转速，则轴 II 可得三种不同的转速。除上面介绍的三联齿轮变速组外，机床上常用的还有双联滑移齿轮变速组。滑移齿轮变速组结构紧凑、传动效率高、变速方便、能传递很大的动力，但不能在运转过程中变速，多用于机床的主体运动中，其他运动也经常采用。

2. 离合器变速机构

离合器变速机构如图 2.2（b）所示，轴 I 上装有两个固定齿轮 z_1 和 z_2，它们分别与空套在轴 II 上的齿轮 z_1' 和 z_2' 相啮合。端面齿式离合器 M 通过花键与轴 II 相连。由于 z_1/z_1' 和 z_2/z_2' 的传动比不同，所以如轴 I 只有一种转速，则当离合器 M 向左及向右移动，依次与 z_1' 和 z_2' 的端面齿相啮合时，轴 II 可得两种不同转速。离合器变速机构变速方便，变速时齿轮不需移动，故常用于螺旋齿圆柱齿轮传动中，使传动平稳。另外，如将端面齿式离合器换成摩擦片式离合器，则可使变速组在运转过程中变速。但这种变速的各对齿轮经常处于啮合状态，磨损较大，传动效率低，主要用于重型机床和采用螺旋形圆柱齿轮传动的变速组（端面齿离合器）及自动、半自动机床（摩擦片式离合器）中。

3. 挂轮变速机构

挂轮变速机构分为一对挂轮 ［见图 2.2（c）］和两对挂轮 ［见图 2.2（d）］两种。一对挂轮的变速机构比较简单，只要在固定中心距的轴 I 和轴 II 上装上传动比不同但"齿数和"相同的齿轮副 A 和 B，则可由轴 I 的一种转速，使轴 II 得到不同的转速。两对挂轮的变速机构需要有一可以绕轴 II 摆动的挂轮架，中间轴在挂轮架上可作径向调整移动，并用螺栓紧固在任何径向位置上。挂轮 a 通过键与主动轴 I 相连，挂轮 d 通过键与从动轴 II 相连，而 b、c 挂轮通过一个套筒空套在中间轴上。当调整中间轴的径向位置使 c、d 挂轮正确啮合之后，则可摆动挂轮架使 b 轮与 a 轮也处于正确的啮合位置。因此，改变不同齿数的挂轮，则能起到变速的作用。挂轮变速机构可使变速机构简单、紧凑，但变速调整费时。一对挂轮的变速机构刚性好，多用于主体运动中；两对挂轮的变速机构由于装在挂轮架上的中间轴刚度较差，一般只用于进给运动及要求保持准确运动关系的齿轮加工机床、自动和半自动车床的传动中。

4. 皮带轮变速机构

皮带轮变速机构如图 2.2（e）所示，在 I 轴上装有三个带轮，在 II 轴上装有与 I 轴对应的三个带轮，这样组成了三组带轮，皮带 2 可根据装在各组带轮上。皮带轮变速机构能进行远距离传动变速，同时传动平稳，在磨床中多见。

5. 摆移齿轮变速机构

摆移齿轮变速机构如图 2.2（f）所示，在轴 I 上装有 8 个齿数不同的固定齿轮 7，通常称为塔齿轮；轴 II 上装有一个滑移齿轮 5，它通过一个可以轴向移动又能摆动的摆移架 4 推动作左、右滑移；摆移架 4 的中间轴上装有一中间轮 6。当摆移架 4 连摆带移动依次地使中间轮 6 与塔齿轮中的一个齿轮相啮合时，如果轴 I 只有一种转速，则轴 II 便可得到不同的 8 种转速。由于摆移齿轮变速组有一摆移架，刚性较差，一般只用于车床进给运动中。

（三）变向机构

变向机构用来改变机床执行件的运动方向。变向机构的类型很多，这里只介绍常用的两种，如图 2.3 所示。

1. 滑移齿轮变向机构

滑移齿轮变向机构如图 2.3（a）所示，轴 I 上装有一齿数相同（$z_1 = z_1'$）的双联齿轮，轴 II 上装有一花键联接的单联滑移齿轮 z_2，中间轴上装有一空套齿轮 z_0。当滑移齿轮 z_2 处于图示位置时，轴 I 的运动经 z_0 传给齿轮 z_2，使轴 II 的转动方向与轴 I 相同；当滑移齿轮 z_2 向左

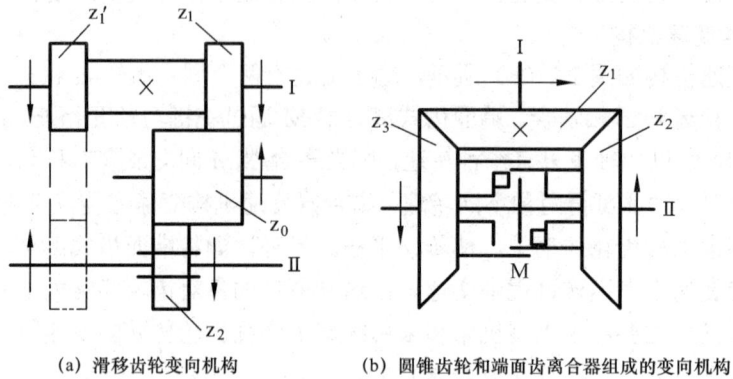

(a) 滑移齿轮变向机构　　　　　(b) 圆锥齿轮和端面齿离合器组成的变向机构

图 2.3　常用的变向机构

移动与轴Ⅰ上的 z_1' 齿轮啮合时，则轴Ⅰ的运动经 z_2 传给轴Ⅱ，使轴Ⅱ的转动方向与轴Ⅰ相反。这种变向机构刚度好，多用于主体运动中。

2. 圆锥齿轮和端面齿离合器组成的变向机构

圆锥齿轮和端面齿离合器组成的变向机构如图 2.3（b）所示，主动轴Ⅰ上的固定圆锥齿轮 z_1 直接传动空套在轴Ⅱ上的两个圆锥齿轮 z_2 和 z_3 以相反的方向旋转，如将花键联接的离合器 M 依次与 z_2、z_3 圆锥齿轮的端面齿相啮合，则轴Ⅱ可得不同的两个方向的运动。这种变向机构刚性比圆柱齿轮的差，多用于进给运动或其他辅助运动中。

二、机床的传动系统

机床上的每一种运动，都是通过运动源、传动装置和执行件并以一定的规律组成的传动链来实现。机床有多少个运动（一般指机动运动）就有多少条传动链。实现机床各个运动的所有传动链就组成一台机床的传动系统。用规定的简单符号表示机床传动系统的图形，称为机床的传动系统图。

每一条传动链必定有首端件和末端件，这两个端件可能是电动机—主轴、电动机—工作台或主轴—刀架等。用定比传动副、变速组等传动装置把这两端件联接起来，并使它们彼此之间保持传动联系和一定的运动关系，就成为某一运动的传动链（有时也称为某一运动的传动系统）。它们所保持的运动关系指的是：车床上车外圆，当主轴转一转时，刀架带动车刀纵向进给一个走刀量的距离；在车床上车螺纹，当主轴转一转时，刀架带动车刀纵向进给一个螺纹导程的距离。

图 2.4 所示为普通车床传动系统图。通常普通车床有四个运动：主体运动是主轴旋转；一般车削时刀架的纵向进给运动（刀架平行于主轴轴线的直线移动）；刀架的横向进给运动（刀架垂直于主轴轴线的直线移动）；车螺纹时刀架的纵向进给运动。所以，车床有主体运动传动链、纵向进给运动传动链、横向进给运动传动链和车螺纹运动传动链。下面对各个运动进行分析。

（一）主体运动

主体运动由 2.2 kW、1 440 r/min 的电动机驱动，经 $\dfrac{\phi 80}{\phi 165}$ 三角皮带轮传动，使主轴箱内的

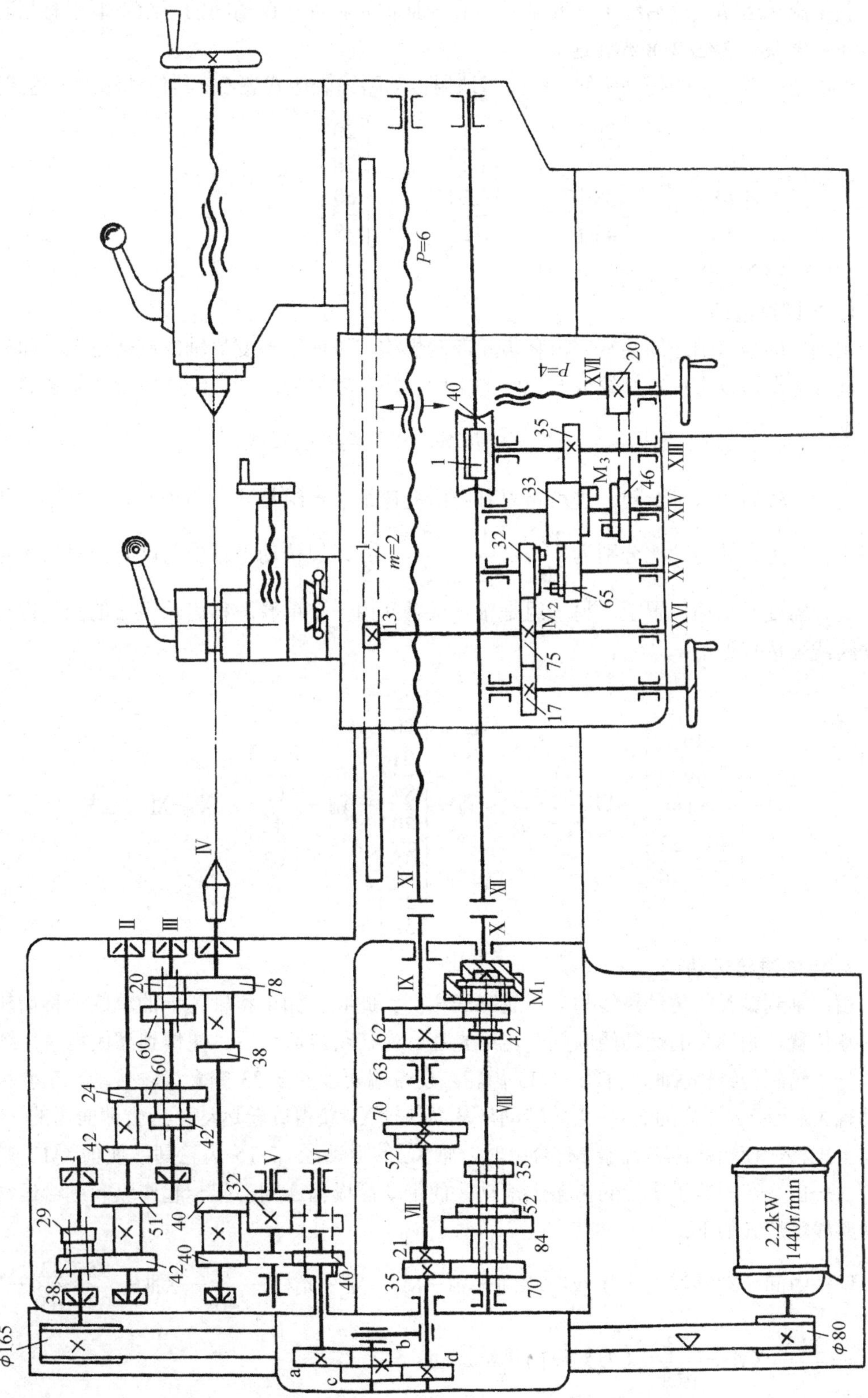

图 2.4　普通车床传动系统图

轴Ⅰ获得旋转运动，然后经Ⅰ—Ⅱ轴间、Ⅱ—Ⅲ轴间和Ⅲ—Ⅳ轴间的三组双联滑移齿轮变速组，使主轴获得 2×2×2=8 级转速。

由电动机至主轴的传动路线，可简明地用传动路线表达式表示。其传动路线表达式如下：

$$电动机 - \frac{\phi 80}{\phi 165} - Ⅰ - \begin{bmatrix} \frac{29}{51} \\ \frac{38}{42} \end{bmatrix} - Ⅱ - \begin{bmatrix} \frac{24}{60} \\ \frac{42}{42} \end{bmatrix} - Ⅲ - \begin{bmatrix} \frac{20}{78} \\ \frac{60}{38} \end{bmatrix} - Ⅳ（主轴）$$

（二）进给运动

1. 车螺纹运动

主轴后端与Ⅵ轴之间装有一滑移齿轮变向机构，以便于改变Ⅵ轴的旋转方向，即改变丝杠的旋转方向，以进行右螺纹或左螺纹的车削工作。轴Ⅵ的运动，经挂轮架传至轴Ⅶ。挂轮架为 $\frac{a}{b} \times \frac{c}{d}$ 挂轮，可以根据需要配换其中齿数，以车削各类螺纹。

运动由轴Ⅶ传入进给箱。进给箱内有两组变速组：一组是Ⅶ—Ⅷ轴间有四种不同传动比的基本变速组，其传动比分别为 $\frac{35}{70}$，$\frac{21}{84}$，$\frac{52}{52}$，$\frac{70}{35}$，但传动过程中只能有一对齿轮啮合工作，其余需处于空挡位置上。另一组是Ⅷ—Ⅸ轴间由一个单联滑移齿轮组成的变速机构。其传动路线表达式如下：

$$Ⅳ - \begin{bmatrix} \frac{40}{40} \\ 变向 \\ \frac{40}{32} \times \frac{32}{40} \end{bmatrix} - Ⅵ - \frac{a}{b} \times \frac{c}{d} - Ⅶ - \begin{bmatrix} \frac{35}{70} \\ \frac{21}{84} \\ \frac{70}{35} \\ \frac{52}{52} \end{bmatrix} - Ⅷ - \begin{bmatrix} \frac{42}{62} \\ \frac{42}{63} \end{bmatrix} - Ⅸ - Ⅺ（丝杠）$$

2. 纵向进给运动

由主轴到轴Ⅹ的传动路线与车螺纹路线相同。此时，如果将轴Ⅹ上的单联滑移齿轮移至最右端位置，则轴Ⅹ的运动经联轴套传给光杠。光杠获得运动后，便传到溜板箱内，经 1/40 的蜗杆蜗轮副传给轴ⅩⅢ，再经 35/33 齿轮副使带端面齿的 $z=33$ 空套齿轮传动，空套齿轮便带动轴ⅩⅤ上带端面齿的 $z=65$ 齿轮转动，从而使轴ⅩⅤ获得旋转运动。当带端面齿的 $z=65$ 齿轮向上推移，使端面齿离合器 M_2 合上时，轴ⅩⅤ的运动经 32/75 齿轮副，使轴ⅩⅥ上端的小齿轮（$z=13$）在固定于床身的齿条上滚动，便带动溜板箱连同刀架一起作纵向进给运动。其传动路线表达式如下：

$$Ⅳ - 中间传动路线与车螺纹时相同 - Ⅷ - M_1 - Ⅻ - 光杠 - \frac{1}{40} - ⅩⅢ - \frac{35}{33} \times \frac{33}{65} - ⅩⅤ$$

$$M_2 \uparrow - \frac{32}{75} - ⅩⅥ - \frac{13}{齿条}（刀架纵向进给运动）$$

3. 横向进给运动

当轴ⅩⅣ上 z=46 齿轮向上推移使端面齿离合器 M_3 合上时，z=33 空套齿轮的运动便经 M_3、46/20 齿轮副带动横向丝杠并使刀架作横向进给运动。其传动路线表达式如下：

$$Ⅳ—中间传动路线与车螺纹时相同—Ⅷ—M_1—Ⅻ—光杠—\frac{1}{40}—ⅩⅢ—\frac{35}{33}—M_3↑—Ⅹ$$

$$Ⅳ—\frac{46}{20}—ⅩⅦ丝杠（刀架横向进给运动）$$

对简单的普通车床传动系统分析概括如下。

（1）机床的传动系统由实现各个运动的传动链组成。

（2）每一传动链都由一系列传动比固定的传动副和传动比可以根据需要进行变换的变速组等传动装置把电动机与某一执行件，或把某一执行件与另一执行件联接起来，保持它们之间的传动联系和运动关系形成。

（3）每一传动链的传动路线，可以用传动路线表达式加以表示（也可以将几条传动链综合用一个表达式来表示）。

三、转速分布图

图 2.5 所示为前面介绍过的简单普通车床主体运动传动链的转速分布图。

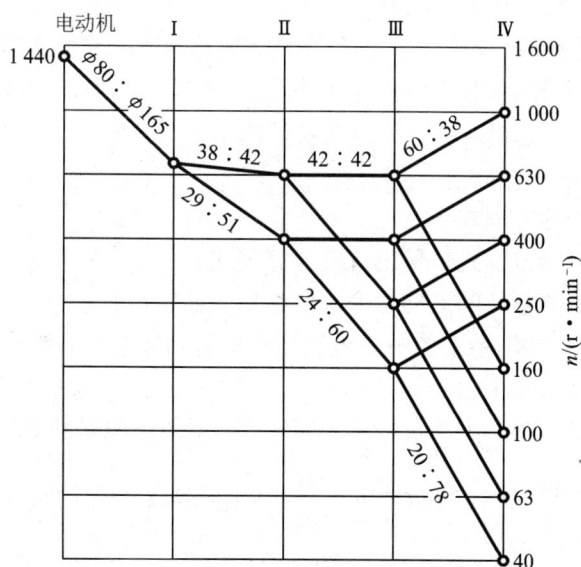

图 2.5　转速分布图

凡是实现主轴转速级数按等比数列排列，或进给量按等比数列排列的主体运动传动链、进给运动传动链，其传动路线都可以用转速分布图来表示。转速分布图的基本内容如下。

（1）转速分布图绘在格线图中。格线图由若干等距的纵平行线和若干等距的横平行线组成。纵平行线代表传动链中的传动轴（包括电动机轴），并且按传动顺序在其上端标上轴号；横平行线代表各轴所获得的转速，并且由低至高依次排列，并在其右端标出各级转速。由于主轴转速数列是按等比数列排列的，所以，任意两相邻转速的比值（后一转速与前一转速之比）均相等。图中表示转速数值的纵坐标采用对数坐标，因而，对数坐标上的间隔相等。

（2）一般情况下，传动链中有几根轴，就有几根纵平行线，本例从电动机轴开始有五根轴，所以有五根纵平行线；传动链的末端件有几级转速，就有几根横平行线，本例有八级转速，所以应有八根横平行线。由于电动机的转速为 1 440 r/min，主轴的最高转速为 1 000 r/min，为能标出电动机转速，多加一横线，其转速为 1 600 r/min。

（3）纵平行线上的圆点表示传动轴实际具有几级转速。

（4）相邻两轴有传动联系的圆点间，用粗实线连接起来，以表示两轴间的传动副。连线水平表示传动比不变，向上倾斜表示升速，向下倾斜表示降速。

由此可知，转速分布图可以清楚地表示出该传动链的传动路线、传动链中的传动轴数量、传动副的转速大小和转速级数。这有助于我们去分析和掌握机床的传动系统，它一般都附在机床说明书中。

第四节　机床调整计算

机床运动的调整计算有两类：一类是计算某一末端执行件的运动速度（如主轴转速等）或位移量（如刀架或工作台的进给量等）；另一类是根据两执行件间所需保持的运动关系，计算传动链中挂轮的传动比并确定挂轮齿数。

机床运动的调整计算通过各个运动的传动链分别进行，其步骤大致如下。

（1）确定传动链的首端件和末端件，如电动机—主轴、主轴—刀架等。

（2）确定两端件间的运动关系，如电动机转速 $n_{电动机}$（r/min）—主轴转速 $n_{主轴}$（r/min）、主轴 1r—刀架进给 f（mm）等。

（3）列出传动链平衡方程式。

（4）根据传动链平衡方程式，导出有关计算公式。

（5）按公式求出某执行件的运动速度、位移量或挂轮齿数。

现以图 2.4 普通车床传动系统图中主体运动传动链为例进行调整计算。

（1）两端件：电动机—主轴。

（2）两端件的运动关系：电动机转速 1 440（r/min）—主轴转速 $n_{主轴}$（r/min）

（3）传动链平衡方程式：$1\ 440\ \text{r/min} \times \dfrac{80}{165} \times \mu_{1-2} \times \mu_{2-3} \times \mu_{3-4} = n_{主轴}$

式中，μ_{1-2} —— Ⅰ—Ⅱ轴间的传动比，为 $\dfrac{29}{51}$ 或 $\dfrac{38}{42}$；

μ_{2-3} —— Ⅱ—Ⅲ轴间的传动比，为 $\dfrac{24}{60}$ 或 $\dfrac{42}{42}$；

μ_{3-4} —— Ⅲ—Ⅳ轴间的传动比，为 $\dfrac{20}{78}$ 或 $\dfrac{60}{38}$。

（4）主轴转速计算公式。

将上列传动链平衡方程式化简后得

$$n_{\text{主轴}} = 698.18 \times \mu_{1-2} \times \mu_{2-3} \times \mu_{3-4} \quad (\text{r/min})$$

（5）计算主轴转速。

将上列不同传动比值分别代入上式中，可得 8 种转速，其中最大和最小转速分别为

$$n_{\max} = 698.18 \times \frac{38}{42} \times \frac{42}{42} \times \frac{60}{38} \approx 998 \quad (\text{r/min})$$

$$n_{\min} = 698.18 \times \frac{29}{51} \times \frac{24}{60} \times \frac{20}{78} \approx 40 \quad (\text{r/min})$$

练习与思考题

一、填空题

1. 机床的运动按其功用可分为_____和_____两类。

2. 表面成形运动分为_____和_____。

3. 直接切除毛坯上的切削层，使之成为切屑的运动是_____。

4. 一个完整的机床传动系统由_____、_____和_____组成。

5. 定比传动副中，传递旋转运动的有_____、_____、_____，将旋转运动变成直线运动的有_____和_____。

6. 常用的变速传动装置有_____、_____、_____、_____、_____。

7. 改变平行轴之间的运动方向可使用_____变向机构，改变垂直轴之间的运动方向可使用_____变向机构。

8. 一般普通车床的主运动是_____，进给运动有_____、_____、_____，辅助运动是刀架的_____和_____运动。

9. 转速图中，竖线表示_____，它上面的小圆点表示_____，横线表示_____，两轴间小圆点间的连线表示_____。

二、解释下列机床型号的意义

X6132、CA6140、Z3040、TP619、Y3150、B2012A

三、简述题

1. 金属切削机床按加工方式和用途不同分为哪些类型？其代号分别是什么？

2. 在使用和选用机床之前，了解机床的主要技术规格有何意义？

3. 根据你在教学实习时所获得的感性认识，指出车床、铣床、钻床各有哪些主体运动和进给运动。

4. 指出在车床上车削外圆锥面、车端面及钻孔时所需要的成形运动。

5. 说明下列情况中，应采用何种分级变速机构为宜：（1）传动比要求不严，但要求传动平稳的传动系统；（2）采用斜齿圆柱齿轮传动；（3）需经常变速的通用机床；（4）不需经常变速的专用机床。

四、分析题

1. 某立式钻床主传动系统如图 2.6 所示，要求：

（1）列出传动路线表达式；

（2）列出传动链平衡方程式；

（3）计算最大和最小主轴转速。

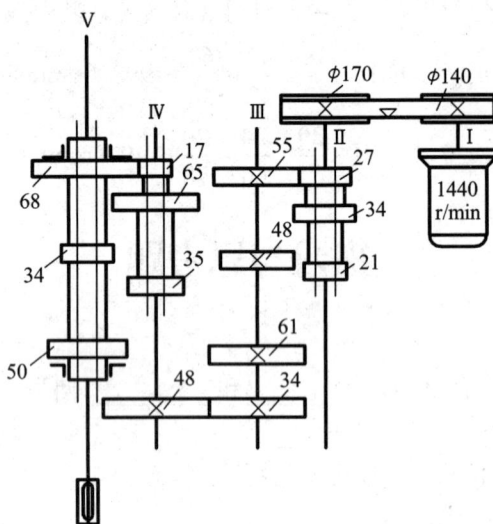

图 2.6　某立式钻床主传动系统

2. 依据图 2.7 所示车床主传动系统图，试计算：

（1）车刀的运动速度（m/min）；

（2）主轴转一周时，车刀的移动距离（mm/r）。

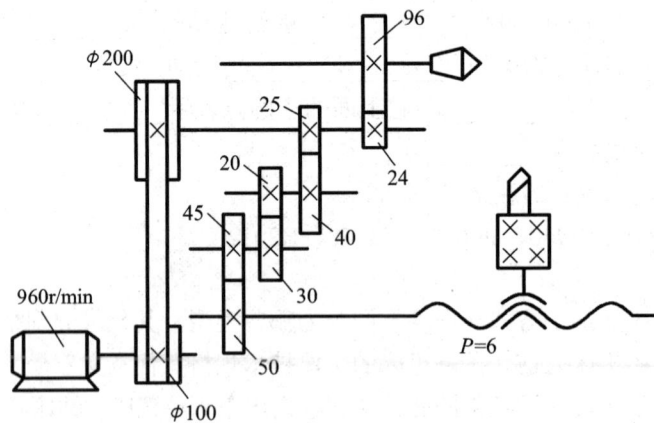

图 2.7　车床主传动系统图

第三章 车 床

第一节 概 述

车床主要是使用各种车刀对内外圆柱面、圆锥面、成形回转体表面及其端面、各种内外螺纹等进行加工，还可使用钻头、扩孔钻、铰刀进行孔加工，使用丝锥、板牙进行内外螺纹加工等。

车床有多种类型，按其用途和结构不同，可分为普通车床、六角车床、立式车床、单轴自动车床、多轴自动和半自动车床、多刀车床、仿形车床、专门化车床等。

普通车床可完成各种工序的加工，如车削内外圆柱面、圆锥面、成形回转面，车削端面和公制、英制、模数、径节螺纹，滚花，由尾座完成钻孔、扩孔、铰孔、攻丝和套丝等。普通车床自动化程度低，辅助运动由手工操作完成，生产率较低，适用于单件、小批量生产及机修车间使用。

转塔式六角车床有一绕垂直轴线转位、6 个工位的六角形转塔刀架，每一工位通过辅具可装一把或一组刀具，作纵向进给运动，可车削内外圆柱面，钻、扩、铰和镗孔，攻丝、套丝；有一个或两个横刀架，作纵横进给运动，车削大直径的外圆柱面、成形回转面、端面和沟槽，可作定程加工工件。适用于成批生产中对形状复杂的盘、套类零件的加工。

回轮式六角车床只有一个绕水平轴线转位、12 或 16 个工位的圆盘形回轮刀架，刀架上均布的轴向孔中通过辅具可装一把单刀或复合刀具进行加工。刀架作纵向进给时可车削内外圆柱面，钻、扩、铰孔和加工螺纹，刀架绕自身轴线缓慢转动作横向进给时可完成成形回转面、沟槽、端面和切断等工序的加工。机床用弹簧夹头夹持棒料。适用于成批生产中对轴类及阶梯轴类零件的加工。

单柱立式车床有一垂直布置的主轴带动一大直径的圆形工作台，其上可安装笨重的大型零件。横梁上有一五工位垂直刀架，可沿横梁导轨作水平进给和沿刀架导轨作垂直进给运动以及将刀架摆动角度后的斜向进给运动，可加工内外圆柱面、圆锥面、端面、切槽、钻孔、扩孔、铰孔等，立柱右侧导轨上还有一侧刀架，用来加工外圆、端面及外沟槽等。适用于单件小批量生产中对大型盘类零件的加工。

双柱立式车床与单柱立式车床的区别在于双柱立式车床有两个垂直刀架，其中一个为五个工位的转塔刀架。有些双柱立式车床也有一个右侧刀架，尺寸较大的双柱立式车床常不设侧刀架，其工艺范围同单柱立式车床。适用于单件小批生产中对重型盘类零件的加工。

在机器制造工厂中，普通车床用得最为普遍，本章以普通卧式车床（CA6140 型）为典型车床进行介绍。

第二节　CA6140 型车床传动系统

一、机床的主要组成部件

CA6140 型车床的主参数——床身上最大加工直径为 400 mm,第二主参数——最大加工长度有 750、1 000、1 500、2 000 mm 四种。CA6140 型车床外形如图 3.1 所示。

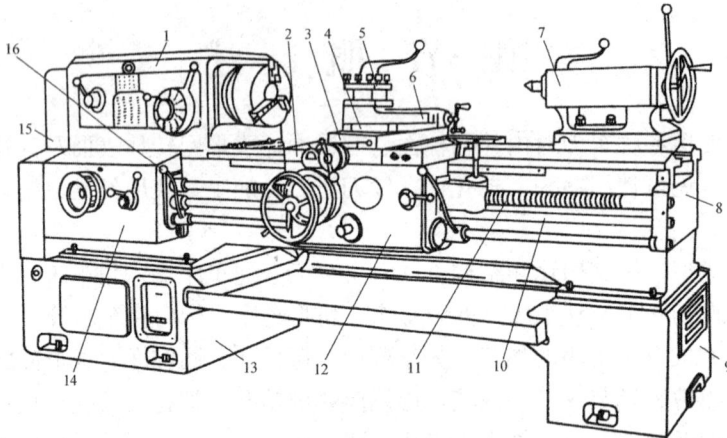

1—主轴箱；2—导轨；3—中溜板；4—转盘；5—方刀架；6—小溜板；7—尾座；8—床身；9—右床腿；
10—光杠；11—丝杠；12—溜板箱；13—左床腿；14—进给箱；15—挂轮架；16—主轴操纵手柄

图 3.1　CA6140 型车床外形

机床的主要组成部件及其功用如下。

（1）主轴箱。主轴箱 1 固定在床身 8 左上部,其功用是支承主轴部件,并使主轴及工件以所需速度旋转。

（2）刀架部件。刀架部件包括中溜板 3、转盘 4、方刀架 5、小溜板 6,安装在床身 8 的导轨 2 上。刀架部件可通过机动或手动使夹持在方刀架上的刀具作纵向、横向或斜向进给。

（3）进给箱。进给箱 14 固定在床身左端前壁。进给箱中装有变速装置,用以改变机动进给的进给量或被加工螺纹的螺距。

（4）溜板箱。溜板箱 12 安装在刀架部件底部。溜板箱通过光杠或丝杠接受自进给箱传来的运动,并将运动传给刀架部件,从而使刀架实现纵、横向进给或车螺纹运动。

（5）尾座。尾座 7 安装于床身尾座导轨上,可根据工件长度调整其纵向位置。尾座上可安装后顶尖以支承长工件,也可安装孔加工刀具进行孔加工。

（6）床身。床身 8 固定在左床腿 13 和右床腿 9 上,用以支承其他部件,并使它们保持准确的相对位置。

二、机床的传动系统

CA6140 型车床传动系统如图 3.2 所示。整个传动系统由主运动传动链、车螺纹传动链、纵向进给传动链、横向进给传动链及快速移动传动链组成。

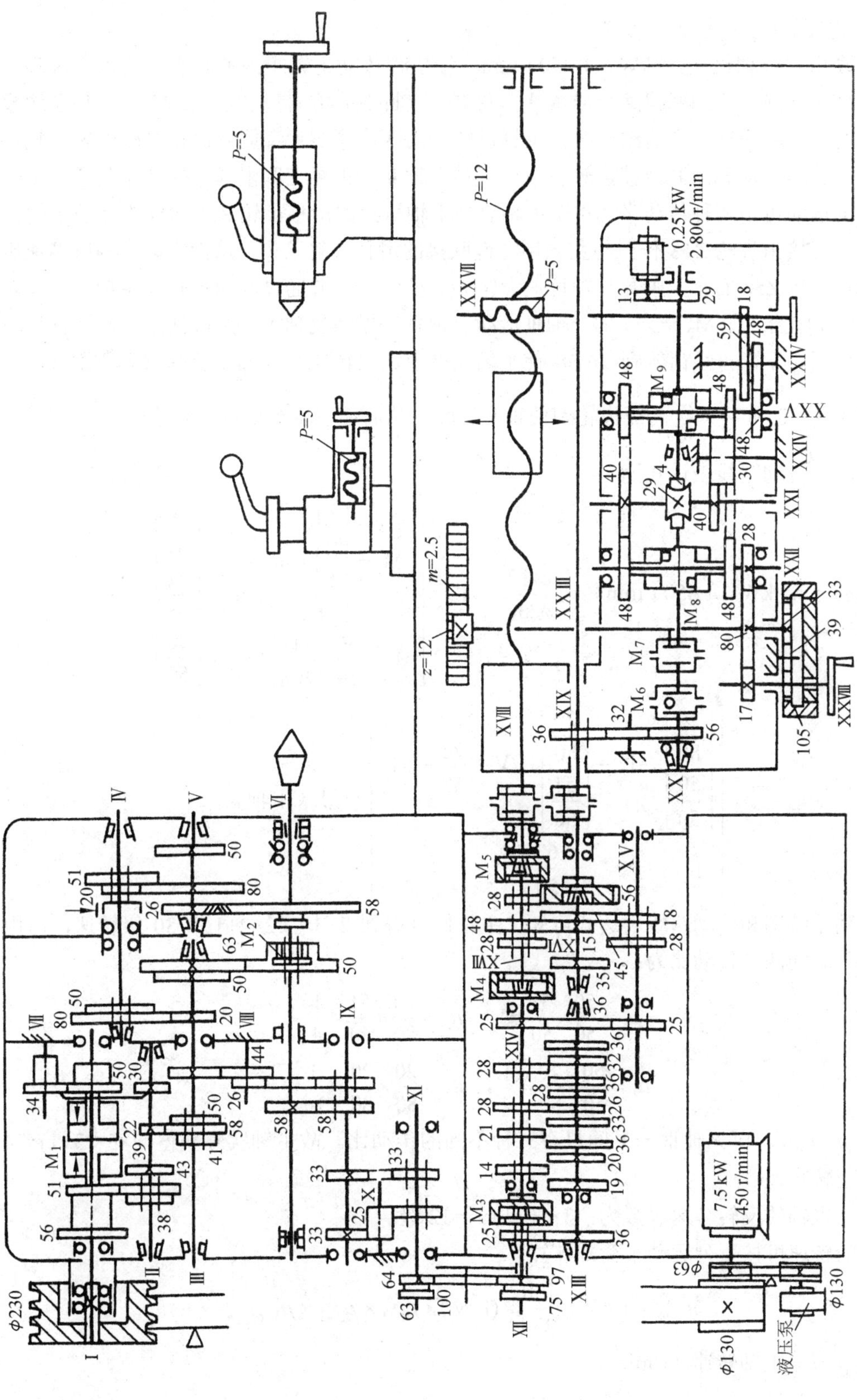

图 3.2 CA6140 型车床传动系统

（一）主运动

主运动由主电动机（7.5 kW，1 450 r/min）经皮带传动主轴箱内的轴Ⅰ而输入主轴箱。轴Ⅰ上安装有双向多片式摩擦离合器 M_1，以控制主轴的启动、停转及旋转方向。M_1 左边摩擦片结合时，主轴正转，右边结合时，主轴反转。当两边摩擦片都脱开时，主轴停转。轴Ⅰ的运动经离合器 M_1 和双联滑移齿轮变速装置传至轴Ⅱ，再经三联滑移齿轮变速装置传至轴Ⅲ。轴Ⅲ的运动可由两种传动路线传至主轴。当主轴Ⅵ上的滑移齿轮 Z50 处于左边位置时，轴Ⅲ的运动直接由齿轮 Z63 传至与主轴用花键联接的滑移齿轮 Z50，从而带动主轴以高速旋转；当滑移齿轮 Z50 右移，脱开与轴Ⅲ上齿轮 Z63 的啮合，并通过其内齿轮与主轴上大齿轮 Z58 左端齿轮啮合（即 M_2 结合）时，轴Ⅲ运动经轴Ⅲ—Ⅳ间及轴Ⅳ—Ⅴ间两组双联滑移齿轮变速装置传至轴Ⅴ，再经齿轮副 26/58 使主轴获得中、低转速。当轴Ⅰ上摩擦离合器右边结合时，轴Ⅰ经 M_1 和 $\frac{50}{34} \times \frac{34}{30}$ 两级齿轮副使轴Ⅱ反转，从而使主轴得到反转转速。

主运动的传动路线表达式为：

$$电机动（7.5\ kW，1\ 450\ r/min）-\frac{\phi130}{\phi230}-Ⅰ-\left[\begin{array}{c}\overline{M}_1-\begin{bmatrix}\frac{51}{43}\\\frac{56}{38}\end{bmatrix}\\\vec{M}_1-\frac{50}{34}\times\frac{34}{30}\end{array}\right]-Ⅱ-\begin{bmatrix}\frac{39}{41}\\\frac{22}{58}\\\frac{30}{50}\end{bmatrix}-Ⅲ-$$

$$\left[\begin{array}{c}\begin{bmatrix}\frac{20}{80}\\\frac{50}{50}\end{bmatrix}-Ⅳ-\begin{bmatrix}\frac{20}{80}\\\frac{51}{50}\end{bmatrix}-Ⅴ-\frac{26}{58}-M_2\\\frac{63}{50}\end{array}\right]-Ⅵ（主轴）$$

由传动系统图和传动路线表达式可知：主轴似可得到 2×3×(2×2+1)=30 级转速，但由于轴Ⅲ—Ⅴ间的四种传动比为：

$$\mu_1=\frac{50}{50}\times\frac{51}{50}\approx1\ ,\quad\mu_2=\frac{20}{80}\times\frac{51}{50}\approx\frac{1}{4}$$

$$\mu_3=\frac{50}{50}\times\frac{20}{80}=\frac{1}{4}\ ,\quad\mu_4=\frac{20}{80}\times\frac{20}{80}=\frac{1}{16}$$

其中 $\mu_2\approx\mu_3$，可见轴Ⅲ—Ⅴ间只有三种不同的传动比。故主轴实际获得 2×3×(3+1)=24 级不同的正转转速。

同理，主轴的反转转速级数为：3×(3+1)=12 级。

主轴的转速可按下列运动平衡式计算：

$$n_{主轴}=1\ 450\times\frac{130}{230}\times(1-\varepsilon)\times\mu_{1-2}\times\mu_{2-3}\times\mu_{3-6}$$

式中，$n_{主轴}$——主轴转速（r/min）；

ε——皮带传动的滑动系数，可取 ε=0.02；

μ_{1-2}、 μ_{2-3}、 μ_{3-6}——轴Ⅰ—Ⅱ、轴Ⅱ—Ⅲ、轴Ⅲ—Ⅵ间的可变传动比。

代入不同的传动比值可计算出主轴的各级正、反转转速。

也可列出两个平衡方程式，将轴Ⅲ—Ⅵ分成轴Ⅲ—Ⅴ—Ⅵ和轴Ⅲ—Ⅵ两条路线。方法同上，只是传动比发生变化。

图 3.3 所示为 CA6140 型车床主运动转速图。

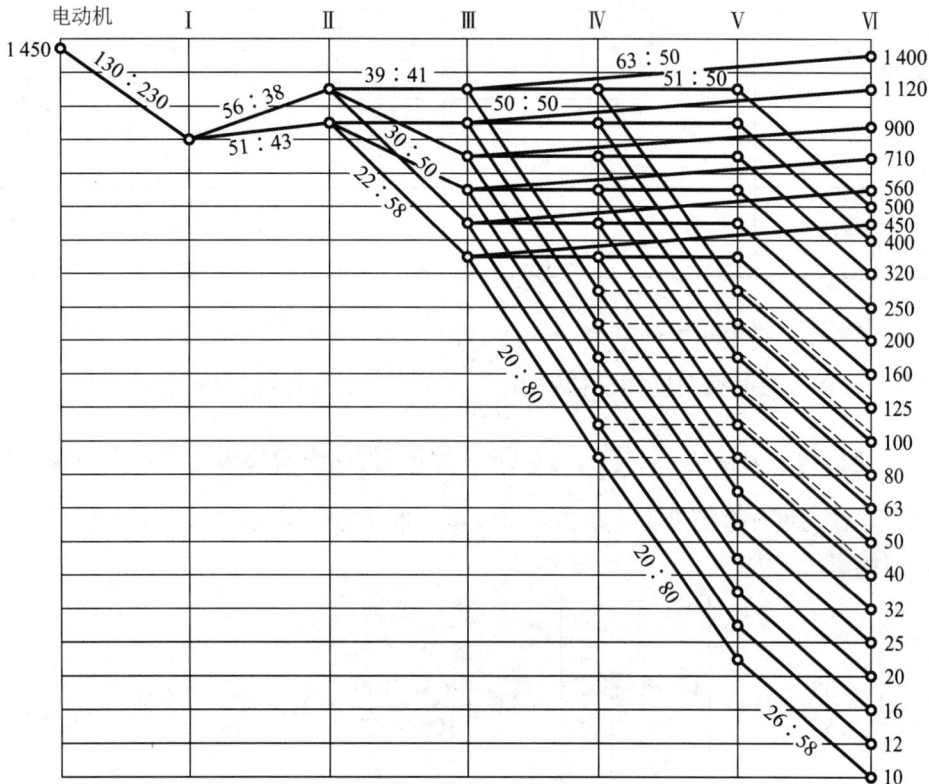

图3.3　CA6140型车床主运动转速图

（二）车螺纹运动

CA6140 型车床可车削米制、模数、英制和径节四种标准螺纹，另外还可加工大导程螺纹、非标准螺纹及较精密螺纹。

车螺纹时，刀架通过车螺纹传动链得到运动，两端件主轴—刀架之间必须保持严格的运动关系，即主轴每转一周，刀具移动一个被加工螺纹的导程。要加工不同导程的螺纹，关键是调整车螺纹传动链中换置机构的传动比。

1. 车米制螺纹

米制螺纹是应用最广泛的一种螺纹，在国家标准中规定了标准螺距值。表 3.1 列出了 CA6140 型车床能车削的常用米制螺纹标准螺距值。从表 3.1 中可看出，米制螺纹标准螺距值的排列成分段等差数列，其特点是每行中的螺距值按等差数列排列，每列中的螺距值又成一公比为 2 的等比数列。

表 3.1 CA6140 型车床车削米制螺纹表

增倍机构 $\mu_{倍}$	基本变速机构 $\mu_{基}$							
	$\frac{26}{28}$	$\frac{28}{28}$	$\frac{32}{28}$	$\frac{36}{28}$	$\frac{19}{14}$	$\frac{20}{14}$	$\frac{33}{21}$	$\frac{26}{28}$
$\frac{18}{45} \times \frac{15}{48} = \frac{1}{8}$	—	—	1	—	—	1.25	—	1.5
$\frac{28}{35} \times \frac{15}{48} = \frac{1}{4}$	—	1.75	2	2.25	—	2.5	—	3
$\frac{18}{45} \times \frac{35}{28} = \frac{1}{2}$	—	3.5	4	4.5	—	5	5.5	6
$\frac{28}{35} \times \frac{35}{28} = 1$	—	7	8	9	—	10	11	12

车米制螺纹时，进给箱中离合器 M_3、M_4 脱开，M_5 结合（参见图 3.2）。运动由主轴 Ⅵ 经齿轮副 $\frac{58}{58}$，轴 Ⅸ—Ⅺ 间换向机构，挂轮组 $\frac{63}{100} \times \frac{100}{75}$，然后再经齿轮副 $\frac{25}{36}$，轴 ⅩⅢ—ⅩⅣ 间滑移齿轮变速机构，齿轮副 $\frac{25}{36} \times \frac{36}{25}$，轴 ⅩⅤ—ⅩⅦ 间的两组滑移齿轮变速机构及离合器 M_5 传动丝杠。丝杠通过开合螺母将运动传至溜板箱，带动刀架纵向进给。车削米制螺纹进给运动的传动路线表达式为：

$$主轴Ⅵ - \frac{58}{58} - Ⅸ - \begin{bmatrix} \frac{33}{33} \\ (右旋螺纹) \\ \frac{33}{25} \times \frac{25}{33} \\ (左旋螺纹) \end{bmatrix} - Ⅺ - \frac{63}{100} \times \frac{100}{75} - Ⅻ - \frac{25}{36} - ⅩⅢ - \mu_{13-14} - ⅩⅣ -$$

$$\frac{25}{36} \times \frac{36}{25} - ⅩⅤ - \mu_{15-17} - ⅩⅦ - M_5 - ⅩⅧ（丝杠）- 刀架$$

运动平衡式为：

$$T = kP = 1_{主轴} \times \frac{58}{58} \times \frac{33}{33} \times \frac{63}{100} \times \frac{100}{75} \times \frac{25}{36} \times \mu_{13-14} \times \frac{25}{36} \times \frac{36}{25} \times \mu_{15-17} \times 12$$

式中，T—— 螺纹导程，单位为 mm；

P—— 螺纹螺距，单位为 mm；

k—— 螺纹头数；

μ_{13-14}、μ_{15-17}—— 轴 Ⅻ—ⅩⅣ、轴 ⅩⅤ—ⅩⅦ 间可换传动比。

整理后得：$T = 7\mu_{13-14}\,\mu_{15-17}$

建立车削螺纹平衡方程式的依据是公式：$T = nP = n_{丝} \times T_{丝}$

μ_{13-14} 为轴 XIII—XIV 间滑移齿轮变速机构的传动比。该滑移齿轮变速机构由固定在轴 XIII 上的八个齿轮及安装在轴 XIV 上的四个单联滑移齿轮构成。每个滑移齿轮可分别与轴 XIII 上的两个固定齿轮相啮合，其啮合情况分别为 $\dfrac{26}{28}$、$\dfrac{28}{28}$、$\dfrac{32}{28}$、$\dfrac{36}{28}$、$\dfrac{19}{14}$、$\dfrac{20}{14}$、$\dfrac{33}{21}$、$\dfrac{36}{21}$，相应的八种传动比为 $\dfrac{6.5}{7}$、$\dfrac{7}{7}$、$\dfrac{8}{7}$、$\dfrac{9}{7}$、$\dfrac{9.5}{7}$、$\dfrac{10}{7}$、$\dfrac{11}{7}$、$\dfrac{12}{7}$。这 8 个传动比近似按等差数列排列。表 3.1 中每一行中的螺距值的等差关系正好与之相对应。可见该机构是获得各种螺纹导程的基本变速机构，简称基本组，传动比以 $\mu_{基}$ 表示。

μ_{15-17} 为轴 XV—XVII 的传动比，其值按倍数排列，用来配合基本组，扩大车削螺纹的螺距值大小，故称该机构为增倍机构或增倍组。增倍组有四种传动比，用 $\mu_{倍}$ 表示，分别是：

$$\mu_{倍1}=\frac{28}{35}\times\frac{35}{28}=1，\quad \mu_{倍2}=\frac{18}{45}\times\frac{35}{28}=\frac{1}{2}$$

$$\mu_{倍3}=\frac{28}{35}\times\frac{15}{48}=\frac{1}{4}，\quad \mu_{倍4}=\frac{18}{45}\times\frac{15}{48}=\frac{1}{8}$$

通过 $\mu_{基}$、$\mu_{倍}$ 的组合，就可得到表 3.1 中所列出的全部米制螺纹的螺距值。

车削米制螺纹的换置公式为：

$$T=7\mu_{基}\,\mu_{倍}$$

2. 车模数螺纹

模数螺纹的螺距参数为模数 m，螺距值为 πm（mm），主要用于米制蜗杆中。模数螺纹的模数值已由国家标准规定。表 3.2 列出了 CA6140 型车床上所能车削的模数螺纹模数值。从表中可看出模数值的排列规律与米制螺纹螺距值一样，也成一分段等差数列。如果将表 3.2 中的模数值以螺距值（πm）代替，再与米制螺纹螺距表（表 3.1）比较，可发现，表 3.2 中每项模数螺纹螺距值为表 3.1 中相应项米制螺纹值的 $\dfrac{\pi}{4}$ 倍。

车模数螺纹时，挂轮组采用 $\dfrac{64}{100}\times\dfrac{100}{97}$，其余传动路线与车米制螺纹完全一致。因为两种挂轮组传动比的比值 $\left(\dfrac{64}{100}\times\dfrac{100}{97}\right)\Big/\left(\dfrac{63}{100}\times\dfrac{100}{75}\right)\approx\dfrac{\pi}{4}$，所以，改变挂轮组的传动比后，车模数螺纹传动链的总传动比为相应车米制螺纹传动链总传动比的 $\dfrac{\pi}{4}$ 倍。

表 3.2　CA6140 型车床车削模数螺纹表

增倍机构 $\mu_{倍}$	基本变速机构 $\mu_{基}$							
	$\dfrac{26}{28}$	$\dfrac{28}{28}$	$\dfrac{32}{28}$	$\dfrac{36}{28}$	$\dfrac{19}{14}$	$\dfrac{20}{14}$	$\dfrac{33}{21}$	$\dfrac{26}{28}$
$\dfrac{18}{45}\times\dfrac{15}{48}=\dfrac{1}{8}$	—	—	0.25	—	—	—	—	—

增倍机构 $\mu_{倍}$	基本变速机构 $\mu_{基}$							
	$\dfrac{26}{28}$	$\dfrac{28}{28}$	$\dfrac{32}{28}$	$\dfrac{36}{28}$	$\dfrac{19}{14}$	$\dfrac{20}{14}$	$\dfrac{33}{21}$	$\dfrac{26}{28}$
$\dfrac{28}{35}\times\dfrac{15}{48}=\dfrac{1}{4}$	—	—	0.5	—	—	—	—	—
$\dfrac{18}{45}\times\dfrac{35}{28}=\dfrac{1}{2}$	—	—	1	—	—	1.25	—	1.5
$\dfrac{28}{35}\times\dfrac{35}{28}=1$	—	1.75	2	2.25	—	2.25	2.75	3

可见，只要更换挂轮组，就可在加工米制螺纹传动路线基础上，加工出各种模数的模数螺纹。车削模数螺纹的运动平衡式为：

$$T_m = k\pi m = 1_{主轴} \times \frac{58}{58} \times \frac{33}{33} \times \frac{64}{100} \times \frac{100}{97} \times \frac{25}{36} \times \mu_{基} \times \frac{25}{36} \times \frac{36}{25} \times \mu_{倍} \times 12$$

式中，T_m——模数螺纹导程，单位为 mm；

m——模数螺纹的模数值，单位为 mm；

k——螺纹头数。

整理后得：

$$T_m = k\pi m = \frac{7\pi}{4}\ \mu_{基}\ \mu_{倍}$$

即

$$m = \frac{7}{4k}\ \mu_{基}\ \mu_{倍}$$

加工头数 $k=1$ 的各种模数螺纹的 $\mu_{基}$ 和 $\mu_{倍}$ 见表 3.2。

3. 车英制螺纹

英制螺纹的螺距参数为螺纹每英寸长度上的牙（扣）数 a。标准的 a 值也是按分段等差数列规律排列的。英制螺纹的螺距值为 $\dfrac{1}{a}$ 英寸，折算成米制螺纹为 $\dfrac{25.4}{a}$ mm。可见标准英制螺纹螺距值的特点是分母按分段等差数列排列，且螺距值中含有 25.4 特殊因子。因此，车英制螺纹传动路线与车米制螺纹传动路线相比，应有以下两处不同。

（1）基本组中主、从动传动关系应与车米制螺纹时相反，即运动应由轴ⅩⅣ传至轴ⅩⅢ。这样，基本组的传动比分别为 $\dfrac{7}{6.5}$、$\dfrac{7}{7}$、$\dfrac{7}{8}$、$\dfrac{7}{9}$、$\dfrac{7}{9.5}$、$\dfrac{7}{10}$、$\dfrac{7}{11}$、$\dfrac{7}{12}$，形成了分母成近似等差数列排列，从而适应英制螺纹螺距值的排列规律。

（2）改变传动链中部分传动副的传动比，以引入 25.4 的因子。车削英制螺纹时，挂轮组

采用 $\dfrac{63}{100} \times \dfrac{100}{75}$，进给箱中轴ⅩⅡ的滑移齿轮 Z25 右移，使 M_3 结合，轴ⅩⅤ上滑移齿轮 Z25 左移与轴ⅩⅢ上固定齿轮 Z36 啮合。此时，离合器 M_4 脱开，M_5 保持结合。运动由挂轮组传至轴ⅩⅡ后，经离合器 M_3、轴ⅩⅣ及基本组机构传至轴ⅩⅢ，传动方向正好与车米制螺纹时相反，其基本组传动比与车米制螺纹时的传动比互为倒数，为 $\dfrac{1}{\mu_{基}}$。然后运动由齿轮副 $\dfrac{36}{25}$、增倍机构、M_5 传至丝杠。车英制螺纹的运动平衡式为：

$$T_a = \frac{25.4k}{a} = 1_{主轴} \times \frac{58}{58} \times \frac{33}{33} \times \frac{63}{100} \times \frac{100}{75} \times \frac{1}{\mu_{基}} \times \frac{36}{25} \times \mu_{倍} \times 12$$

平衡式中，$\dfrac{63}{100} \times \dfrac{100}{75} \times \dfrac{36}{25} \approx \dfrac{25.4}{21}$，包含 25.4 因子。整理后得换置公式：

$$a = \frac{7k}{4} \frac{\mu_{基}}{\mu_{倍}}$$

当头数 k=1 时，a 值与 $\mu_{基}$ 和 $\mu_{倍}$ 的关系见表 3.3。

表 3.3　CA6140 型车床车削英制螺纹表

增倍机构 $\mu_{倍}$	基本变速机构 $\mu_{基}$							
	$\frac{26}{28}$	$\frac{28}{28}$	$\frac{32}{28}$	$\frac{36}{28}$	$\frac{19}{14}$	$\frac{20}{14}$	$\frac{33}{21}$	$\frac{26}{28}$
$\frac{18}{45} \times \frac{15}{48} = \frac{1}{8}$	—	14	16	18	19	20	—	24
$\frac{28}{35} \times \frac{15}{48} = \frac{1}{4}$	—	7	8	9	—	10	11	12
$\frac{18}{45} \times \frac{35}{28} = \frac{1}{2}$	$3\frac{1}{4}$	$3\frac{1}{2}$	4	$4\frac{1}{2}$	—	5	—	6
$\frac{28}{35} \times \frac{35}{28} = 1$	—	—	2	—	—	—	—	3

4. 车径节螺纹

径节螺纹用于英制蜗杆，其螺距参数以径节 DP（牙/in）来表示。标准径节的数列也是分段等差数列。径节螺纹的螺距为 $\dfrac{\pi}{DP}$ in$=\dfrac{25.4\pi}{DP}$ mm，可见径节螺纹的螺距值与英制螺纹相似，即分母是分段等差数列，且螺距值中含有 25.4 因子，所不同的是径节螺纹的螺距值中还具有 π 因子。由此可知，车径节螺纹可采用车英制螺纹传动路线，但挂轮组应与加工模数螺纹时相同，为 $\dfrac{64}{100} \times \dfrac{100}{97}$。车径节螺纹时的运动平衡式为：

$$T_{\text{DP}}=\frac{25.4\pi}{\text{DP}}=1_{主轴}\times\frac{58}{58}\times\frac{33}{33}\times\frac{64}{100}\times\frac{100}{97}\times\frac{1}{\mu_{基}}\times\frac{36}{25}\times\mu_{倍}\times12$$

平衡式中，$\dfrac{64}{100}\times\dfrac{100}{97}\times\dfrac{36}{25}\approx\dfrac{25.4\pi}{84}$，包含 25.4 和 π 两个因子。

整理后代得换置公式：

$$\text{DP}=7k\frac{\mu_{基}}{\mu_{倍}}$$

当头数 $k=1$ 时，DP 值与 $\mu_{基}$ 和 $\mu_{倍}$ 的关系见表 3.4。

表 3.4　CA6140 型车床车削径节螺纹表

增倍机构 $\mu_{倍}$	基本变速机构 $\mu_{基}$							
	$\frac{26}{28}$	$\frac{28}{28}$	$\frac{32}{28}$	$\frac{36}{28}$	$\frac{19}{14}$	$\frac{20}{14}$	$\frac{33}{21}$	$\frac{26}{28}$
$\frac{18}{45}\times\frac{15}{48}=\frac{1}{8}$	—	56	64	72	—	80	88	96
$\frac{28}{35}\times\frac{15}{48}=\frac{1}{4}$	—	28	32	36	—	40	44	48
$\frac{18}{45}\times\frac{35}{28}=\frac{1}{2}$	—	14	16	18	—	20	22	24
$\frac{28}{35}\times\frac{35}{28}=1$	—	7	8	9	—	10	11	12

5. 车大导程螺纹

当需要车导程大于表 3.1～表 3.4 所列值的大导程螺纹时，即大于 CA6140 车床丝杠的导程 12 mm 的螺纹，如加工多头螺纹、油槽等，可通过扩大主轴至轴Ⅸ间传动比的倍数来进行加工。具体做法为将轴Ⅸ右端的滑移齿轮 Z58 右移，使之与轴Ⅷ上的齿轮 Z26 啮合。此时，主轴至轴Ⅸ的传动路线为：

$$主轴Ⅵ-\frac{58}{26}-Ⅴ-\frac{80}{20}-Ⅳ-\begin{bmatrix}\frac{50}{50}\\[4pt]\frac{80}{20}\end{bmatrix}-Ⅲ-\frac{44}{44}-Ⅷ-\frac{26}{58}-Ⅸ$$

主轴至Ⅸ轴间扩大的传动比为：

$$\mu_{扩1}=\frac{58}{26}\times\frac{80}{20}\times\frac{50}{50}\times\frac{44}{44}\times\frac{26}{58}=4,\quad \mu_{扩2}=\frac{58}{26}\times\frac{80}{20}\times\frac{80}{20}\times\frac{44}{44}\times\frac{26}{58}=16$$

与车常用螺纹时，主轴至轴Ⅸ间的传动比 $\mu_{常}=1$ 相比，传动比分别扩大了 4 倍和 16 倍，即可使被加工螺纹导程扩大 4 倍或 16 倍。车大导程螺纹时，其传动路线在轴Ⅸ后与正常螺纹的路线相同。

应当指出的是，加工大导程螺纹时，主轴Ⅵ至轴Ⅲ间传动联系为主传动链及车螺纹传动链公有，此时主轴只能以较低速度旋转。具体来说，当 $\mu_{扩}$ =16 时，主轴转速为 10～32 r/min（最低六级转速）；当 $\mu_{扩}$ =4 时，主轴转速为 40～125 r/min（较低六级转速）。主轴转速高于 125 r/min 时，则不能加工大导程螺纹，但这对实际加工并无影响，因为从操作可能性来看，只能在主轴低速旋转时，才能加工大导程螺纹。通过扩大螺距机构，机床可车削导程为 14～192 mm 的米制螺纹 24 种，模数为 3.25～48 mm 的模数螺纹 28 种，径节为 1～6 牙/in 的径节螺纹 13 种。

6. 车非标准及较精密螺纹

车非标准螺纹或较精密的螺纹时，可将离合器 M_3、M_4、M_5 全部结合，使轴XII、轴XIV、轴XVII和丝杠连成一体，所要求的螺纹导程值可通过选配挂轮架齿轮齿数来得到。由于主轴至丝杠的传动路线大为缩短，从而减少了传动累积误差，因而可加工出具有较高精度的螺纹。运动平衡式为：

$$T = 1_{主轴} \times \frac{58}{58} \times \frac{33}{33} \times \mu_{挂} \times 12$$

式中，$\mu_{挂}$——挂轮组传动比。

化简后得换置公式：

$$\mu_{挂} = \frac{a}{b} \times \frac{c}{d} = \frac{T}{12}$$

（三）纵向与横向进给运动

CA6140 型车床作机动进给时，从主轴VI至进给箱轴XVII的传动路线与车螺纹时的传动路线相同。轴XVII上滑移齿轮 Z28 处于左位，使 M_5 脱开，从而切断进给箱与丝杠的联系。运动由齿轮副 28/56 及联轴节传至光杠XIX，再由光杠通过溜板箱中的传动机构，分别传至齿轮齿条机构或横向进给丝杠XXVII，使刀架作纵向或横向机动进给。纵、横向机动进给的传动路线表达式为：

$$主轴VI - \begin{bmatrix} 米制螺纹传动路线 \\ 英制螺纹传动路线 \end{bmatrix} - XVII - \frac{28}{56} - XIX（光杠）- \frac{36}{32} \times \frac{32}{56} -$$

$$M_6（超越离合器）- M_7（安全离合器）- XX - \frac{4}{29} - XXI -$$

$$\begin{bmatrix} \frac{40}{48} - M_9 \uparrow \\ \frac{40}{30} \times \frac{30}{48} - M_9 \downarrow \end{bmatrix} - XXV - \frac{48}{48} \times \frac{59}{18} - XXVII(丝杠) - 刀架(横向进给)$$

$$\begin{bmatrix} \frac{40}{48} - M_8 \uparrow \\ \frac{40}{30} \times \frac{30}{48} - M_8 \downarrow \end{bmatrix} - XXII - \frac{28}{80} - XXIII - \frac{12}{齿条} - 刀架(纵向进给)$$

溜板箱内的双向齿式离合器 M_8 及 M_9 分别用于纵、横向机动进给运动的接通、断开及控制进给方向。CA6140 型车床可以通过四种不同的传动路线来实现机动进给运动，从而获得纵向和横向进给量各 64 种。以下以纵向进给传动为例，介绍不同的传动路线。

（1）运动经常用米制螺纹传动路线传动，运动平衡式为：

$$f_{纵}=1_{主轴}\times\frac{58}{58}\times\frac{33}{33}\times\frac{63}{100}\times\frac{100}{75}\times\frac{25}{36}\times\mu_{基}\times\frac{25}{36}\times\frac{36}{25}\times\mu_{倍}\times$$

$$\frac{28}{56}\times\frac{36}{32}\times\frac{32}{56}\times\frac{4}{29}\times\frac{40}{48}\times\frac{28}{80}\times\pi\times2.5\times12$$

式中，$f_{纵}$ —— 纵向进给量，单位为 mm/r。

化简后得：

$$f_{纵}=0.71\,\mu_{基}\,\mu_{倍}$$

通过该传动路线，可得到 0.08～1.22 mm/r 的 32 种正常进给量。

（2）运动经常用英制螺纹路线传动，运动平衡式为：

$$f_{纵}=1_{主轴}\times\frac{58}{58}\times\frac{33}{33}\times\frac{63}{100}\times\frac{100}{75}\times\frac{1}{\mu_{基}}\times\frac{36}{25}\times\mu_{倍}\times$$

$$\frac{28}{56}\times\frac{36}{32}\times\frac{32}{56}\times\frac{4}{29}\times\frac{40}{48}\times\frac{28}{80}\times\pi\times2.5\times12$$

化简得：

$$f_{纵}=1.474\frac{\mu_{倍}}{\mu_{基}}$$

当 $\mu_{倍}=1$ 时，可得 0.86～1.58 mm/r 的 8 种较大进给量，$\mu_{倍}$ 为其他值时，所得进给量与上述米制螺纹路线所得进给量重复。

（3）当主轴以 10～125 r/min 低速旋转时，可通过扩大螺距机构及英制螺纹路线传动，从而得到进给量为 1.71～6.33 mm/r 的 16 种加大进给量，以满足低速、大进给量强力切削和精车的需要。

（4）当主轴以 450～1 400 r/min 高速旋转时（其中 500 r/min 除外），将轴Ⅸ上滑移齿轮 Z58 右移。主轴运动经齿轮副 $\frac{50}{63}\times\frac{44}{44}\times\frac{26}{58}$ 传至轴Ⅸ，再经米制螺纹路线传动（使用 $\mu_{倍}=\frac{1}{8}$），可得到 0.028～0.054 mm/r 的 8 种细进给量，以满足高速、小进给量精车的需要。

纵向机动进给量的大小及相应传动机构的传动比可见表 3.5。

表 3.5 纵向机动进给量   单位：mm/r

传动路线类型	细进给量	正常进给量				较大进给量	加大进给量			
							4	16	4	16
	$\mu_{倍}$	$\mu_{倍}$				$\mu_{倍}$	$\mu_{倍}$		$\mu_{倍}$	
$\mu_{基}$	1/8	1/8	1/4	1/2	1	1	1/2	1/8	1	$\frac{1}{4}$
26/28	0.028	0.08	0.16	0.33	0.66	1.59	3.16		6.33	
28/28	0.032	0.09	0.18	0.36	0.71	1.47	2.93		5.87	
32/28	0.036	0.10	0.21	0.41	0.81	1.29	2.57		5.14	

续表

传动路线类型	细进给量	正常进给量				较大进给量	加大进给量			
							4	16	4	16
36/28	0.039	0.11	0.23	0.46	0.91	1.15	2.28		4.56	
19/14	0.043	0.12	0.24	0.48	0.96	1.09	2.16		4.32	
20/14	0.046	0.13	0.26	0.51	1.02	1.03	2.05		4.11	
33/21	0.050	0.14	0.28	0.56	1.12	0.94	1.87		3.74	
36/21	0.054	0.15	0.30	0.61	1.22	0.86	1.71		3.42	

对于横向机动进给量，同样可通过上述机动进给的四种传动路线传动获得，调整计算方法相同，只是以同样传动路线传动时，横向进给量为纵向进给量的一半。本节不再介绍。

（四）刀架的快速移动

刀架的纵、横向快速移动由装在溜板箱右侧的快速电动机（0.25 kW，2 800 r/min）传动。电动机的运动由齿轮副 $\frac{13}{29}$ 传至轴XX，然后沿机动进给传动路线，传至纵向进给齿轮齿条副或横向进给丝杠，获得刀架在纵向或横向的快速移动。轴XX左端的超越离合器 M_6 保证了快速移动与工作进给不发生运动干涉。

第三节　CA6140 型车床的主要部件结构

一、主轴箱

主轴箱主要由主轴部件、传动机构、开停与制动装置、操纵机构及润滑装置等组成。为了便于了解主轴箱内各传动件的传动关系，传动件的结构、形状、装配方式及其支承结构，常采用展开图的形式表示。图 3.4 所示为 CA6140 型车床主轴箱展开图，它基本上按主轴箱内各传动轴的传动顺序，沿其轴线取剖切面，展开绘制而成。展开图中有些有传动关系的轴在展开后被分开了，如轴Ⅲ和轴Ⅳ、轴Ⅳ和轴Ⅴ等，从而使有的齿轮副也被分开了，在读图时应予以注意。

1. 卸荷式带轮

主电动机通过带传动使轴Ⅰ旋转，为提高轴Ⅰ旋转的平稳性，轴Ⅰ上的带轮采用了卸荷结构。如图 3.4 所示，带轮 1 通过螺钉与花键套 2 联成一体，支承在法兰盘 3 内的两个深沟球轴承上。法兰盘 3 则用螺钉固定在主轴箱体 4 上。当带轮 1 通过花键套 2 的内花键带动轴Ⅰ旋转时，皮带的拉力经轴承、法兰盘 3 传至箱体，这样使轴Ⅰ免受皮带拉力，减少了轴的弯曲变形，提高了传动平稳性。

2. 双向式多片摩擦离合器及制动机构

轴Ⅰ上装有双向式多片摩擦离合器（见图 3.5）用以控制主轴的启动、停止及换向。它由左右两部分组成。左部摩擦片比右部多，左部用来控制主轴的正转，右部负责主轴的反转。

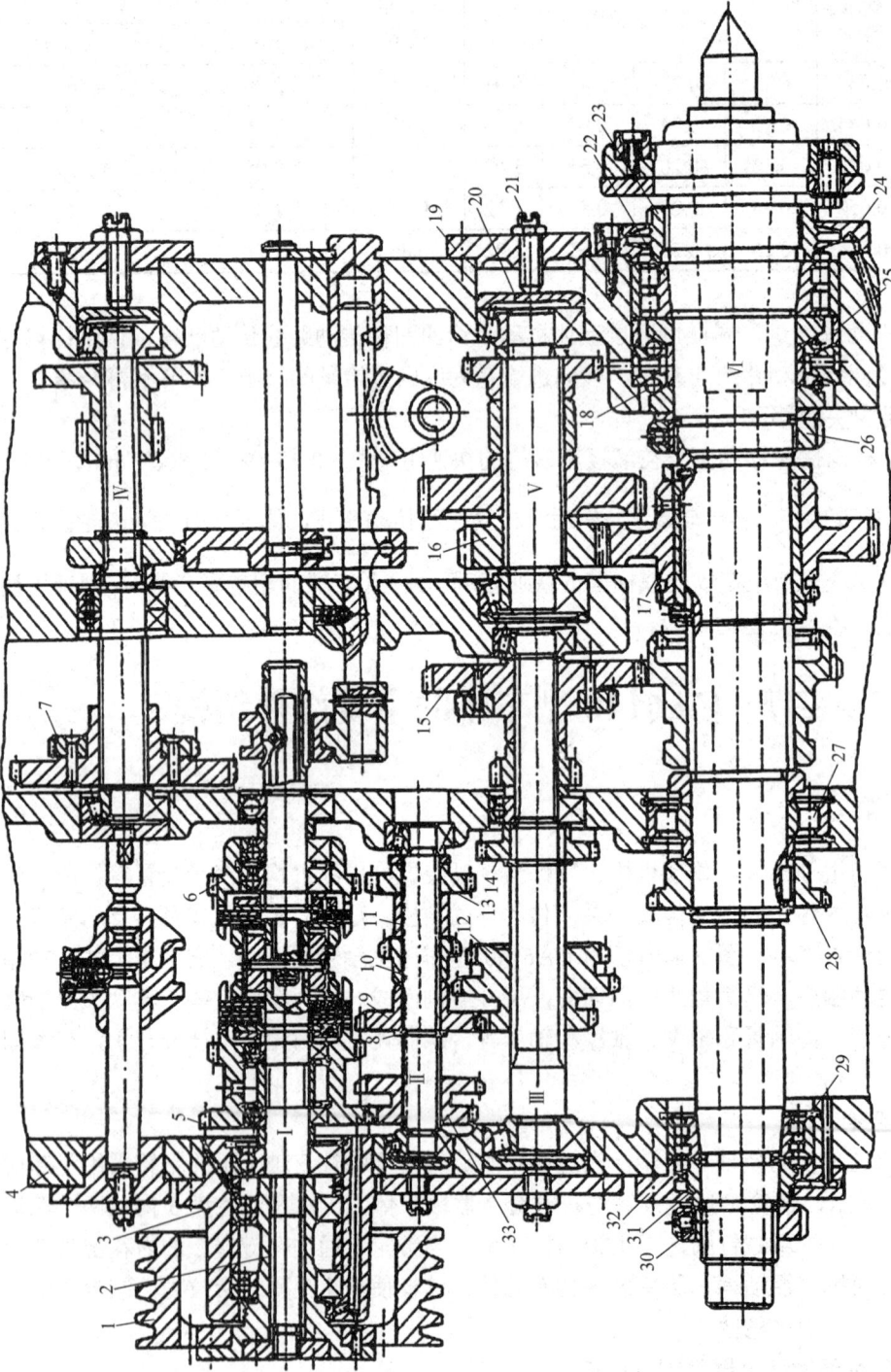

图 3.4 CA6140 型车床主轴箱展开图

1—带轮；2—花键套；3—法兰盘；4—主轴箱体；5—双联空套齿轮；6—空套齿轮；7—33 双联滑移齿轮；8—半圆环；9、10、13、14、28—固定齿轮；11、25—三联滑移齿轮；12—三联滑移齿轮；15—双联固定齿轮；16、17—斜齿轮；18—双向推力角接触球轴承；19—盖板；20—轴承压盖；21—调整螺钉；22、29—双列圆柱滚子轴承；23、26、30—螺母；24、32—轴承端盖；27—圆柱滚子轴承；31—套筒

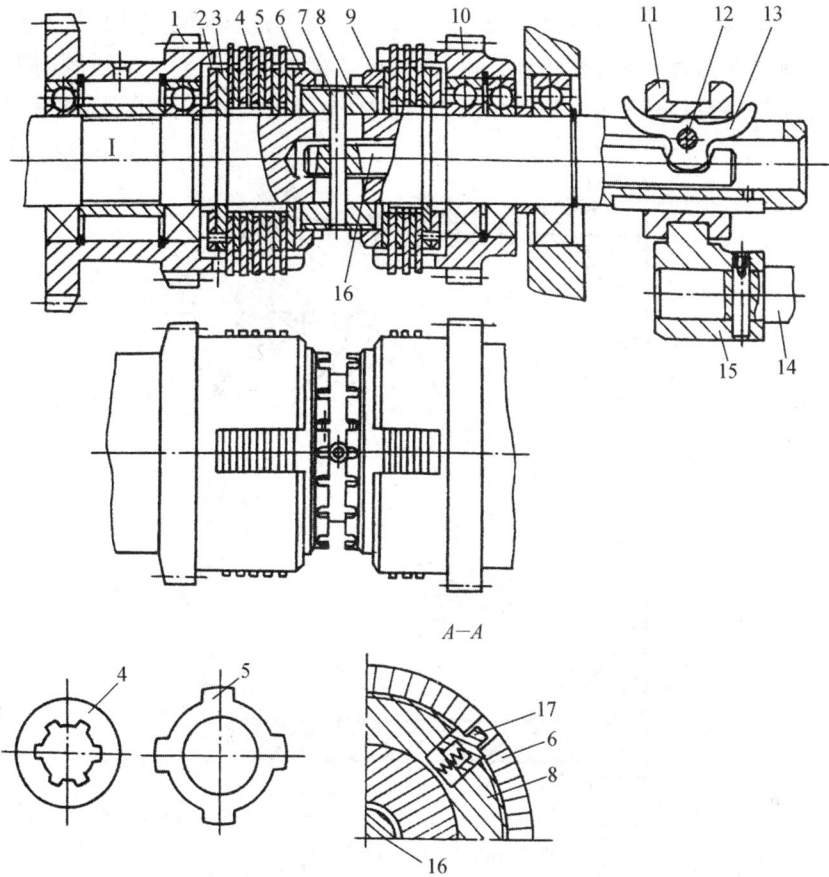

1—双联齿轮；2、5—止推环；4—内摩擦片；5—外摩擦片；6、9—调整螺母；7—长销；8—压套；10—齿轮；
11—滑套；12—圆柱销；13—元宝形摆块；14—齿条轴；15—拨叉；16—推杆 17—弹簧销

图 3.5　双向式多片摩擦离合器

现以左部为例说明其结构。内外摩擦片相间安装，内摩擦片与轴 I 花键联接，外摩擦片内孔为光滑圆孔，空套在轴 I 花键外圆上，其外圆上开有四个凸爪，卡在双联齿轮 1 右端套筒的四个缺口内。摩擦片在未被压紧时，不能传递运动。

轴 I 右半部为空心轴，在其右端安装有可绕圆柱销 12 摆动的元宝形摆块 13，元宝形摆块下端弧形尾部卡在拉杆的缺口槽内。当拨叉 15 由操纵机构控制，拨动滑套 11 右移时，元宝形摆块绕顺时针摆动，其尾部拨动拉杆向左移动。拉杆通过固定在其左端的长销 7，带动压套 8 和调整螺母 6 压紧离合器左部的内、外摩擦片 4、5，从而将轴 I 的运动传至空套其上的双联齿轮 1，使主轴得到正转。当滑套 11 向左移动时，元宝形摆块绕逆时针摆动，从而使拉杆通过压套 8、调整螺母 9，使离合器右部的内、外摩擦片压紧，并使轴 I 运动传至齿轮 10，再经由安装在轴 VII 上的中间轮 34，将运动传至轴 II（参见图 3.2），从而使主轴反向旋转。当滑套处于中间位置时，左右离合器的内、外摩擦片均松开，主轴停转。

为了在摩擦离合器松开后，克服惯性作用，使主轴迅速制动，在主轴箱轴 V 上装有制动装置（见图 3.6）。制动装置由通过花键与轴 IV 联接的制动轮 8、制动钢带 7、杠杆 4 以及调整装置等组成。制动带一端通过调节螺钉 5 与箱体 1 连接，另一端固定在杠杆上端。当杠杆绕杠杆支承轴 3 逆时针摆动时，拉动制动带，使其包紧在制动轮上，并通过制动带与制动轮之间的摩擦力使主轴得到迅速制动。制动摩擦力矩的大小可用调节装置中调节螺钉 5 进行调整。

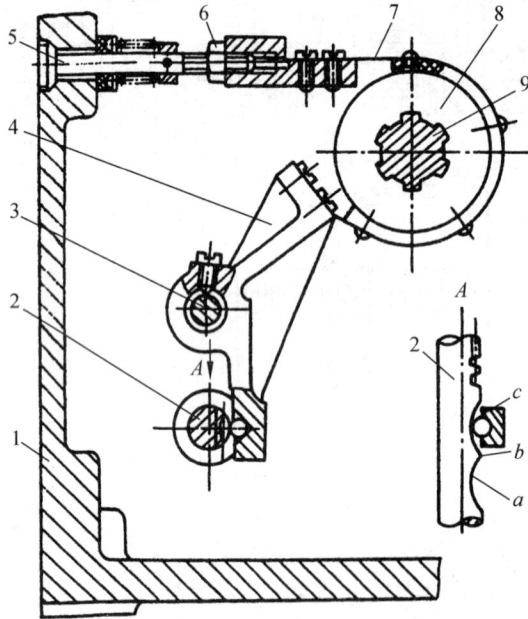

1—箱体；2—齿条轴；3—杠杆支承轴；4—杠杆；5—调节螺钉；6—锁紧螺母；
7—制动钢带；8—制动轮；9—传动轴Ⅳ

图 3.6　制动装置

摩擦离合器和制动装置必须得到适当调整。如果摩擦片间隙过大，压紧力不足，不能传递足够的摩擦力矩，会使摩擦片间发生相对打滑，这样会使摩擦片磨损加剧，导致主轴箱内温度升高，严重时会使主轴不能正常转动；如果间隙过小，不能完全脱开，也会使摩擦片间相对打滑和发热，而且还会使主轴制动不灵。摩擦离合器的调整方法是：在锁紧螺母 6 和传动轴Ⅳ 9 的槽内装有弹簧销，以防止螺母转动，压下弹簧销，拨动螺母转动，使其相对于压套作微量移动，可改变摩擦片间的压紧力，从而调整摩擦离合器传递扭矩的大小。制动器中制动带的松紧程度也应适当，要求停车时，主轴能迅速制动，开车时，制动带应完全松开，调整可通过制动带一端的调节螺钉来实现。

双向式多片摩擦离合器与制动装置采用同一操纵机构（见图 3.7）控制以协调两机构的工作。

当抬起或压下手柄 7 时，通过曲柄 9、拉杆 10、曲柄 11 及扇形齿轮 13，使齿条轴 14 向右或向左移动，再通过元宝形摆块 3、拉杆 16 使左边或右边离合器结合（见图 3.5），从而使主轴正转或反转。此时杠杆 5 下端位于齿条轴圆弧形凹槽内，制动带处于松开状态。当操纵手柄 7 处于中间位置时，齿条轴 14 和滑套 4 也处于中间位置，摩擦离合器左、右摩擦片组都松开，主轴与运动源断开。这时，杠杆 5 下端被齿条轴两凹槽间凸起部分顶起，从而拉紧制动带，使主轴迅速制动。

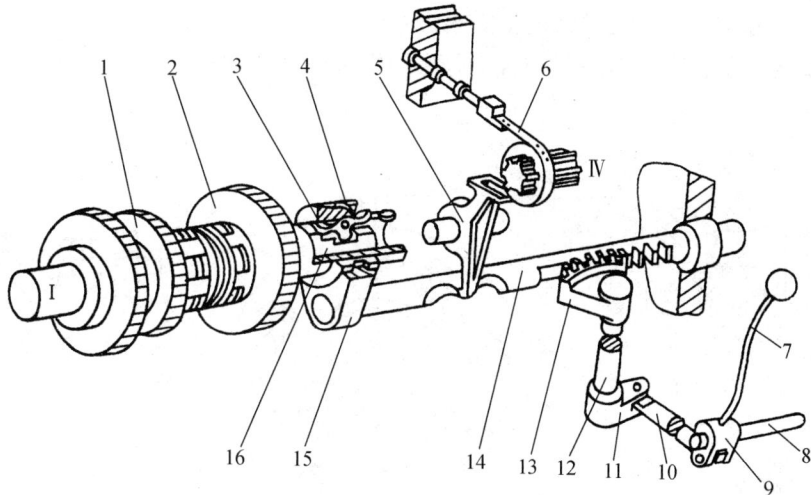

1—双联齿轮；2—齿轮；3—元宝形摆块；4—滑套；5—杠杆；6—制动带；7—手柄；8—操纵杆；
9，11—曲柄；10，16—拉杆；12—轴；13—扇形齿轮；14—齿条轴；15—拨叉

图 3.7　双向式多片摩擦离合器及制动装置的操纵机构

3. 传动轴及其支承的结构

主轴箱内传动轴转速较高，通常采用角接触球轴承或圆锥滚子轴承支承，一般采用二支承结构。对较长的传动轴，为提高刚度，也采用三支承，如轴Ⅲ的两端各有一个圆锥滚子轴承，中间还有一深沟球轴承作辅助支承（见图 3.4）。

在传动轴靠箱体外壁一端有轴承间隙调整装置，可通过螺钉、压盖推动轴承外圈，同时调整传动轴两端轴承的间隙。传动轴上的齿轮一般通过花键与其相联接。齿轮的轴向固定通常采用弹性挡圈、隔套、轴肩和半圆环等实现。如轴Ⅴ上的三个固定齿轮通过左右两端顶在轴承内圈上的挡圈以及中间的隔套而得以轴向固定。空套齿轮与传动轴之间装有滚动轴承或铜套，如轴Ⅰ上的齿轮就是通过轴承空套在轴上的。

4. 主轴部件及其支承

主轴部件主要由主轴、主轴支承及安装在主轴上的齿轮组成（见图 3.4）。主轴是外部有花键，内部空心的阶梯轴。主轴的内孔可通过长的棒料或用于通过气动、液压或电动夹紧装置机构。在拆卸主轴顶尖时，还可由孔穿过拆卸钢棒。主轴前端加工有莫氏 6 号锥度的锥孔，用于安装前顶尖。

主轴部件采用三支承结构，前后支承处分别装有 D3182121 和 E3182115 双列圆柱滚子轴承，中间支承为 E32216 圆柱滚子轴承。双列圆柱滚子轴承具有旋转精度高、刚度好、调整方便等优点，但只能承受径向载荷。前支承处还装有一个 60° 角接触的双向推力角接触球轴承，用以承受左右两个方向的轴向力。轴承的间隙对主轴回转精度有较大影响，使用中由于磨损导致间隙增大时，应及时进行调整。调整前轴承时，先松开轴承右端螺母 23，再拧开左端螺母 26 上的紧定螺钉，然后拧动螺母 26，通过轴承 18 左、右内圈及垫圈，使轴承 22 的内圈相对主轴锥形轴颈右移。在锥面作用下，轴承内圈径向外胀，从而消除轴承间隙。后轴承的调整方法与前轴承类似，但一般情况下，只需调整前轴承即可。推力轴承的间隙由垫圈

93

予以控制，如间隙增大，可通过磨削垫圈来进行调整。

主轴前端与卡盘或拨盘等夹具结合部分采用短锥法兰式结构，如图 3.8 所示。

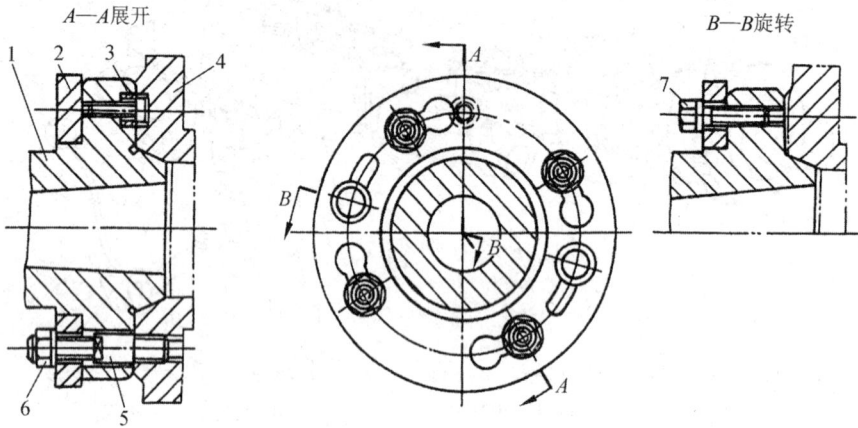

1—主轴；2—锁紧盘；3—圆柱形端面键；4—卡盘座；5—螺栓；6—螺母；7—螺钉

图 3.8　主轴前端与卡盘或拨盘结构

主轴以前端短锥和轴肩端面作为定位面，通过四个螺栓将卡盘或拨盘固定在主轴前端，而由安装在轴肩端面的两圆柱形端面键 3 传递扭矩。安装时先把螺母 6 及螺栓 5 安装在卡盘座 4 上，然后将带螺母的螺栓从主轴轴肩和锁紧盘 2 的孔中穿过去，再将锁紧盘拧过一个角度，使四个螺栓进入锁紧盘圆弧槽较窄的部位，把螺母卡住。拧紧螺母 6 和螺钉 7 就可把卡盘紧固在轴端。短锥法兰式轴端结构定心精度高，轴端悬伸长度小，刚度好，安装方便，应用较多。

5. 六级变速操纵机构

主轴箱内轴Ⅲ可通过轴Ⅰ—Ⅱ间双联滑移齿轮机构及轴Ⅱ—Ⅲ间三联滑移齿轮机构得到六级转速。控制这两个滑移齿轮机构的是一个单手柄六级变速操纵机构，如图 3.9 所示。

转动手柄 9 可通过链轮、链条带动装在轴 7 上的盘形凸轮 6 和曲柄 5 上的拔销 4 同时转动。手柄轴和轴 7 的传动比为 1:1，因而手柄旋转 1 周，盘形凸轮 6 和拔销 4 也均转过 1 周。盘形凸轮上的封闭曲线槽由半径不同的两段圆弧和过渡直线组成。杠杆 11 上端有一销子 10 插入盘形凸轮的曲线槽内，下端也有一销子嵌于拨叉 12 的槽内。当盘形凸轮上大半径圆弧的曲线槽转至杠杆 11 上端销子 10 处时，销子往下移动，带动杠杆顺时针摆动，从而使双联滑移齿轮 1 处于左位；当盘形凸轮上小半径圆弧曲线槽转至销子处时，销子往上移动，从而使双联滑移齿轮 1 处于右位。曲柄 5 上的拔销 4 上装有滚子，并嵌入拨叉 3 的槽内。轴 7 带动曲柄 5 转动时，拔销 4 绕轴 7 转动，并通过拨叉 3 使三联滑移齿轮 2 被拨至左、中、右不同位置。顺序每次转动手柄 60°，就可通过双联滑移齿轮 1 左、右不同位置与三联滑移齿轮 2 左、中、右三个不同位置的组合，而使轴Ⅲ得到六级转速。单手柄操纵六级变速组合情况如表 3.6 所示。

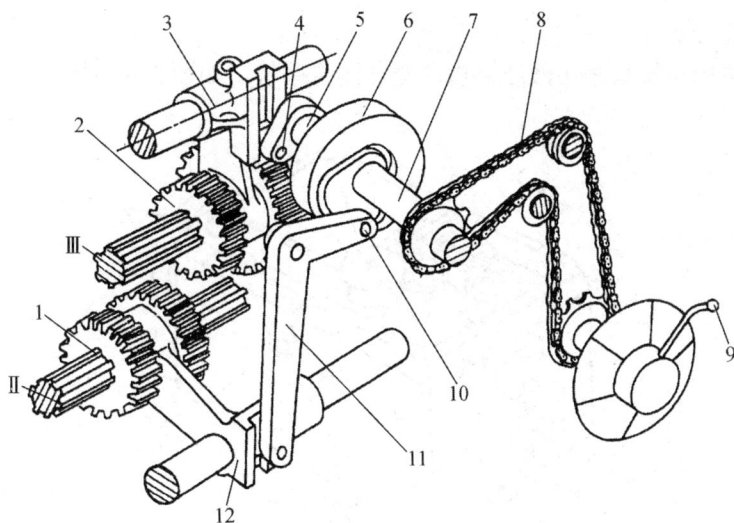

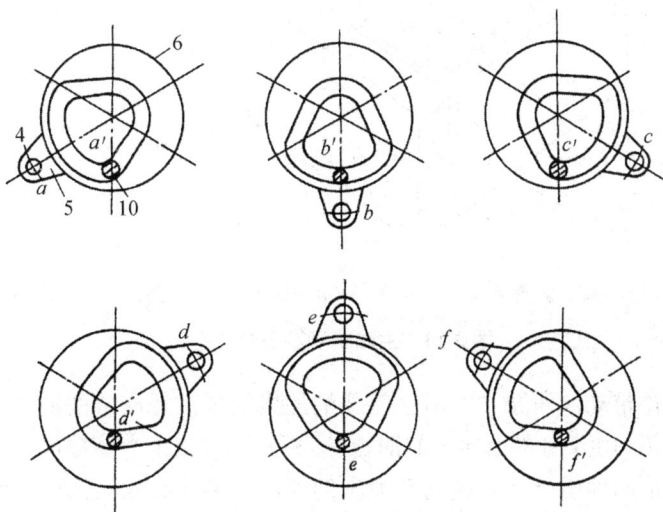

1—双联滑移齿轮；2—三联滑移齿轮；3，12—拨叉；4—拔销；5—曲柄；6—盘形凸轮；
7—轴；8—链条；9—手柄；10—销子；11—杠杆

图 3.9　单手柄六级变速操纵机构

表 3.6　单手柄操纵六级变速组合情况

曲柄 5 上的销子位置	a	b	c	d	e	f
三联滑移齿轮 2 位置	左	中	右	右	中	左
杠杆 11 下端的销子位置	a'	b'	c'	d'	e'	f'
双联滑移齿轮 1 位置	左	左	左	右	右	右
齿轮工作情况（见图 3.2）	$\dfrac{39}{41} \times \dfrac{56}{38}$	$\dfrac{22}{58} \times \dfrac{56}{38}$	$\dfrac{30}{50} \times \dfrac{56}{38}$	$\dfrac{30}{50} \times \dfrac{51}{43}$	$\dfrac{39}{41} \times \dfrac{56}{38}$	$\dfrac{39}{41} \times \dfrac{51}{43}$

6. 润滑装置

CA6140 型车床主轴箱采用液压泵供油循环润滑系统，如图 3.10 所示。

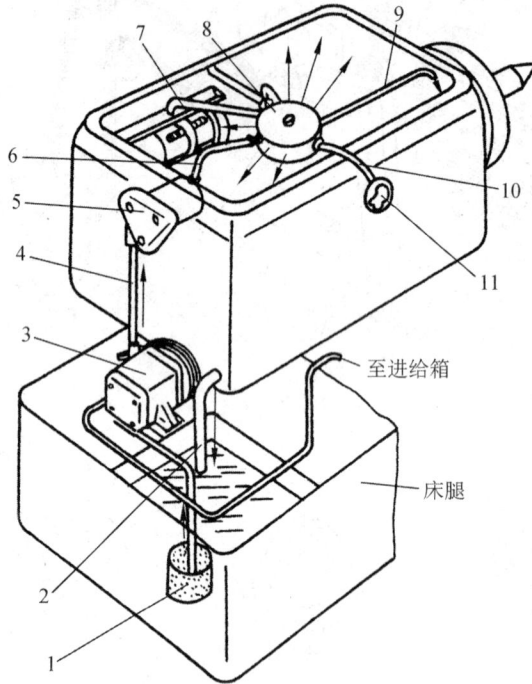

1—网式滤油器；2—回油管；3—液压泵；4，6，7，9，10—油管；5—精滤油器；8—分油器；11—油标

图 3.10　主轴箱润滑系统

主电动机通过带轮带动液压泵 3，将左床腿油池内润滑油经网式滤油器 1、精滤油器 5 和油管 6 输入分油器 8，由分油器上伸出的油管 7、9 分别对轴 I 上摩擦离合器和主轴前轴承进行直接供油。其他传动件由分油器径向孔喷出的油，经高速齿轮溅散而得到润滑。分油器上另有一油管 10 通向油标 11，以便观察润滑系统工作是否正常。各处流回到主轴箱底部的润滑油经回油管流回油池。采用这种箱外循环润滑的方式，可使升温后的油得以冷却，从而降低主轴箱温度，减少主轴箱的热变形。另外，润滑油在回流时，还可将主轴箱内脏物及时排出，减少传动件的磨损。

二、进给箱

进给箱主要由基本螺距机构、增倍机构、变换螺纹种类的移换机构及操纵机构等组成。箱内主要传动轴以两组同心轴的形式布置。图 3.11 所示为 CA6140 型车床进给箱结构图。

1. 进给箱的传动轴结构及轴承调整

轴Ⅻ、XIV、XVII 及丝杠布置在同一轴线上。轴XIV 两端以半月键连接两个内齿离合器，并以套在离合器上的两个深沟球轴承支承在箱体上。内齿离合器的内孔中安装有圆锥滚子轴承，分别作为轴Ⅻ右端及轴XVII 左端的支承。轴XVII 右端由轴XVIII 左端内齿离合器孔内的圆

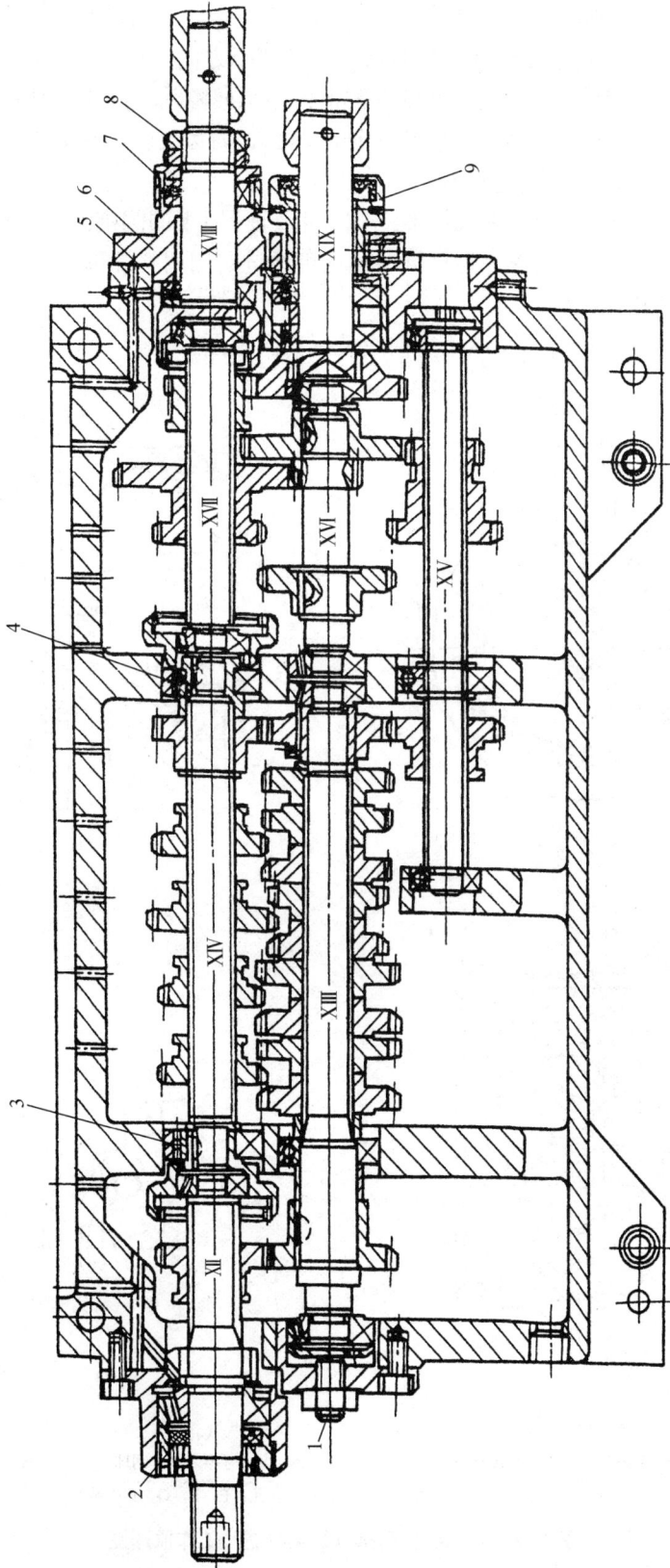

图 3.11　CA6140 型车床进给箱结构图

1—调节螺钉；2，9—调整螺母；3，4—深沟球轴承；5，7—推力球轴承；6—支承套；8—锁紧螺母

锥滚子轴承支承。轴XVIII由固定在箱体上的支承套 6 支承，并通过联轴节与丝杠相连，两侧的推力球轴承 5 和 7 分别承受丝杠工作时所产生的两个方向的轴向力。松开锁紧螺母 8，然后拧动其左侧的调整螺母，可调整轴XVIII两侧推力轴承间隙，以防止丝杠在工作时作轴向窜动。拧动轴XII左端的调整螺母 2，可以通过轴承内圈、内齿离合器端面以及轴肩而使同心轴上的所有圆锥滚子轴承的间隙得到调整。

轴XIII、XVI及XIX组成另一同心轴组。轴XIII及轴XVI上的圆锥滚子轴承可通过轴XIII左端调节螺钉 1 进行调整。轴XIX上角接触球轴承可通过右侧调整螺母 9 进行调整。

2. 基本组变速操纵机构

图 3.12 所示为基本组变速操纵机构构成及工作原理图。

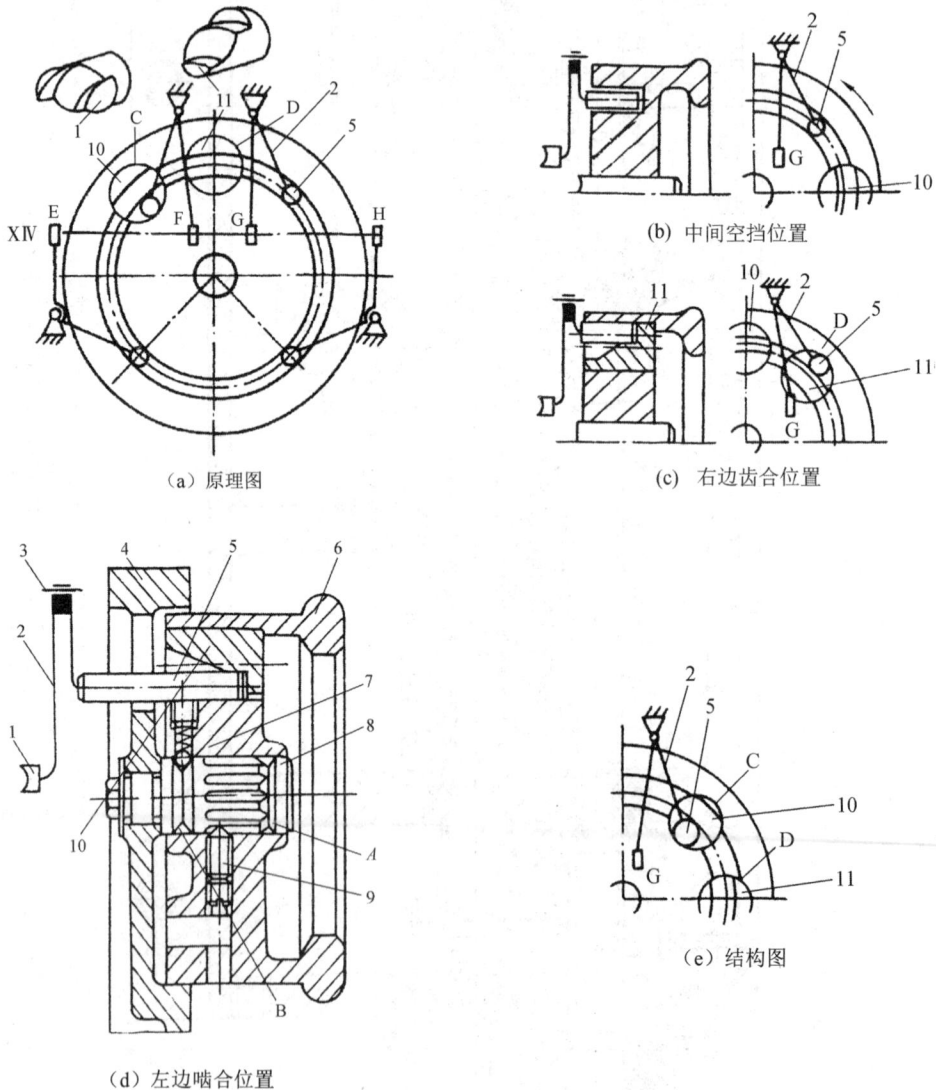

（a）原理图

（b）中间空挡位置

（c）右边齿合位置

（d）左边啮合位置

（e）结构图

1—拨叉；2—杠杆；3—杠杆回转支点；4—前盖；5—长销；6—手轮；7—钢球；8—轴；9—定位销；
10，11—压块；A，B—V 形槽；C，D—圆孔；E，F，G，H—滑块

图 3.12　基本组变速操纵机构构成及工作原理图

轴XIV上四个滑移齿轮（见图 3.11）由一个手轮 6 通过四个杠杆 2 集中操纵。杠杆 2 一端装有拨叉 1，嵌在滑移齿轮的环形槽内。杠杆摆动时，可通过拨叉使滑移齿轮换位。杠杆 2 的另一端装有长销 5。四个长销穿过进给箱前盖，插入手轮 6 内侧的环形槽内，并在圆周上均匀分布。手轮环形槽上有两个间隔 45°、直径略大于槽宽的圆孔 C 和 D。在孔内分别装有带内斜面的压块 10 和带外斜面的压块 11，如图 3.12（a）所示。每次变速时，手轮转动角度为 45°或其倍数，这样，总有一个（也只有一个）压块压向四个长销中的一个。当外斜压块或内斜压块转至某一长销处，则迫使长销沿径向外移［见图 3.12（c）］或内移［见图 3.12（d）］，并经杠杆、拨叉使相应滑移齿轮，根据杠杆旋转方向，移动到左边或右边的啮合位置。未被压块压动的三个长销均位于环形槽内，此时，与其相应的滑移齿轮位于中间，不与轴XIII上齿轮啮合［见图 3.12（b）］。

需变速时，先将手轮 6 向右拉出，使定位销 9 处于 A 槽位置［见图 3.12（e）］，然后才能转动手轮。当手轮转至需要位置后，再将其推回到原来位置，在回推过程中使内斜压块或外斜压块压向某一长销，从而实现变速。轴 8 上加工有八条轴向 V 形定位槽，可通过定位销 9 对手轮进行周向定位。手轮的轴向定位由钢球 7 嵌入轴 8 左端环形槽内实现。

3. 移换机构及光、丝杠转换的操纵原理

图 3.13 所示为移换机构及光、丝杠转换操纵机构原理图。

空心轴 3 上固定一带有偏心圆槽的盘形凸轮 2。偏心圆槽的 a、b 点与圆盘回转中心的距离均为 l；c、d 点与圆盘回转中心的距离均为 L。杠杆 4、5、6 用于控制移换机构，杠杆 1 用于控制光、丝杠传动的转换。转动装在空心轴 3 上的操纵手柄，就可通过盘形凸轮的偏心槽使杠杆上插入偏心槽的销子改变离圆盘回转中心的距离（l 或 L），并使杠杆摆动，从而通过与杠杆联接的拨叉使滑移齿轮移位，以得到各种不同传动路线。设图 3.13 所示凸轮位置为起始位置（0°），依次顺时针转动手柄 90°，传动方式的转变如表 3.7 所示。

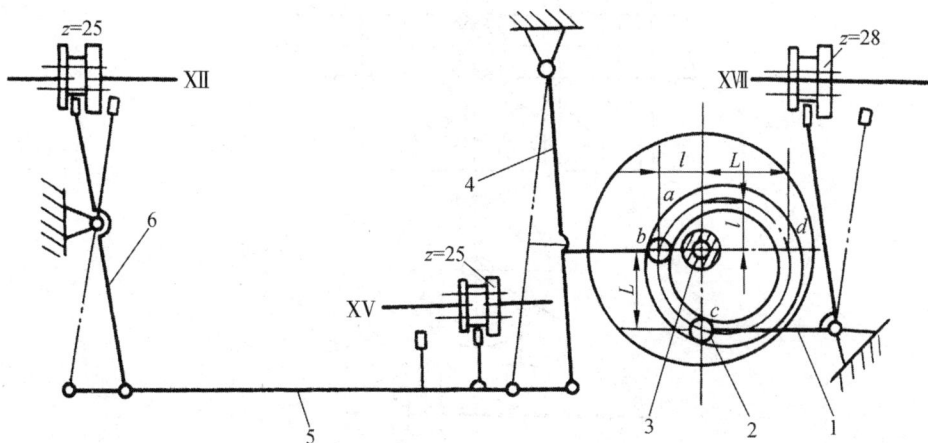

1，4，5，6—杠杆；2—盘形凸轮；3—空心轴；E，F—销子

图 3.13 移换机构及光、丝杠转换操纵机构原理图

表 3.7　螺纹种类及光、丝杠转换表

滑移齿轮位置	凸轮旋转机构			
	0°	90°	180°	270°
$z=25$（XII）	左	右	右	左
$z=25$（XV）	右	左	左	右
$z=28$（XVII）	左	左	右	右
接通路线	接通米制路线 光杠进给	接通英制路线 光杠进给	接通英制路线 丝杠进给	接通米制路线 丝杠进给

4. 增倍组操纵机构

增倍组通过位于轴 XV 及轴 XVII 上两个双联滑移齿轮块滑移变速，而使增倍组获得四种成倍数关系的传动比。轴 XV 上双联齿轮应有左、右两不同位置，而轴 XVII 上的双联齿轮除了变速外，在加工非标准螺纹时，要通过 28 与内齿离合器 M_4 啮合，使运动直传丝杠。因此，该滑移齿轮在轴向有三个工作位置，其中左位用于接通 M_4，中位、右位用于变速（见图 3.14 和图 3.2）。

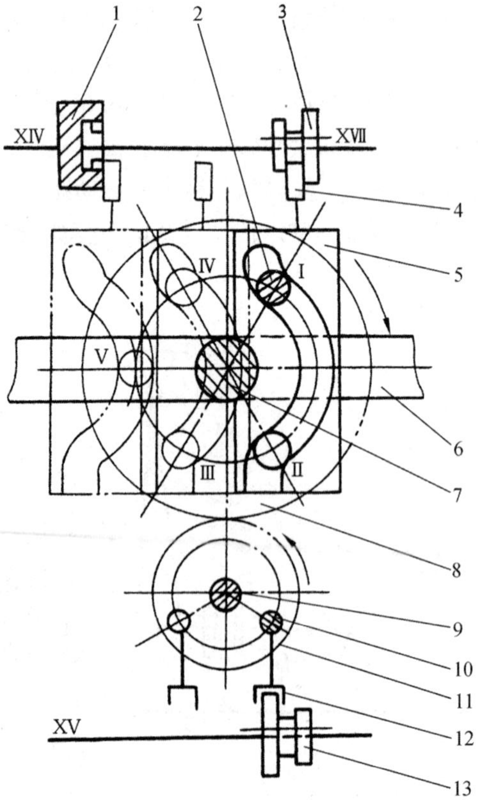

1—内齿离合器 M_4；2，10—偏心销；3，13—双联滑移齿轮；4，12—拨叉；5—滑板；
6—导杆；7—手柄轴；8—齿轮；9—轴；11—小齿轮

图 3.14　增倍组操纵机构工作原理图

图 3.14 所示为增倍组操纵机构工作原理图。变速时，通过手柄轴 7 带动齿轮 8。齿轮 8 上装有插入滑板 5 弧形槽内的偏心销 2。齿轮 8 转动时可通过偏心销 2、弧形槽带动滑板 5 在导杆 6 上滑动。滑板 5 上装有控制轴 XVII 上双联滑移齿轮 3 的拨叉 4，从而使齿轮获得左、中、右三个位置。齿轮 8 与一齿数为其一半的小齿轮 11 啮合。齿轮 8 转动一周时，小齿轮 11 转动二周，从而通过安装在小齿轮 11 上的偏心销及拨叉 12 使轴 XV 上双联滑移齿轮 13 左右移动两个循环，而在同时，轴 XVII 上的双联齿轮 3 左右移动一个循环。这样，转动手柄轴 7 一周，就得到了四种不同的齿轮组合。表 3.8 表明了增倍组机构工作情况的转换。

表 3.8　增倍组机构工作情况的转换

齿轮所处位置	偏心销 2 所处位置				
	I	II	III	IV	V
轴 XVII 上双联齿轮	右	右	中	中	左
轴 XV 上双联齿轮	右	左	右	左	空
$\mu_{倍}$	$\dfrac{18}{45}\times\dfrac{15}{48}=\dfrac{1}{8}$	$\dfrac{28}{35}\times\dfrac{15}{48}=\dfrac{1}{4}$	$\dfrac{18}{45}\times\dfrac{35}{28}=\dfrac{1}{2}$	$\dfrac{28}{35}\times\dfrac{35}{28}=1$	M_4 结合直传丝杠

三、溜板箱

溜板箱内包含以下机构：实现刀架快慢移动自动转换的单向超越离合器，起过载保护作用的安全离合器，接通、断开和转换纵、横向机动进给运动的操纵机构，接通、断开丝杠传动的开合螺母机构，避免运动干涉的互锁机构。

1. 单向超越离合器

如图 3.15 所示，光杠安装在光杠支架上，光杠的运动经齿轮 1、齿轮 2 传至齿轮 5，使超越离合器开始工作。超越离合器由齿轮 5（它作为离合器的外壳）、三个滚柱 3（见 A—A 剖面）、三个弹簧销 7 和星形体 4 组成。星形体空套在轴 XX 上，而齿轮 5 又空套在星形体上。当慢速逆时针旋转的运动传给齿轮 5 后，在弹簧销作用下并依靠滚柱与齿轮 5 内孔孔壁间的摩擦力使滚柱滚向楔缝，并楔紧在齿轮 5 内孔与星形体之间，从而带动星形体作逆时针转动，经安全离合器而把运动传给轴 XX；当慢速顺时针旋转的运动传给齿轮 5，则滚柱顺时针滚向楔缝的宽敞处并压缩弹簧，星形体得不到顺时针的旋转运动。由此可知：如果光杠传来的运动方向改变，则刀架将得不到进给运动。

轴 XX 右端装有一快速辅助电动机。在齿轮 5 的慢速逆时针旋转运动继续转动的同时，如启动快速电动机，则它的快速运动经 13/29 齿轮副及安全离合器、平键而使星形体作逆时针的快速旋转运动。由于星形体 3 的快速逆时针转动超越了齿轮 5 的慢速逆时针转动，滚柱同样滚向楔缝的宽敞处，使星形体和齿轮 5 各自的运动互不影响，即使快速运动超越了慢速运动而不产生矛盾。快速电动机是由接通纵、横进给运动的操纵手柄上的点动按钮来点动的，当快速电动机停止转动时，在弹簧销和摩擦力的作用下，滚柱滚向楔缝并楔紧于齿轮 5 和星形体之间，慢速运动又正常接通。由此可知：超越离合器主要用于有快、慢两个运动交替传动的轴上，以实现运动的快、慢速自动转换。

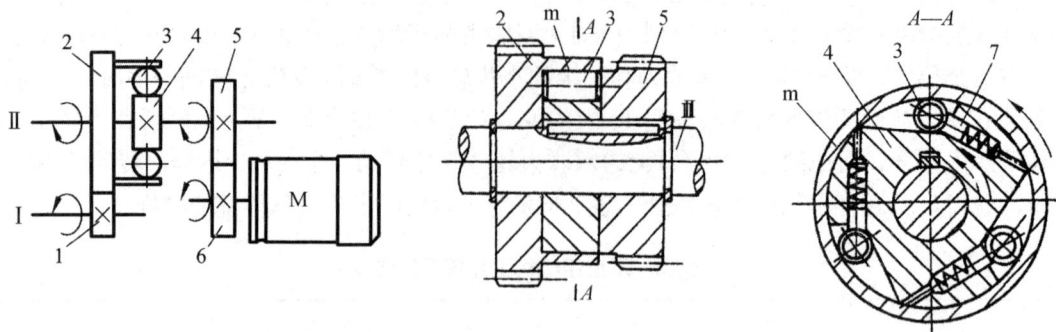

1、2、5、6—齿轮；3—滚柱；4—星形体；7—弹簧销；m—套筒

图 3.15 单向超越离合器

2. 安全离合器

在刀架机动进给过程中，如进给抗力过大或刀架移动受到阻碍时，安全离合器能自动断开轴XX的运动，使自动进给停止，起过载保护作用。安全离合器（见图 3.16）由端面带螺旋齿爪的 5 和 6 两半部组成，左半部 5 用平键与星形体 4 联接，右半部 6 与轴XX花键联接。

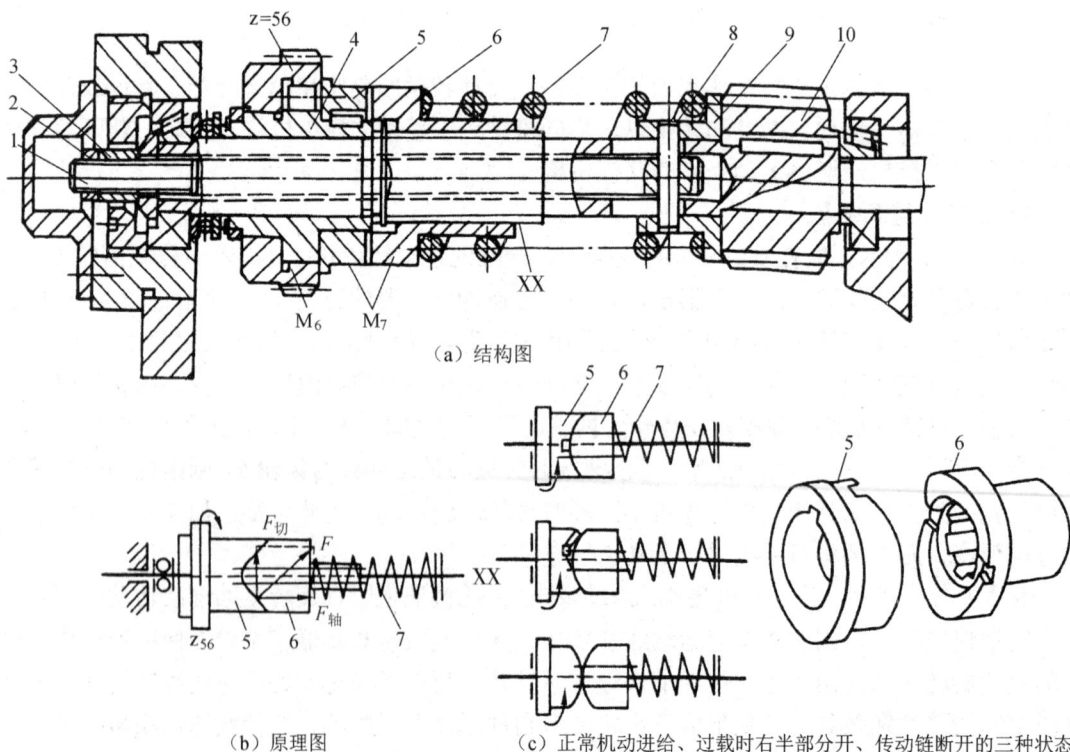

（a）结构图

（b）原理图　　　　　（c）正常机动进给、过载时右半部分开、传动链断开的三种状态

1—杠杆；2—锁紧螺母；3—调整螺母；4—星形体；5—左半离合器；
6—右半离合器；7—弹簧；8—销钉；9—弹簧座；10—蜗杆

图 3.16 安全离合器

在弹簧 7 的作用下，两半部分经常处于啮合状态下，以传递由超越离合器星形体传来的运动和转矩，并经花键传给轴 XX。此时，安全离合器螺旋齿面上产生的轴向分力，由弹簧平衡。当进给抗力过大或刀架移动受阻时，通过安全离合器齿爪传递的转矩及产生的轴向分力将增大，当这个轴向分力大于弹簧的作用力时，离合器的右半部分将压缩弹簧而向右滑移，与左半部分脱开啮合，安全离合器打滑，从而断开刀架的机动进给。过载现象排除后，弹簧又将安全离合器自动接合而恢复正常的机动进给工作。调整螺母 3 通过轴内孔中的杠杆 1、销钉 8，可调整弹簧座 9 的轴向位置，以调整弹簧的压力大小，即调整安全离合器能传递转矩的大小。

3. 纵、横向机动进给操纵机构

图 3.17 所示为纵、横向机动进给操纵机构。

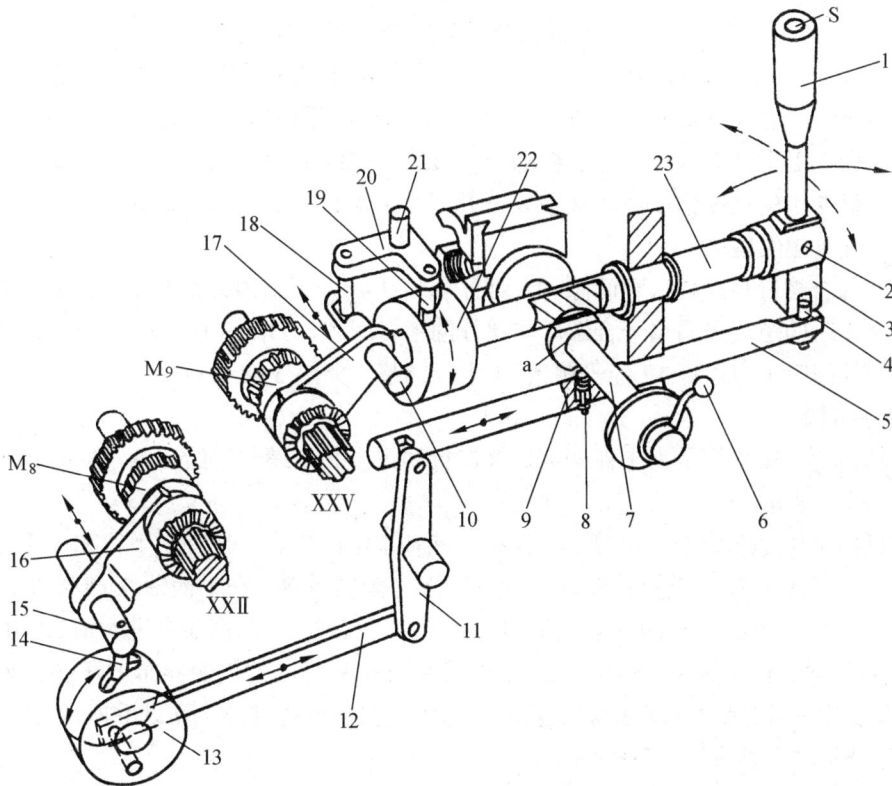

1，6—手柄；2，21—销轴；3—手柄座；4，9—球头销；5，7，23—轴；8—弹簧销；10，15—拨叉轴；
11，20—杠杆；12—连杆；13，22—凸轮；14，18，19—圆柱销；
16，17—拨叉；a—凸肩；S—按钮

图 3.17 纵、横向机动进给操纵机构

纵、横向机动进给的接通、断开和换向由一个手柄集中操纵。手柄 1 通过销轴 2 与轴向固定的轴 23 相联接。向左或向右扳动手柄 1 时，手柄下端缺口通过球头销 4 拨动轴 5 轴向移动，然后经杠杆 11、连杆 12、偏心销使圆柱形凸轮 13 转动。凸轮上的曲线槽通过圆柱销 14、拨叉轴 15 和拨叉 16，拨动离合器 M_8 与空套在轴 XXII 上的两个空套齿轮之一啮合，从而接通纵向机动进给，并使刀架向左或向右移动。

向前或向后扳动手柄 1 时，通过手柄方形下端部带动轴 23 转动，并使轴 23 左端凸轮 22 随之转动，从而通过凸轮上的曲线槽推动圆柱销 19，并使杠杆 20 绕销轴 21 摆动。杠杆 20 上另一圆柱销 18 通过拨叉轴 10 上缺口，带动拨叉轴 10 轴向移动，并通过固定在轴上的拨叉，拨动离合器 M$_9$，使之与轴 XXV 上两空套齿轮之一啮合，从而接通横向机动进给。

纵、横向机动进给机构的操纵手柄扳动方向与刀架进给方向一致，给使用带来方便。手柄在中间位置时，两离合器均处于中间位置，机动进给断开。按下操纵手柄顶端的按钮 S，接通快速电动机，可使刀架按手柄位置确定的进给方向快速移动。由于超越离合器的作用，即使机动进给时，也可使刀架快速移动，而不会发生运动干涉。

4. 开合螺母机构

开合螺母机构用来接通或断开丝杠传动。开合螺母由上、下两个半螺母 5 和 4 组成，如图 3.18（a）所示。两个半螺母安装在溜板箱后壁的燕尾导轨上，可上下移动。上、下半螺母背面各装有一圆柱销 6，销的另一端分别插在操纵手柄左端圆盘 7 的两条曲线槽中，如图 3.18（b）所示。扳动手柄使圆盘 7 逆时针转动，圆盘端面的曲线槽迫使两圆柱销 6 相互靠近，从而使上、下半螺母合拢，与丝杠啮合，接通车螺纹运动。如扳动手柄，使圆盘顺时针转动，则圆盘 7 上的曲线槽使两圆柱销 6 分开，并使上、下半螺母随之分开，与丝杠脱离啮合，从而断开车螺纹运动。

需调整开合螺母与丝杠啮合间隙时，可拧动螺钉 10，调整销钉 9 的轴向位置，通过限定开合螺母合拢时的距离来调整开合螺母与丝杠的啮合间隙，如图 3.18（c）所示。开合螺母与燕尾导轨间的间隙可用螺钉 12 经平镶条 11 进行调整，如图 3.18（d）所示。

5. 互锁机构

溜板箱内的互锁机构是为了保证纵、横向机动进给和车螺纹进给运动不同时接通，以避免机床损坏而设置的。

互锁机构工作原理如图 3.19 所示，操纵手柄轴 7 的凸肩 a 上带有一削边和一 V 形槽。轴 23 上铣有能与凸肩相配的键槽；轴 5 的小孔内装有弹簧销 8。在手柄轴 7 凸肩与支承套 24 之间有一球头销 9。当纵、横向进给及车螺纹运动均未接通时，凸肩 a 未进入轴 23 的键槽中，球头销 9 头部与凸肩 a 的 V 形槽相切。球头销 9 与弹簧销 8 的接触界面正好位于支承套 24 与轴 5 相切之处。因而此时可根据加工要求转动手柄轴 7 或通过进给操纵手柄转动轴 23 或移动轴 5，以便接通三种进给运动中的一种。

如转动手柄轴 7，合上开合螺母，由于手柄轴 7 上的凸肩 a 进入轴 23 的键槽之中，使轴 23 不能转动。另外，凸肩的圆周部分将球头销 9 下压，使其一部分在支承套 24 内，另一部分压缩弹簧销 8 进入轴 5 的小孔中，使轴 5 不能移动。这样就保证了接通车螺纹运动后，不能再接通纵、横向机动进给。如移动轴 5 接通纵向进给运动，轴 5 小孔中的弹簧销 8 与球头销 9 脱离接触。球头销 9 被轴 5 的圆周表面顶住，其上端又卡在凸肩 a 的 V 形槽中。因此操纵手柄 7 被锁住，无法转动使开合螺母合拢。如转动轴 23，接通横向进给运动，这时轴 23 上键槽不再对准凸肩 a，于是凸肩 a 被轴 23 顶住，操纵手柄 7 无法转动，不能使开合螺母合拢。由此可见，由于互锁机构的作用，合上开合螺母后，不能再接通纵、横向进给运动，而接通了纵向或横向进给运动后，就无法再接通车螺纹运动。

（a）结构图

（b）圆柱销与圆盘曲线槽

（d）平镶条位置

（c）开合螺母合拢的距离

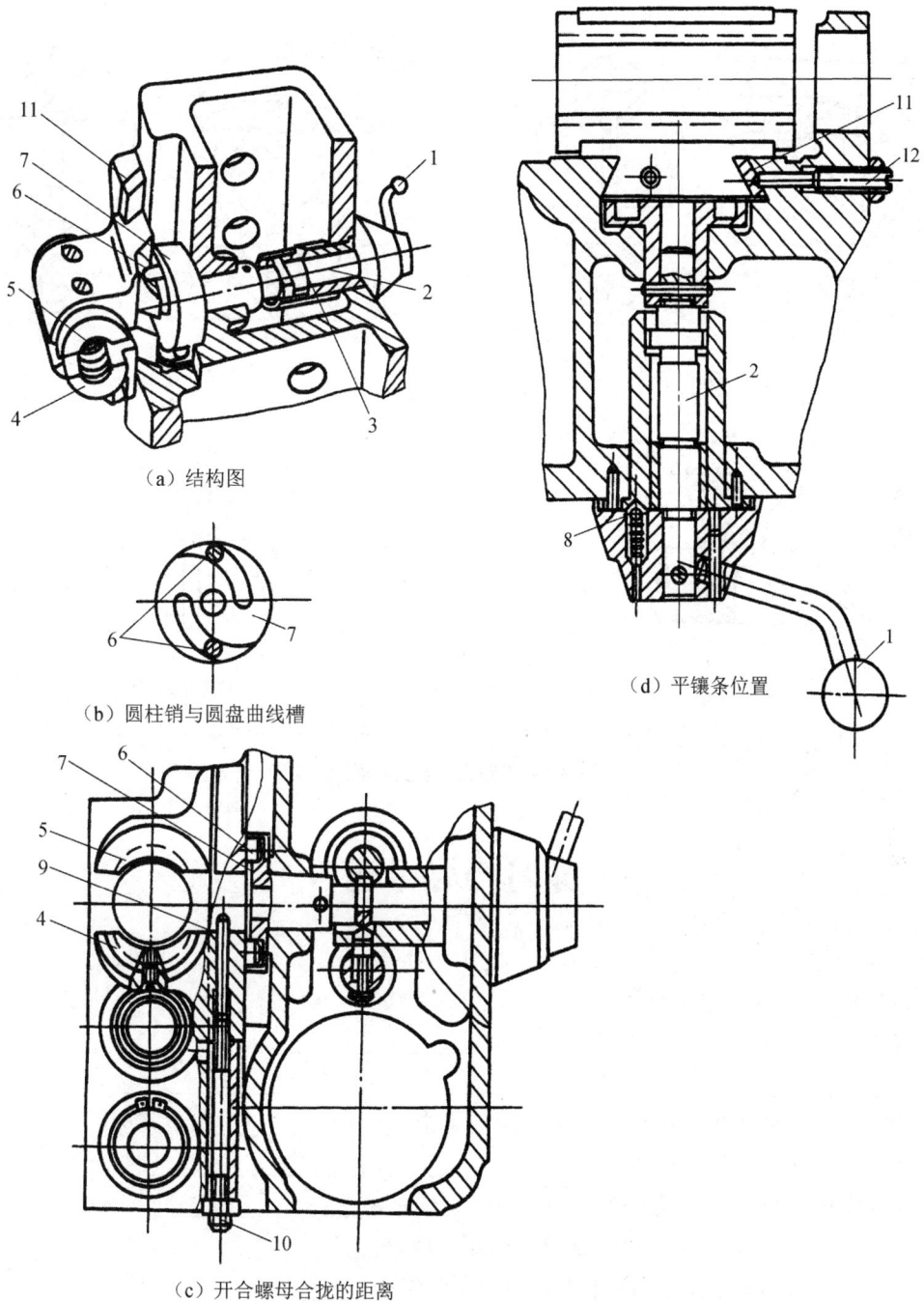

1—手把；2—轴；3—轴承套；4—下半螺母；5—上半螺母；6—圆柱销；7—圆盘；
8—定位钢球；9—销钉；10、12—螺钉；11—平镶条

图 3.18 开合螺母机构

操纵进给方向手柄的面板上开有十字槽，以保证手柄向左或向右扳动后，不能前后扳动；反之，向前或向后扳动后，不能左右扳动。这样就实现了纵向与横向机动进给运动之间的互锁。

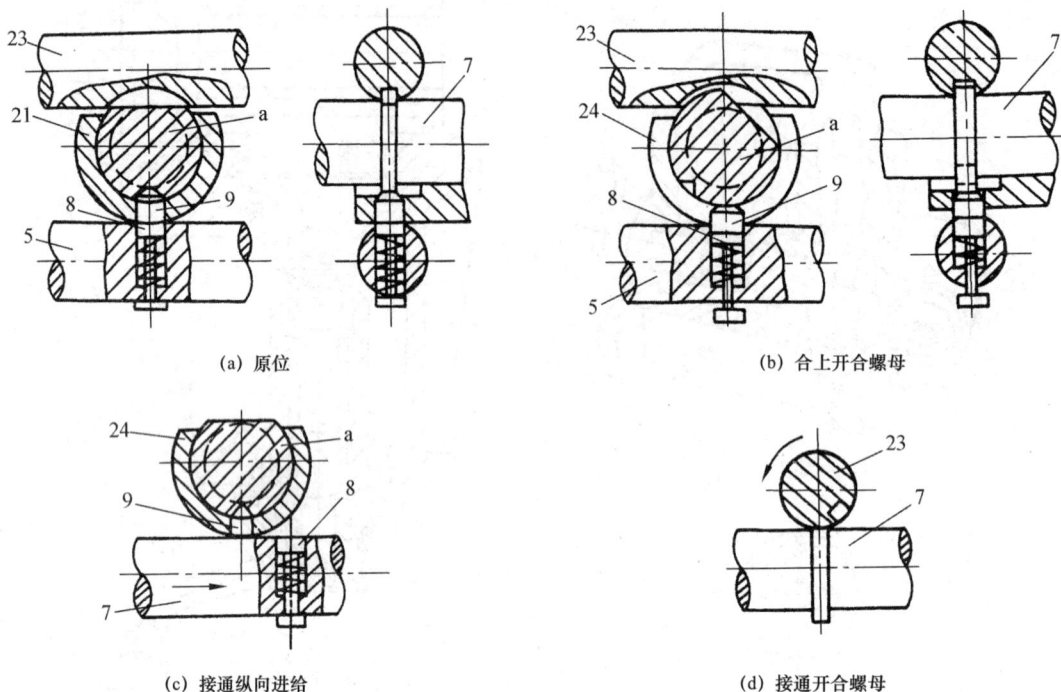

(a) 原位   (b) 合上开合螺母

(c) 接通纵向进给   (d) 接通开合螺母

5，23—轴；7—手柄轴；8—弹簧销；9—球头销；24—支承套

图3.19 互锁机构工作原理

练习与思考题

一、填空题

1. CA6140 车床的主参数是_____。

2. CA6140 车床的主运动是_____，进给运动是_____、_____、_____。

3. CA6140 车床主轴的启动、停止、换向是由_____负责完成的。

4. CA6140 车床主轴转速可分_____、_____、_____、_____四个区。

5. CA6140 车床负责传动各个运动的三个箱体是_____、_____、_____。

6. 在 CA6140 车床上加工径节螺纹，所用挂轮是_____。

7. 在 CA6140 车床上加工英制螺纹，所用挂轮是_____。

8. 在 CA6140 车床上进行纵向细进给切削时，主轴以_____速度旋转，传动过程经过部分扩大导程机构，传动路线经过_____传动路线，增倍机构传动比取_____。

9. CA6140 车床进行纵、横向运动时，所用挂轮是_____。

10. CA6140 车床的纵、横向运动的换向是通过_____实现的，与车削螺纹运动的换向机构_____关。

11. CA6140 车床车削螺纹运动与纵、横向进给运动通过_____机构互锁。

12. CA6140 车床上刀架的机动运动和快速运动是通过控制_____实现的。

13. CA6140 车床的横向和纵向运动是通过控制_____互锁。

二、简答题

1. 叙述车床的加工范围。

2. 指出普通卧式车床的加工范围。

3. 车床按用途和结构不同，有哪些类型？

4. 简述 CA6140 车床主轴箱的功用。

5. 简述 CA6140 车床进给箱的功用。

6. 简述 CA6140 车床溜板箱的功用。

7. 简述双向多片式摩擦离合器的结构、作用和工作原理。

8. 简述制动器的结构、作用和工作原理。

9. 简述单向超越离合器的结构、作用和工作原理。

10. 简述安全离合器的结构、作用和工作原理。

11. 简述开合螺母的结构、作用和工作原理。

12. 结合课本中的图形，分析为什么要调整主轴轴承间隙，并说明如何调整。

13. 结合课本中的图形，分别分析调整双向多片式摩擦离合器、制动器、安全离合器的意义，并说明调整的方法。

14. 结合课本中的图形，分析进给箱中同心轴的结构，并说明轴承间隙的调整方法。

三、分析题

1. 判断下列结论是否正确，并说明理由。

（1）车公制螺纹转换为车英制螺纹，用同一组（公制）挂轮，但要转换传动路线。

（2）车模数螺纹转换为车径节螺纹，用同一组（模数）挂轮，但要转换传动路线。

（3）车公制螺纹转换为车模数螺纹，用公制传动路线，但要改变挂轮。

（4）车英制螺纹转换为车径节螺纹，用英制传动路线，但要改变挂轮。

2. 分析 CA6140 型普通车床进给箱基本变速组 8 种传动比和倍增变速组 4 种传动比的特点。

3. 从各种螺纹制度的螺纹表中，找出螺纹标准数列的排列规律。

4. 要求在 CA6140 型普通车床上加工螺距为 8 mm 的单头梯形公制精密螺纹，机床上已配备有齿数为 40、42、50、60、63、75、100 的七种挂轮。试配换 a、b、c、d 挂轮齿数并指出采取什么措施保证能加工出精密螺纹。

5. 列出 CA6140 型车床的横向进给运动的传动路线表达式。

6. 验证 CA6140 型车床的横向进给量是纵向进给量的一半。

7. 作纵向高速精细车削和纵向低速大走刀车削时，对主轴转速和车螺纹传动链的调配有何特殊要求？试分别加以说明。

8. 如果多片式摩擦离合器调整螺圈上的定位销卡住或损坏，不起定位作用，将会产生什么不良后果？

9. 车床加工时，如把离合器的操纵手柄扳到中间位置后，车床主轴：

（1）要转一段短时间才能停止；

（2）仍连续转动。试分析原因并说明解决的方法。

10. 齿条轴的突部和元宝形摆块的两端（参阅图 3.5 和图 3.7）如产生严重磨损现象，将会出现什么不良影响？如何解决？

11. 如发现主轴的回转精度降低，甚至一些精度指标已超出精度允许范围，试指出解决的方法（以 CA6140 型车床为例说明）。

12. 当主轴正转时，光杠 XX（参阅图 3.2）获得了旋转运动，但在接通了溜板箱中的 M_6 或 M_7 离合器时，却没有进给运动产生（同时参阅图 3.11）。试分析原因并指出解决的方法。

13. 为什么要调整好开合螺母的开合量？结合图 3.18 所示的结构说明其调整方法。

14. CA6140 型车床在车削过程中安全离合器自行打滑，试分析原因并指出解决的方法。

15. CA6140 型车床上的快速辅助电动机可以随意正、反转吗？说明理由。

第四章 铣 床

第一节 概 述

铣床是用铣刀加工水平的和垂直的平面、沟槽、键槽、T 形槽、燕尾槽、螺纹、螺旋槽，以及有局部表面的齿轮、链轮、棘轮、花键轴和各种成形表面等的机床，用锯片铣刀还可以进行切断等工作。铣床加工的典型表面如图 4.1 所示。铣床的主体运动是铣刀的旋转运动。一般情况下，铣床具有相互垂直的三个方向上的调位移动，同时，其中任一方向上的调位移动都可成为进给运动。

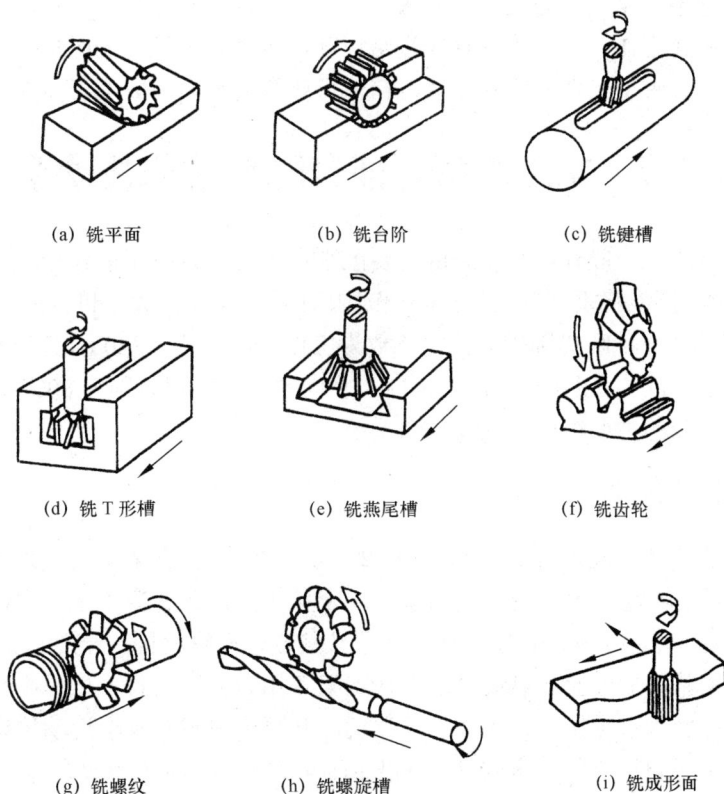

(a) 铣平面	(b) 铣台阶	(c) 铣键槽
(d) 铣 T 形槽	(e) 铣燕尾槽	(f) 铣齿轮
(g) 铣螺纹	(h) 铣螺旋槽	(i) 铣成形面

图 4.1 铣床加工的典型表面

铣床的类型很多，根据机床布局和用途可分为升降台式铣床（卧式和立式）、工作台不升降铣床、工具铣床、龙门铣床、仿形铣床以及专门化铣床等。

卧式万能升降台铣床主轴水平布置，工作台可沿纵向、横向和垂直三个方向作进给运动或快速移动。工作台可在水平面内作±45°的回转，以调整需要角度，适应螺旋表面的加工。该机床刚性好，生产率高，工艺范围广，适用于加工平面、斜面、沟槽和成形表面。使用机床附件如立铣头、分度头及圆形工作台，可扩大加工范围，如铣切螺旋表面，分齿零件的局部表面等。

立式铣床主轴垂直布置，除工作台能作三个相互垂直方向的进给运动和快速移动外，主轴可沿轴线作进给或调位移动，又能在垂直平面内调整一定角度，适用于加工平面、斜面、沟槽、台阶和封闭轮廓表面。

工作台不升降铣床其工作台不能升降，机床刚性好，工作台只有纵向和横向进给运动或快速移动，主轴可沿轴线方向作轴向进给或调位移动。用于对大、中型工件的平面及导轨面等的加工。

工具铣床有相互垂直的两个主轴，主轴能作横向移动。工作台不作横向移动，但能在三个垂直平面内回转一定角度，提高机床的万能性。机床常配有分度头、圆形工作台等附件，适用于工具、机修车间加工形状复杂的各类刀具的刀槽、刀齿，工具，夹具和模具等。

龙门铣床的横梁和立柱上分别安装铣头，每个铣头都有独自的主体运动、进给运动和调位移动。工件紧固在工作台上作纵向直线进给运动，可用多把铣刀同时加工几个表面，生产率高，适用于对大、中型工件如床身导轨、箱体机座等的平面和成形表面加工。

第二节　X6132型万能升降台铣床传动系统

万能升降台铣床与一般升降台铣床的主要区别在于工作台除了能在相互垂直的三个方向上作调整或进给外，还能绕垂直轴线在±45°范围内回转，从而扩大了机床的工艺范围。X6132型万能升降台铣床是一种卧式铣床，其主参数为工作台面宽度（320 mm），第二主参数为工作台面长度（1 250 mm）。工作台纵向、横向、垂向的最大行程分别为800、300、400 mm。以下分别介绍该机床的主要组成部件及传动系统。

一、主要组成部件

X6132型万能升降台铣床由底座1、床身2、悬梁3、刀杆支架4、主轴5、工作台6、床鞍7、升降台8及回转盘9等组成（见图4.2）。床身2固定在底座1上，用以安装和支承其他部件。床身内装有主轴部件、主变速传动装置及其变速操纵机构。悬梁3安装在床身顶部，并可沿燕尾导轨调整前后位置。悬梁上的刀杆支架4用以支承刀杆，以提高其刚性。升降台8安装在床身前侧面垂直导轨上，可作上下移动。升降台内装有进给运动传动装置及其操纵机构。升降台的水平导轨上装有床鞍7，可沿主轴轴线方向作横向移动。床鞍7上装有回转盘9，回转盘上面的燕尾导轨上安装有工作台6。因此，工作台除了可沿导轨作垂直于主轴轴线方向的纵向移动外，还可通过回转盘，绕垂直轴线在±45°范围内调整角度，以便铣削螺旋表面。

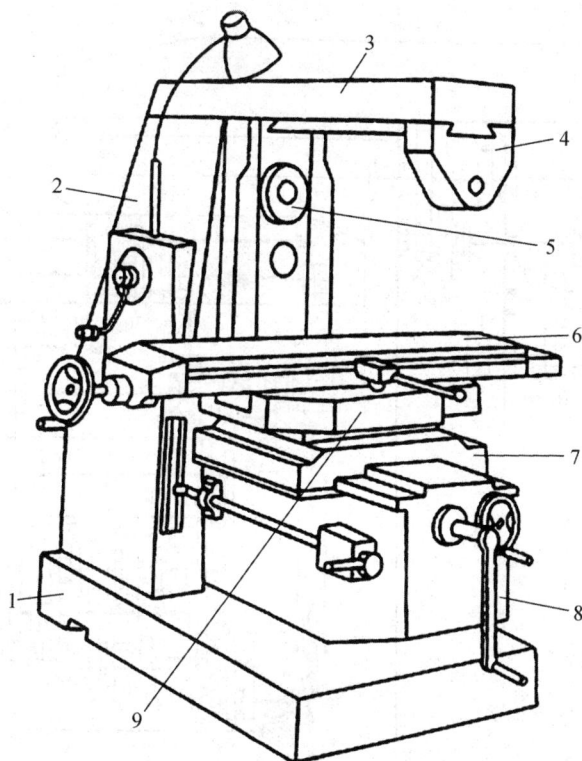

1—底座；2—床身；3—悬梁；4—刀杆支架；5—主轴；6—工作台；7—床鞍；8—升降台；9—回转盘

图 4.2　X6132 型万能升降台铣床组成

二、机床的传动系统

1. 主运动

图 4.3 所示为 X6132 型万能升降台铣床传动系统。主运动由主电动机（7.5 kW、1 450 r/min）驱动，经 $\dfrac{\phi 130}{\phi 290}$ 皮带轮传动至轴 II，再由轴 II—III 间和轴 III—IV 间两组三联滑移齿轮变速组，以及轴 IV—V 间双联滑移齿轮变速组，使主轴获得 18 级转速（30～1 500 r/min）。主轴的旋转方向由电动机改变正、反转向而得以变向。主轴的制动由安装在轴 II 上的电磁制动器 M 进行控制。

2. 进给运动

X6132 的工作台可以作纵向、横向和垂向三个方向的进给运动以及快速移动。进给运动由进给电动机（1.5 kW、1 410 r/min）驱动。电动机的运动经一对圆锥齿轮 17/32 传至轴 VI，然后根据轴 X 上电磁摩擦离合器 M_1、M_2 的结合情况，分两条路线传动。如轴 X 上离合器 M_1 脱开、M_2 啮合，轴 VI 的运动经齿轮副 40/26、44/42 及离合器 M_2 传至轴 X。这条路线可使工作台作快速移动。如轴 X 上离合器 M_2 脱开，M_1 结合，轴 VI 的运动经齿轮副 20/44 传至轴 VII，再经轴 VII—VIII 间和轴 VIII—IX 间两组三联滑移齿轮变速组以及轴 VIII—IX 间的曲回机构经离合器 M_1，将运动传至轴 X。这是一条使工作台作正常进给的传动路线。

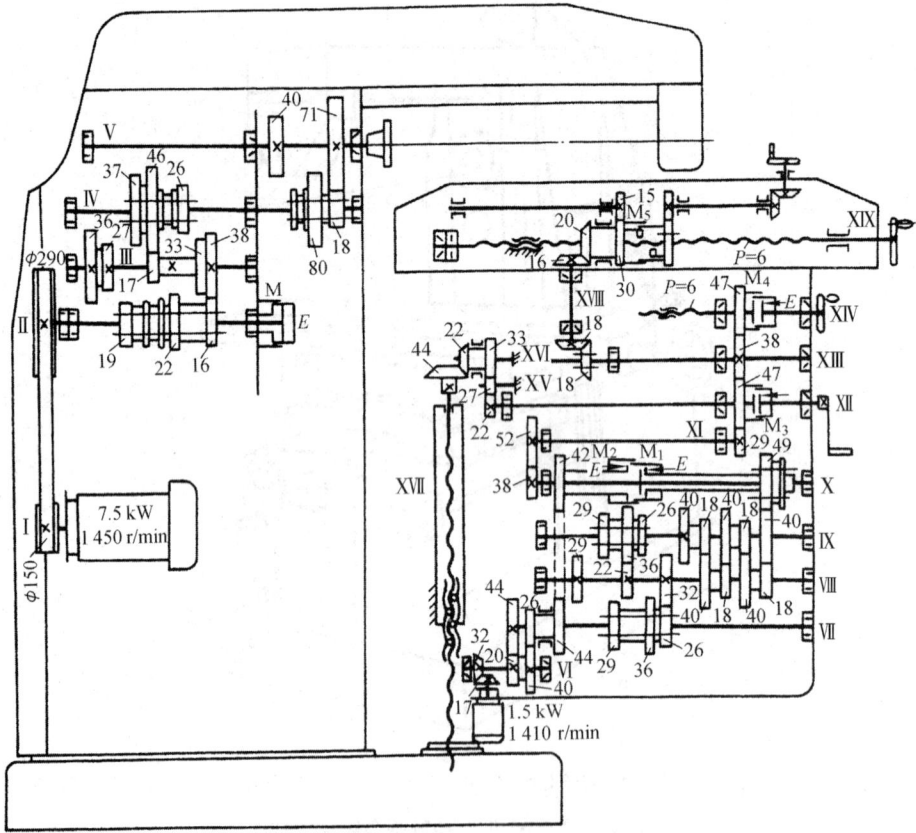

图 4.3　X6132 型万能升降台铣床传动系统

图 4.4 所示为曲回机构，轴Ⅷ—Ⅸ间的曲回机构工作原理如下。

轴Ⅹ上的单联滑移齿轮 Z49 有三个啮合位置。当滑移齿轮在 a 啮合位置时，轴Ⅸ的运动直接由齿轮副 40/49 传到轴Ⅹ；当滑移齿轮在 b 啮合位置时，轴Ⅸ的运动经曲回机构齿轮副 $\dfrac{18}{40} - \dfrac{18}{40} - \dfrac{40}{49}$ 传至轴Ⅹ；当滑移齿轮在 c 啮合位置时，轴Ⅸ的运动经曲回机构齿轮副 $\dfrac{18}{40} - \dfrac{18}{40} - \dfrac{18}{40} - \dfrac{18}{40} - \dfrac{40}{49}$ 传至轴Ⅹ。因而，通过轴Ⅹ上单联滑移齿轮 Z49 的三个啮合位置，可使曲回机构得到三种不同的传动比：

$$\mu_a = \frac{40}{49}$$

$$\mu_b = \frac{18}{40} \times \frac{18}{40} \times \frac{40}{49}$$

$$\mu_c = \frac{18}{40} \times \frac{18}{40} \times \frac{18}{40} \times \frac{18}{40} \times \frac{40}{49}$$

轴Ⅹ的运动可经过离合器 M_3、M_4、M_5 以及相应的后续传动路线，使工作台分别得到垂向、横向及纵向的移动。

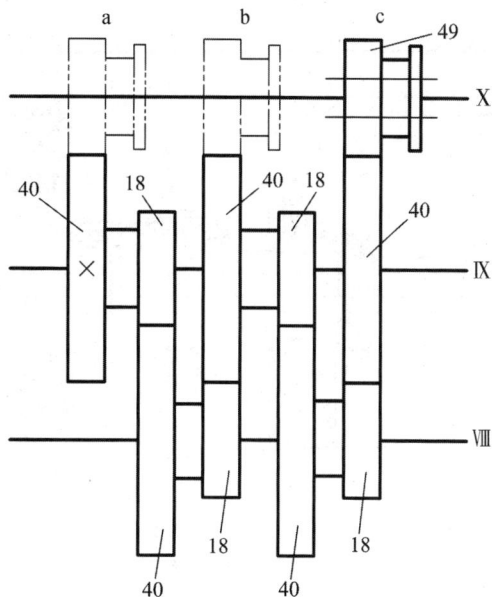

图 4.4　曲回机构

　　理论上，铣床在相互垂直的三个方向上均可获得 3×3×3=27 种不同进给量，但由于轴Ⅶ—Ⅸ间的两组三联滑移齿轮变速组的 3×3=9 种传动比中，有三种是相等的，即

$$\frac{26}{32}\times\frac{32}{26}=\frac{29}{29}\times\frac{29}{29}=\frac{36}{22}\times\frac{22}{36}=1$$

　　所以，轴Ⅶ—Ⅸ间的两个变速组只有 7 种不同传动比。因而轴Ⅹ上的滑移齿轮 Z49 只有 7×3=21 种不同转速。由此可知，X6132 型铣床的纵、横、垂直三个方向的进给量均为 21 级，其中，纵向及横向的进给量范围为 10～1 000 mm/min，垂向进给量范围为 3.3～333 mm/min。

　　有关各运动的传动路线表达式学习者可自己练习写出。

第三节　X6132 型万能升降台铣床的主要部件结构

一、主轴部件

　　由于铣床采用多齿刀具，铣削力周期变化，易引起振动，要求主轴部件具有较高刚性及抗振性，因此主轴采用三支承结构，如图 4.5 所示。

　　前支承采用 D 级精度的圆锥滚子轴承，用于承受径向力和向左的轴向力；中间支承采用 E 级精度的圆锥滚子轴承，以承受径向力和向右的轴向力；后支承为 G 级单列深沟球轴承，只承受径向力。主轴的回转精度主要由前支承及中间支承来保证。

　　调整主轴轴承间隙时，先将悬梁移开，并拆下床身盖板，露出主轴部件。然后拧松中间支承左侧螺母 11 上的锁紧螺钉 3，再用专用勾头扳手勾住螺母 11，再用一短铁棍通过主轴前端的端面键 8 扳动主轴顺时针旋转，使中间支承的内圈向右移动，从而使中间支承的间隙得以消除；如继续转动主轴，使其向左移动，并通过轴肩带动前支承 6 的内圈左移，从而消除前

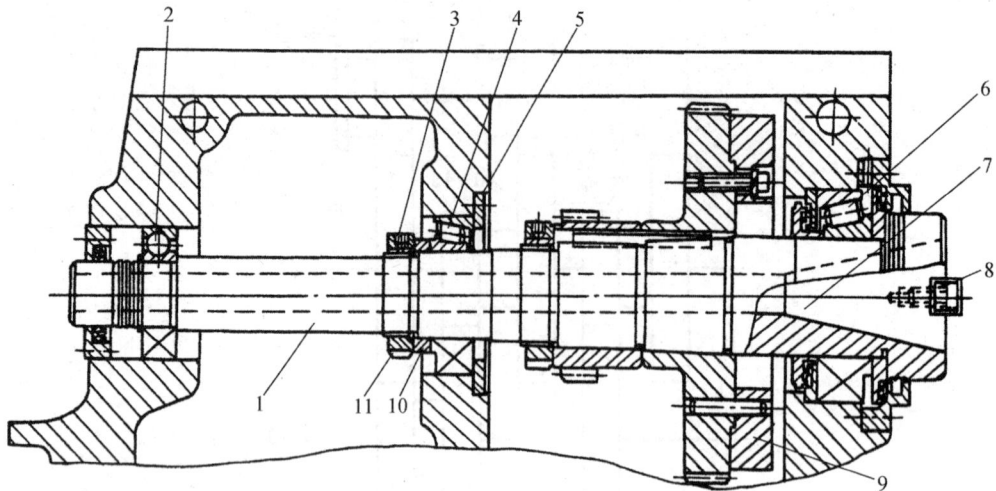

1—主轴；2—后支承；3—锁紧螺钉；4—中间支承；5—轴承盖；6—前支承；7—主轴前锥孔；
8—端面键；9—飞轮；10—隔套；11—螺母

图 4.5　主轴部件结构

支承 6 的间隙。调整后，主轴应以 1 500 r/min 转速试转 1 h，轴承温度不得超过 60 ℃。

在主轴大齿轮上用螺钉和定位销紧固飞轮 9。在切削加工中，可通过飞轮的惯性使主轴运转平稳，以减轻铣刀间断切削引起的振动。

主轴是空心轴，前端有 7∶24 精密锥孔和精密定心外圆柱面。主轴端面镶有两个端面键 8。刀具或刀杆以锥柄与锥孔配合定心，并由从尾部穿过中心孔的拉杆拉紧。铣刀锥柄上开有与端面键相配的缺口，以使主轴经端面键传递扭矩。

二、孔盘变速操纵机构

X6132 型铣床的主运动及进给运动的变速都采用了孔盘变速操纵机构进行控制。下面以主变速操纵机构为例予以介绍。

1. 孔盘变速操纵机构的工作原理

图 4.6 所示为孔盘变速原理图，利用孔盘变速操纵机构控制三联滑移齿轮。孔盘变速操纵机构主要由孔盘 4、齿条轴 2 和 2′、齿轮 3 及拨叉 1 组成，结构如图 4.6（a）所示。

孔盘 4 上划分了几组直径不同的圆周，每个圆周又划分成 18 等分，根据变速时滑移齿轮不同位置的要求，这 18 个位置分为钻有大孔、钻有小孔或未钻孔三种状态。齿条轴 2 和 2′上加工出直径分别为 D 和 d 的两段台肩。直径为 d 的台肩能穿过孔盘上的小孔，而直径为 D 的台肩只能穿过孔盘上的大孔。变速时，先将孔盘右移，使其退离齿条轴，然后根据变速要求，转动孔盘一定角度，再使孔盘左移复位。孔盘在复位时，可通过孔盘上对应齿条轴之处为大孔、小孔或无孔的不同情况，而使滑移齿轮获得三种不同位置，从而达到变速目的。三种工作状态分别为：① 孔盘上对应齿条轴 2 的位置无孔，而对应齿条轴 2′的位置为大孔。孔盘复位时，向左顶齿条轴 2，并通过拨叉将滑移齿轮推到左位。齿条轴 2′则在齿条轴 2 及小齿轮 3 的共同作用下右移，台肩 D 穿过孔盘上的大孔，如图 4.6（b）所示。② 孔盘对应两齿条轴的位置均为小孔，齿条轴上的小台肩 d 穿过孔盘上小孔，两齿条轴均处于中间位置，从而通过拨叉使滑移齿轮处于中间位置，如图 4.6（c）所示。③ 孔盘上对应齿条轴 2 的位置为大孔，对应齿条轴 2′的位置无孔，这时孔盘顶齿条轴 2′左移，从而通过齿轮 3 使齿条轴 2 的台肩穿过大孔右移，并使滑移齿轮处于右位，如图 4.6（d）所示。

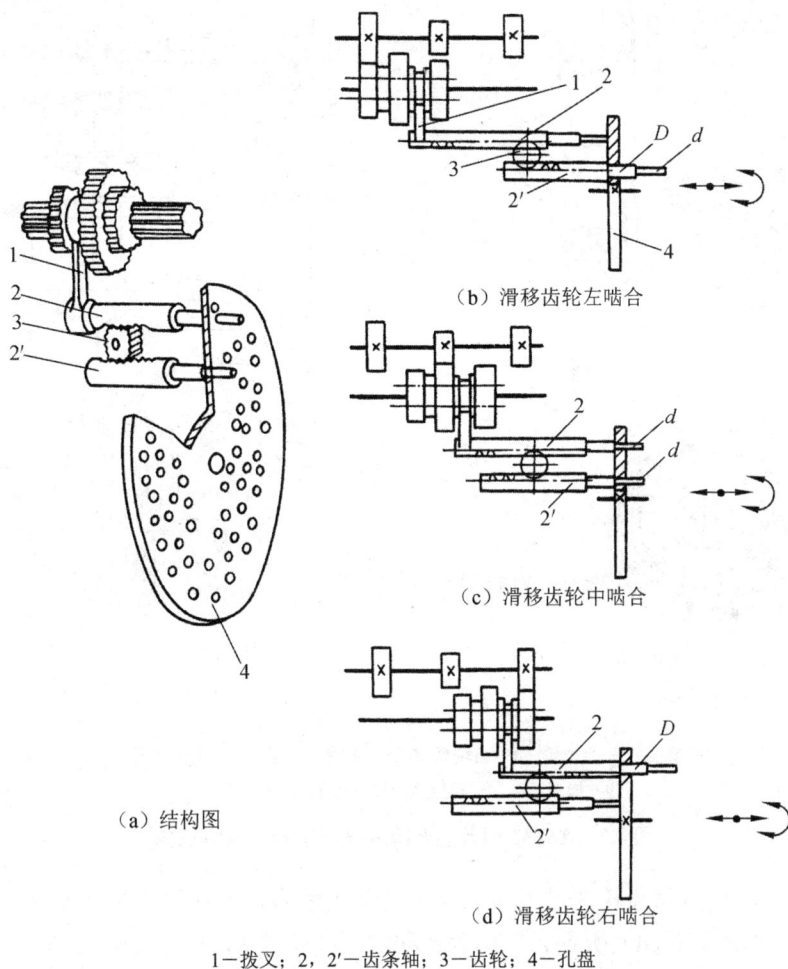

（b）滑移齿轮左啮合

（c）滑移齿轮中啮合

（a）结构图

（d）滑移齿轮右啮合

1—拨叉；2, 2′—齿条轴；3—齿轮；4—孔盘

图 4.6　孔盘变速原理图

2. 主变速操纵机构的结构及操作

X6132 型万能升降台铣床主变速操纵机构如图 4.7 所示。

变速时，将手柄 1 向外拉出，则手柄 1 绕销轴 2 转动，脱开定位销 3 在手柄槽中的定位，然后按逆时针方向转动手柄 1 约 250°，经操纵盘 9 及平键使齿轮套筒 4 转动，再经齿轮 5 使齿条轴 11 向右移动，如图 4.7（b）所示。齿条轴 11 再通过拨叉 12，拨动孔盘向右退离齿条轴，为孔盘 8 转位作好准备。按所需主轴转速，转动速度盘 10，并经与其用键相连的齿轮轴及一对圆锥齿轮而使孔盘 8 转动一定角度，如图 4.7（d）所示。最后将手柄 1 扳回原位并定位，同时使孔盘复位，推动齿条轴作相应位移，并使滑移齿轮到达新的啮合位置，实现转速的变换。

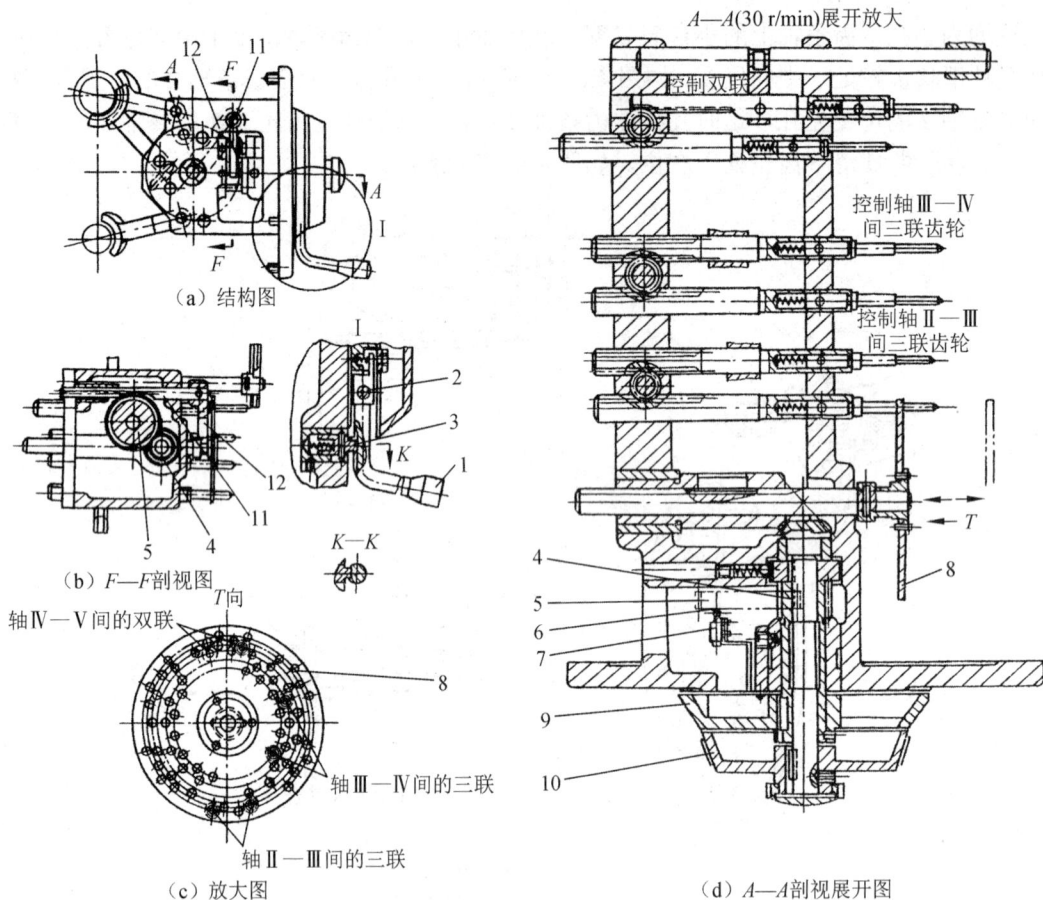

（a）结构图

（b）F—F剖视图

（c）放大图

（d）A—A剖视展开图

1—手柄；2—销轴；3—定位销；4—齿轮套筒；5—齿轮；6—凸轮；7—微动开关；8—孔盘；
9—操纵盘；10—速度盘；11—齿条轴；12—拨叉

图 4.7　X6132 型万能升降台铣床主变速操纵机构

变速时，为了使滑移齿轮在进入新的位置时易于啮合，变速机构中布置了控制主电动机的微动开关 7，如图 4.7（d）所示。当孔盘转动时，可通过齿轮 5 上的凸轮 6，点动微动开关 7，从而使主电动机作瞬时转动，并带动传动齿轮缓慢转动，给滑移齿轮进入新的啮合位置创造条件。

三、工作台及顺铣机构

图 4.8 所示为 X6132 型万能升降台铣床工作台结构。整个工作台部件由工作台 6、床鞍 1 及回转盘 2 三层组成，并安装在升降台上（参见图 4.1）。

工作台 6 可沿回转盘 2 上的燕尾导轨作纵向移动，并可通过床鞍 1 与升降台相配的矩形导轨作横向移动。工作台不作横向移动时，可通过手柄 13 经偏心轴 12 的作用将床鞍夹紧在升降台上。工作台可连同回转盘，一起绕圆锥齿轮轴ⅩⅧ的轴线回转±45°。

回转盘转至所需位置后，可用螺栓 14 和两块弧形压板 11 固定在床鞍上。纵向进给丝杠 3 的一端通过滑动轴承及前支架 5 支承；另一端由圆锥滚子轴承、推力球轴承及后支架 9 支

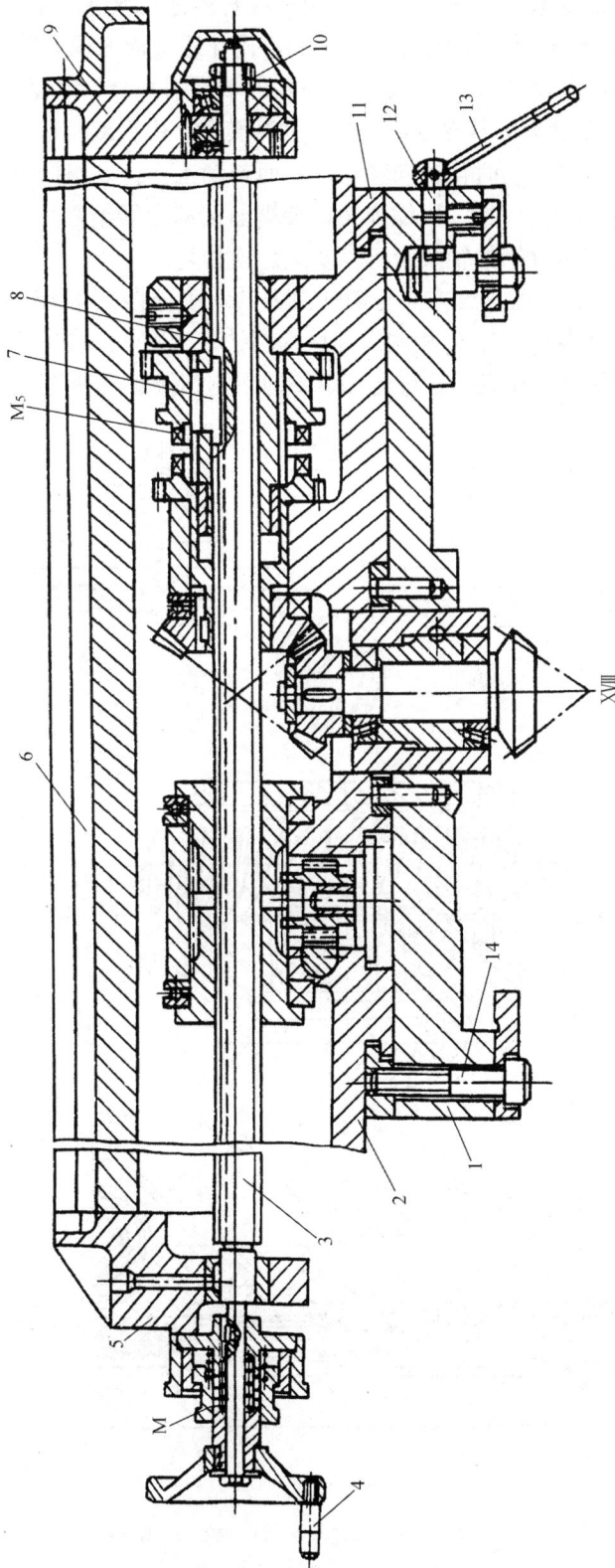

图 4.8　X6132 型万能升降台铣床工作台结构

1—床鞍; 2—回转盘; 3—纵向进给丝杠; 4—手轮; 5—前支架; 6—工作台; 7—滑键; 8—花键套筒;
9—后支架; 10—螺母; 11—压板; 12—偏心轴; 13—手柄; 14—螺栓

承。轴承的间隙可通过螺母 10 进行调整。回转盘左端安装有双螺母，右端装有带端面齿的空套圆锥齿轮。离合器 M_5 以花键与花键套筒 8 相连，而花键套筒 8 又以滑键 7 与铣有长键槽的进给丝杠相连。因此，当 M_5 左移与空套圆锥齿轮的端面齿啮合，轴 XⅧ的运动就可由圆锥齿轮副、离合器 M_5、花键套筒 8 传至进给丝杠，使其转动。由于双螺母既不能转动又不能轴向移动，所以丝杠在旋转时，同时作轴向移动，从而带动工作台 6 纵向进给。进给丝杠 3 的左端空套有手轮 4，将手轮向前推，压缩弹簧，使端面齿离合器结合，便可手摇工作台纵向移动。纵向丝杠的右端有带键槽的轴头，可以安装配换挂轮。

铣床在进行切削加工时，如进给方向与切削力 F 的水平分力 F_x 相反，称为逆铣，如图 4.9 (a) 所示；如进给方向与水平分力 F_x 相同，则称为顺铣，如图 4.9 (b) 所示。如工作台向右移动，则丝杠螺纹的左侧为工作表面，与螺母螺纹的右侧相接触〔见图 4.9 (a)、(b) 中Ⅰ〕。

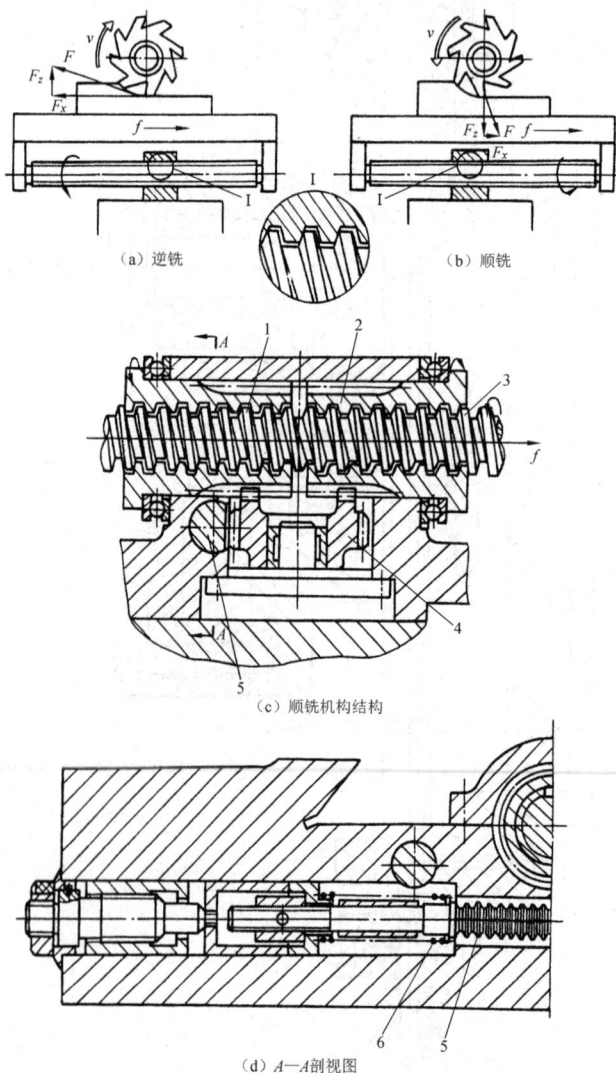

（a）逆铣　　　　　　　　　　　　　（b）顺铣

（c）顺铣机构结构

（d）*A—A* 剖视图

1—左螺母；2—右螺母；3—右旋丝杠；4—冠状齿轮；5—齿条；6—弹簧

图 4.9　顺铣机构工作原理

当采用逆铣法切削时，切削力水平分力 F_x 的方向向左，正好使丝杠螺纹左侧面紧靠在螺母螺纹右侧面，因而工作台运动平稳。

当采用顺铣法切削时，水平分力 F_x 的方向向右，当切削力足够大时，就会使丝杠螺纹左侧面与螺母脱开，导致工作台向右窜动。由于铣床采用多刃刀具，切削力不断变化，从而使工作台在丝杠与螺母间隙范围内来回窜动，影响加工质量。为了解决顺铣时工作台窜动的问题，X6132 型铣床设有顺铣机构，其结构如图 4.9（c）所示。齿条 5 在弹簧 6 的作用下右移，使冠状齿轮 4 按箭头方向旋转，并通过左、右螺母外圆的齿轮，使两者作相反方向转动，方向如图 4.9（c）中箭头所示，从而使左螺母 1 的螺纹左侧与丝杠螺纹右侧靠紧，右螺母 2 的螺纹右侧与丝杠螺纹左侧靠紧。

顺铣时，丝杠的轴向力由左螺母 1 承受。由于丝杠与左螺母 1 之间摩擦力的作用，使左螺母 1 有随丝杠转动的趋势，并通过冠状齿轮使右螺母 2 产生与丝杠反向旋转的趋势，从而消除了右螺母 2 与丝杠间的间隙，不会产生轴向窜动。

逆铣时，丝杠的轴向力由右螺母 2 承受，两者之间产生较大摩擦力，不会使螺母随丝杠一起转动，从而通过冠状齿轮使左螺母 1 产生与丝杠反向旋转的趋势，使左螺母 1 螺纹左侧与丝杠螺纹右侧间产生间隙，减少丝杠的磨损。

四、工作台的进给操纵机构

X6132 型铣床进给运动的接通及断开通过离合器来控制，其中控制纵向进给运动采用端面齿离合器 M_5，控制横向及垂向进给运动采用电磁离合器 M_3 及 M_4（参见图 4.3）。进给运动的进给方向由进给电动机改变转向而控制。

1. 纵向进给操纵机构

图 4.10 所示为纵向进给操纵机构结构简图。轴 8 上装有压簧 10，在弹力的作用下，轴 8 具有向左移动的趋势。手柄 1 在中间位置时，凸轮 7 顶住轴 8，使其不能在弹力作用下左移，离合器 M_5 无法啮合，从而使进给运动断开。此时，手柄 1 下部的压块 20 也处于中间位置，使控制进给电动机正转或反转的微动开关 17（S1）及微动开关 23（S2）均处于放松状态，从而使进给电动机停止转动。

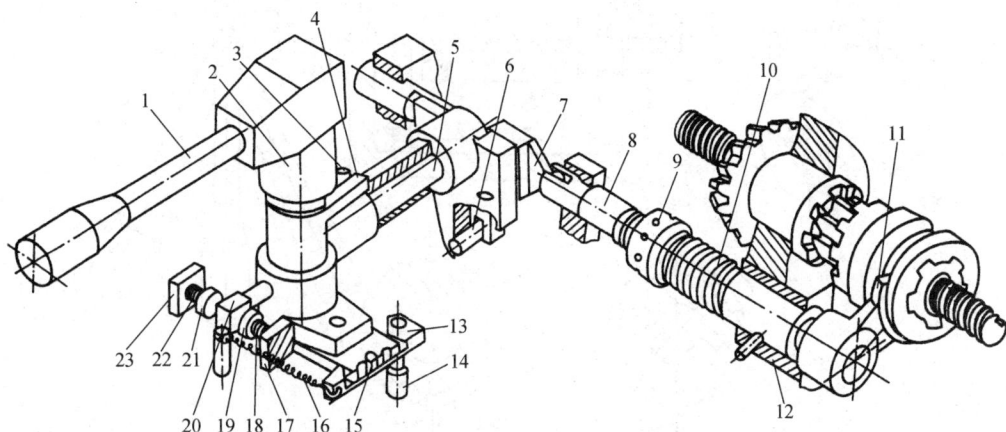

1—手柄；2—垂直轴；3，6，14—销轴；4—拨叉；5，8—轴；7—凸轮；9—调整螺母；10—压簧；11—离合器 M_5 拨叉；12—床鞍；13—摆杆；15—定位销；16—拉簧；17，23—微动开关；18，22—复位弹簧；19，21—触销；20—压块

图 4.10　工作台纵向进给操纵机构结构简图

将手柄 1 向右扳动时，压块 20 也向右摆动，压动微动开关 17，使进给电动机正转。同时，手柄中部拨叉 4 逆时针转动，并通过销轴 3 带动轴 5 及固定在摆块上的凸轮 7 逆时针转动，使其凸出点离开轴 8，从而使轴 8 及离合器 M_5 拨叉 11 在压簧 10 的作用下左移，并使端面齿离合器 M_5 右半部左移，与左半部结合，接通工作台向右的纵向进给运动。

将手柄 1 向左扳动时，凸轮 7 顺时针转动，同样不能顶住轴 8，离合器 M_5 也能得以结合，同时压块 20 向左摆动，压动微动开关 23，使进给电动机反向旋转，从而使工作台得到向左的纵向进给运动。

机床侧面另有一手柄可通过杠杆（图中未画出）及销轴 6 拨动凸轮 7 下部的叉子，从而使凸轮 7 及压块 20 摆动，进而控制纵向进给运动。

2. 横向及垂向进给操纵机构

图 4.11 所示为横向及垂向进给操纵机构示意图，横向及垂向进给运动由一个可以前后、上下扳动的手柄 1 进行操纵。前后扳动手柄 1，可通过手柄前端的球头带动轴 4 及与轴 4 用销联接的鼓轮 9 作轴向移动；上下扳动手柄 1 时，可通过毂体 3 上的扁槽、平键 2、轴 4 使鼓轮 9 在一定角度范围内来回转动。在鼓轮两侧安装着四个微动开关，其中 S3 及 S4 用于控制进给电动机的正转和反转；S7 用于控制电磁离合器 M_4；S8 用于控制电磁离合器 M_3。鼓轮 9 的圆周上，加工出带斜面的槽（见图 4.11E—E、F—F 截面及立体简图）。鼓轮在移动或转动时，可通过槽上的斜面使顶销 5、6、7、8 压动或松开微动开关 S7、S8、S3 及 S4，从而实现工作台前后、上下的横向或垂向进给运动。

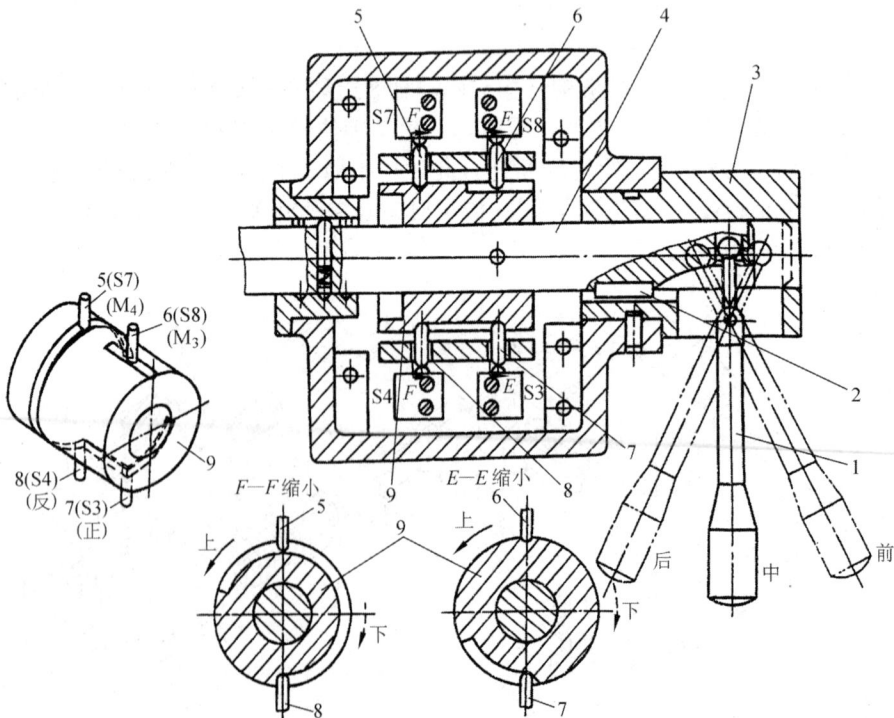

1—手柄；2—平键；3—毂体；4—轴；5，6，7，8—顶销；9—鼓轮

图 4.11 横向及垂向进给操纵机构示意图

向前扳动手柄 1 时，鼓轮 9 向左移动，并通过斜面压下顶销 7，从而使微动开关 S3 动作，进给电动机正转；与此同时，顶销 5 脱离凹槽，处于鼓轮圆周上，压动微动开关 S7，使控制横向进给的电磁离合器 M_4 通电压紧工作，从而实现工作台前的横向进给运动。向后扳动手柄 1 时，鼓轮 9 向右移动，顶销 8 被鼓轮 9 上的斜面压下，微动开关 S4 动作，顶销 5 仍处于鼓轮圆周上，压住微动开关 S7，使离合器 M_4 通电工作。此时，工作台得到向后的横向进给运动。

向上扳动手柄 1 时，鼓轮 9 逆时针转动，顶销 8 被斜面压下，微动开关 S4 动作，进给电动机反转，此时顶销 6 处于鼓轮 9 圆周表面上，从而压动微动开关 S8，使电磁离合器 M_3 吸合，这样就使工作台向上移动。向下扳动手柄时，鼓轮 9 顺时针转动，顶销 7 被斜面压下，触动微动开关 S3，进给电动机正转，此时顶销 6 仍处于鼓轮 9 的圆周面上，使离合器 M_3 工作，从而使工作台向下移动。

操纵手柄 1 处于中间位置时，顶销 7、8 均位于鼓轮的凹槽之中，微动开关 S3 和 S4 均处于放松状态，进给电动机不运转。同时顶销 5、6 也均位于鼓轮 9 的槽中，放松微动开关 S7 和 S8，使电磁摩擦离合器 M_3 及 M_4 均处于失电不吸合状态，故工作台的横向及垂向均无进给运动。

第四节 铣床附件——万能分度头

一、分度头的用途和传动系统

分度头是铣床常用的一种附件，用来扩大机床的工艺范围。分度头安装在铣床工作台上，被加工工件支承在分度头主轴顶尖与尾座顶尖之间或夹持在卡盘上，可以完成下列工作。

（1）使工件周期性地绕自身轴线回转一定角度，完成等分或不等分的圆周分度工作，如加工方头、六角头、齿轮、花键以及刀具的等分或不等分刀齿等。

（2）通过配换挂轮，由分度头使工件连续转动，并与工作台的纵向进给运动相配合，以加工螺旋齿轮、螺旋槽和阿基米德螺旋线凸轮等。

（3）用卡盘夹持工件，使工件轴线相对于铣床工作台倾斜一所需角度，以加工与工件轴线相交成一定角度的平面、沟槽等。

图 4.12 所示为 FW125 型万能分度头外形及传动系统。分度头主轴 2 安装在鼓形壳体 4 内。壳体 4 用两侧的轴颈支承在底座 8 上，并可绕其轴线回转，使主轴在水平线以下 6° 至水平线以上 95° 范围内调整所需角度。主轴前端有一莫氏锥孔，用于安装顶尖 1；主轴前端有一定位锥面，作为三爪卡盘定位之用。转动分度手柄 K，经传动比为 1:1 的齿轮和 1:40 的蜗杆蜗轮副，可使主轴回转到所需分度位置。分度盘 7 在若干不同圆周上均布着不同的孔数，每一圆周上的均布小孔称为孔圈。分度手柄 K 在分度时转过的转数，由插销 J 所对的分度盘上孔圈的孔数目来计算。

FW125 型万能分度头带有三块分度盘，可按分度需要选用其中一块。每块分度盘有 8 圈孔，每一圈的孔数如下。

第一块：16、24、30、36、41、47、57、59。

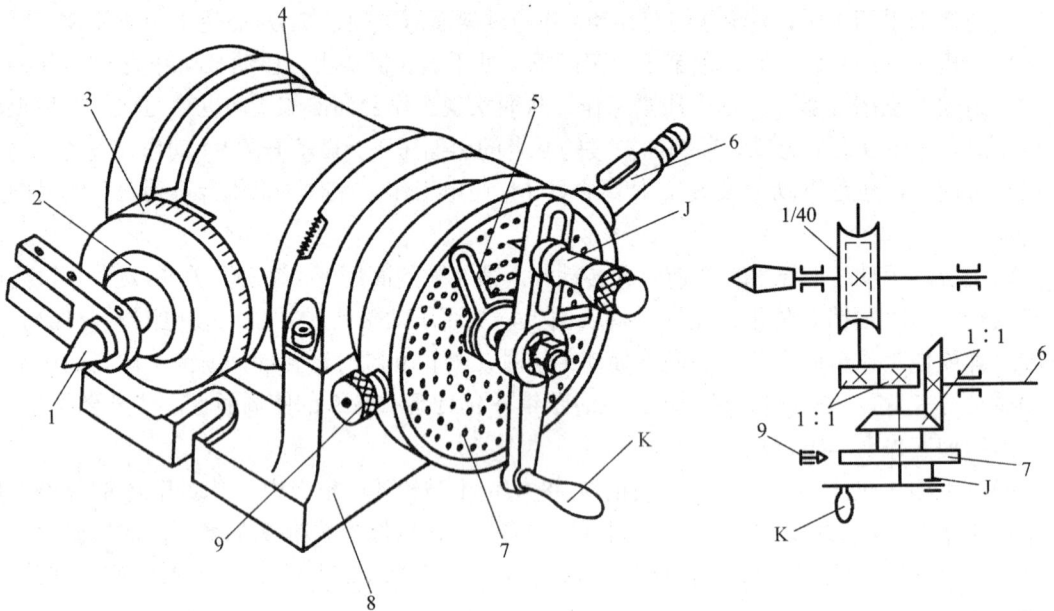

1—顶尖；2—分度头主轴；3—刻度盘；4—壳体；5—分度叉；6—分度头外伸轴；7—分度盘；
8—底座；9—锁紧螺钉；J—插销；K—分度手柄

图 4.12　FW125 型万能分度头外形及传动系统

第二块：23、25、28、33、39、43、51、61。

第三块：22、27、29、31、37、49、53、63。

插销 J 可在分度手柄 K 的长槽中沿分度盘径向调整位置，以使插销能插入不同孔数的孔圈内。

二、分度方法

1. 直接分度法

用直接分度法分度时，需松开主轴锁紧机构（图中未表示出），脱开蜗杆与蜗轮的啮合，然后用手直接转动主轴，主轴所需转角由刻度盘 3 直接读出。分度完毕后，需通过锁紧机构将主轴锁紧，以免加工时转动。

直接分度法一般用于加工精度要求不高且分度数较少，如 2、3、4、6 等分的工件。

2. 简单分度法

分度数较多时，可用简单分度法分度。分度前应使蜗杆蜗轮啮合并用锁紧螺钉 9 将分度盘 7 锁紧。选好分度盘的孔圈后，应调整插销对准所选用的孔圈。分度时，手柄每次应转过的转数计算如下。

设工件每次需分度数为 z，则每次分度时主轴应转 $\dfrac{1}{z}$ 转。由传动系统得分度手柄 K 每次分度时应转的转数为：

$$n_{\mathrm{K}} = \frac{1}{z} \times \frac{40}{1} \times \frac{1}{1} = \frac{40}{z}$$

还可写成如下形式：

$$n_K = \frac{40}{z} = a + \frac{p}{q} \quad （单位为 r）$$

式中，a—— 每次分度时，手柄 K 应转的整数转（当 $z>40$，$a=0$）；

　　　q—— 所选用孔圈的孔数；

　　　p—— 插销 J 在 q 个孔的孔圈上应转的孔距数。

【例 4.1】在铣床上利用分度头分度加工 $z=35$ 的直齿圆柱齿轮，用简单分度法分度，试选用分度盘孔圈并确定分度手柄 K 每次应转的转数。

【解】由 $n_K = \frac{40}{z} = a + \frac{p}{q}$ 得：

$$n_K = \frac{40}{35} = 1 + \frac{5}{35}$$

因没有 35 孔的孔圈，所以

$$n_K = \frac{40}{35} = 1 + \frac{5}{35} = 1 + \frac{1}{7} = 1 + \frac{4}{28} = 1 + \frac{7}{49} = 1 + \frac{9}{63}$$

第二块分度盘有 28 孔的孔圈，第三块分度盘有 49 和 63 孔的孔圈，故上列三种方案都可用。现选用 28 孔的孔圈，手柄 K 每次应转一整转，再转 4 个孔距。

为保证分度不出错误，应调整分度盘上的分度叉 5 上的夹角，使其内缘在 28 孔的孔圈上包含 4+1=5 个孔（4 个孔距）。分度时，拔出插销 J，转动手柄 K 一整转，再转分度叉内的孔距数，然后重新将插销 J 插入孔中定位。最后，顺时针转动分度叉，使其左叉紧靠插销，为下一次分度作好准备。

3. 差动分度法

由于分度盘的孔圈有限，一些分度数如 73、83、113 等不能与 40 约简，选不到合适的孔圈，就不可能用简单分度法进行分度。这时，可采用差动分度法。

差动分度法的原理：设工件要求的分度数为 z，且 $z>40$，则分度手柄每次应转过 $\frac{40}{z}$ 转，即插销 J 应由 A 点到 C 点，用 C 点定位，如图 4.13 所示。

但因 C 点处没有相应的孔供定位，故不能用简单分度法分度。为了借用分度盘上的孔圈，可以选取 z_0 值来计算手柄 K 的转数。z_0 应与 z 接近，能从分度盘上直接选到相应的孔圈，或能与 40 约简后选到相应的孔圈。z_0 值选定后，则手柄的转数为 $\frac{40}{z_0}$，即插销从 A 点到 B 点，用 B 点定位。这时，如果分度盘固定不动，则手柄转数产生 $\frac{40}{z} - \frac{40}{z_0}$ 转的误差。为了补偿这一误差，需在分度头主轴尾端插一根心轴 I，并在轴 I 与轴 II 之间配上 $\frac{ac}{bd}$ 挂轮，使手柄在转 $\frac{40}{z_0}$ 转的同时，通过 $\frac{ac}{bd}$ 挂轮和 1:1 的圆锥齿轮，使分度盘也相应地转动，以使 B 点的小

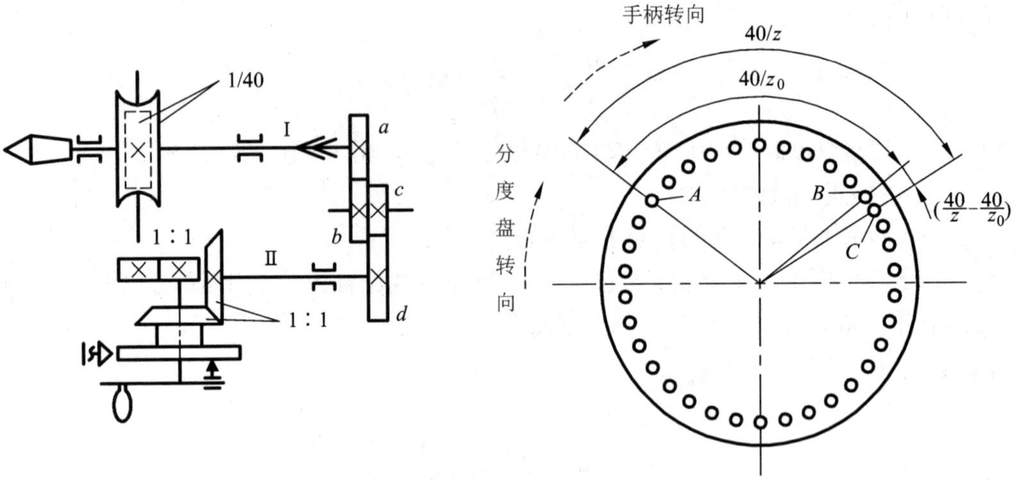

图 4.13 差动分度原理

孔在分度的同时转到 C 点供插销定位并补偿上述误差值。当插销自 A 点转 $\dfrac{40}{z}$ 至 C 点时，分度盘应补充转动 $\dfrac{40}{z} - \dfrac{40}{z_0}$ 转，以使孔恰好与插销对准。因此，分度手柄与分度盘之间的运动关系为：

手柄 K 转 $\dfrac{40}{z}$ —— 分度盘补转 $\dfrac{40}{z} - \dfrac{40}{z_0}$

则传动链平衡方程式为：

$$\frac{40}{z} \times \frac{1}{1} \times \frac{1}{40} \times \frac{ac}{bd} \times \frac{1}{1} = \frac{40}{z} - \frac{40}{z_0}$$

化简后可得挂轮计算公式为：

$$\frac{ac}{bd} = \frac{40}{z_0}(z_0 - z)$$

式中，z—— 所要求的分度数；

z_0—— 选定的分度数。

分度盘应从哪一个方向补转，决定的原则是：当 $z_0 > z$ 时，分度手柄与分度盘的旋转方向应相同；当 $z_0 < z$ 时，分度手柄与分度盘的旋转方向应相反。

FW125 型万能分度头带有模数为 1.75 的挂轮 15 个，其齿数为 24（两个）、28、32、40、44、48、56、64、72、80、84、86、96、100。

【例 4.2】 在铣床上利用 FW125 型万能分度头加工 $z=103$ 的直齿圆柱齿轮，试确定分度方法并进行分度的调整计算。

【解】 因 $z=103$ 不能与 40 约简，且选不到孔圈数，故确定用差动分度法进行分度。

（1）选取 $z_0=102$，则

$$n_{\text{K}} = \frac{40}{z_0} = \frac{40}{102} = \frac{20}{51}$$

即选用第二块分度盘的 51 孔孔圈为依据进行分度，每次分度手柄 K 应转 20 个孔距。

（2）配换挂轮齿数：

$$\frac{ac}{bd} = \frac{40}{z_0}(z_0 - z) = \frac{40}{102}(102 - 103) = -\frac{20}{51}$$

因为分度头没有 51 齿的挂轮，且 51 又不能与 20 约简，故选取 $z_0 = 102$ 不合适，需重新选取 z_0 值。

（3）重新选取 z_0 值：选取 $z_0 = 100$，则

$$n_K = \frac{40}{z_0} = \frac{40}{100} = \frac{20}{50} = \frac{10}{25}$$

现选用第二块分度盘的 25 孔孔圈为依据进行分度，手柄 K 每次应转 10 个孔距。

（4）重配挂轮齿数：

$$\frac{ac}{bd} = \frac{40}{z_0}(z_0 - z) = \frac{40}{100}(100 - 103) = -\frac{120}{100} = -\frac{6}{5} = -\frac{48}{40}$$

即 $a = 48$，$d = 40$，$b = c$，视挂轮结构情况可共用一个齿轮。

因 $z_0 < z$，分度手柄与分度盘的旋转方向应相反，故其传动比为负值。此时，应在挂轮中加一介轮，如图 4.13 所示。

三、铣螺旋槽的调整计算

在万能升降台铣床上利用万能分度头铣切螺旋槽时应作以下调整及计算工作。

（1）工件支承在工作台上的分度头和尾座之间（见图 4.14），将工作台绕垂直轴线扳一工件螺旋角 β 的角度，以使铣刀的旋转平面与工件螺旋槽的方向一致，工作台扳动角度的方向取决于工件螺旋方向。

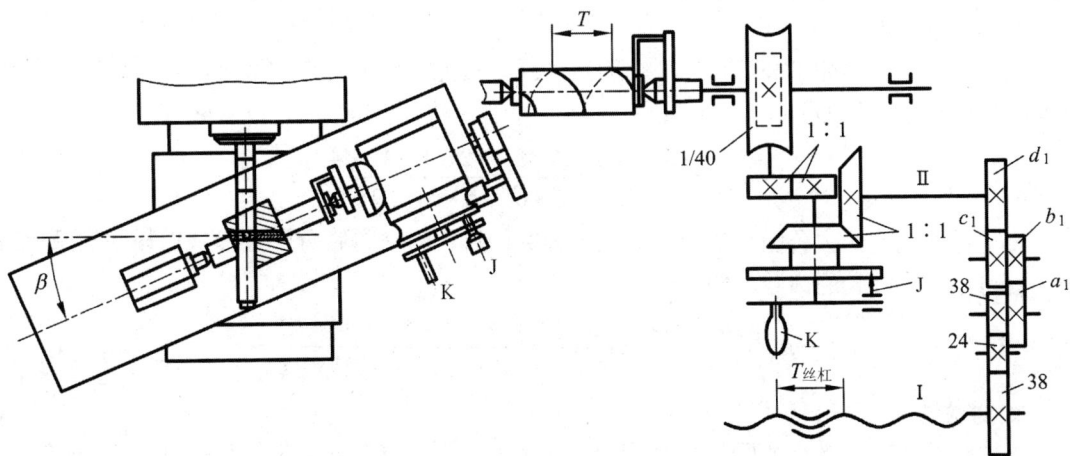

图 4.14　铣螺旋槽的传动和调整图

（2）在工作台纵向进给丝杠与分度头轴之间配一组挂轮（见图 4.14），以使工作台带着

125

工件作纵向进给的同时，由丝杠的运动经挂轮而传给轴，再传给工件，使工件绕自身轴线作旋转运动。

（3）加工完一条槽后，通过分度头使工件作周期性的分度（加工多头螺旋槽时）。

配换挂轮时，应根据下述两端件的运动关系，列出传动链平衡方程式，导出挂轮计算公式。

两端件：工作台（纵向移动）、工件（旋转）。

两端件的运动关系：工作台带动工件纵向移动一个螺旋导程 T 的距离——工件旋转一整转。

传动链平衡方程式为：

$$\frac{T}{T_{丝杠}} \times \frac{38}{24} \times \frac{24}{38} \times \frac{a_1 b_1}{c_1 d_1} \times \frac{1}{1} \times \frac{1}{1} \times \frac{1}{40} = 1_{工件}$$

式中，$\dfrac{T}{T_{丝杠}}$ —— 当工作台移动螺旋槽的导程 T 时，纵向进给丝杠的转数；

$T_{丝杠}$ —— 工作台纵向进给丝杠导程（$T_{丝杠} = 6$ mm）。

螺旋槽的导程 $T = \pi D \cot \beta$，其中 D 为工件直径，β 为螺旋角。

对于螺旋齿轮：

$$D = m_s z, \quad m_s = m_n / \cos \beta$$

加工螺旋槽时工作台的扳动方向和角度：工件为右旋螺旋槽时逆时针扳动 β；工件为左旋螺旋槽时顺时针扳动 β。

四、挂轮齿数的配换方法

在铣床（或在其他机床）上利用分度头进行差动分度和铣切螺旋槽，都会有需要进行挂轮配换计算的时候。挂轮齿数的配换方法很多，这里介绍常用的因子分解法和对数法两种。

1. 因子分解法

当挂轮传动比的分子分母可约去公因数，或直接能分解成几个因数时，可采用因子分解法配换挂轮齿数。例如：

$$\mu_{挂} = \frac{ac}{bd} = \frac{48}{36} = \frac{6 \times 8}{6 \times 6} = \frac{12 \times 4}{6 \times 6} = \frac{12 \times 4}{9 \times 4}$$

将上述传动比约去公因数或分解成几个因数的乘积后，再将分子分母乘以相同的某一整数，就可以成为挂轮的齿数。如上例：

$$\mu_{挂} = \frac{ac}{bd} = \frac{48}{36} = \frac{12 \times 4}{4 \times 9} = \frac{12 \times 7 \times 4 \times 8}{4 \times 7 \times 9 \times 8} = \frac{84 \times 32}{28 \times 72}$$

2. 对数法

当挂轮的传动比有小数尾数、特殊因子 π 或不能用因子分解法配换挂轮时，可采用对数法。此时，可将挂轮传动比取对数，按照求出的对数值从对数挂轮表中查出挂轮齿数。例如，已知 $\mu_{挂} = 0.427\,793$，求 $\dfrac{ac}{bd}$ 挂轮齿数。目前使用的有两种对数挂轮表，查取挂轮齿数的方法介绍如下。

方法一：将 $\mu_{挂}=0.427\,793$ 两边取对数，即

$$\lg \mu_{挂}=\lg 0.427\,793=-0.368\,766\,326$$

按近似值 $0.368\,781\,7$ 从表 4.1 中直接查出挂轮齿数为：

$$\mu_{挂}=\frac{ac}{bd}=\frac{44\times 56}{72\times 80}$$

方法二：将 $\mu_{挂}$ 分解为 $\mu_1\times\mu_2$ 两部分，由于 $\lg\mu_{挂}=\lg(\mu_1\mu_2)=\lg\mu_1+\lg\mu_2$，因此，可选定一绝对值小于 $|\lg\mu_{挂}|$ 的值 $\lg\mu_1$，从表 4.2 中查出 $\dfrac{a}{b}$ 挂轮齿数，然后用 $\lg\mu_2=\lg\mu_{挂}-\lg\mu_1$ 再求出挂轮齿数。

表 4.1　对数挂轮表 1（节选）

$\lg\mu_{挂}$	a	c	b	d	$\lg\mu_{挂}$	a	c	b	d
0.368 738 2	47	89	98	100	0.409 346 7	40	62	67	95
0.368 745 8	23	70	41	92	0.409 349 5	23	98	65	89
0.368 761 8	37	45	47	83	0.409 361 6	23	62	60	61
0.368 771 4	23	45	25	97	0.409 369 4	30	50	55	70
0.368 775 6	33	97	75	100	0.409 387 1	55	58	89	92
0.368 776 6	40	43	62	65	0.409 390 2	23	83	50	98
0.368 781 7	44	56	72	80	0.409 399 6	33	85	80	90
0.368 797 0	43	53	60	89	0.409 409 4	45	47	61	89
0.368 805 4	45	79	85	98	0.409 425 1	33	83	79	89
0.368 822 1	33	61	53	89	0.409 434 3	45	58	67	100
0.368 834 0	30	50	37	95	0.409 453 7	25	67	43	100

注：当对数值为负时可直接用查出的挂轮齿数；为正时需将分子分母颠倒使用。

表 4.2　对数挂轮表 2（节选）

$\lg\mu$	a	b	$\lg\mu$	a	b	$\lg\mu$	a	b
0.103 07	56	71	0.221 86	30	50	0.378 92	28	67
0.103 22	41	52	0.274 16	25	47	0.379 11	33	79
0.103 54	26	33	0.274 38	42	79	0.379 26	28	91
0.103 75	63	80	0.274 70	34	64	0.380 21	20	48
0.104 09	48	61	0.275 02	43	81		30	72
0.104 21	59	75	0.275 22	26	49	0.381 19	37	89
0.104 74	22	28	0.275 48	35	66	0.381 34	32	77
0.176 09	40	60	0.275 63	44	83	0.381 55	27	65

注：当对数值为负时可直接用查出的挂轮齿数；为正时需将分子分母颠倒使用。

例如，已知 $\mu_{挂}=0.354\,61$，求 $\dfrac{ac}{bd}$ 挂轮齿数。两边取对数 $\lg\mu_{挂}=\lg 0.354\,61=-0.450\,249$。

然后取一绝对值小于 $-0.450\,249$ 的对数值，如取 $\lg\mu_1=-0.176\,09$，则可从表 4.2 中查得

$\mu_1=\dfrac{a}{b}=\dfrac{40}{60}$，则

$$\lg\mu_2=\lg\mu_{挂}-\lg\mu_1=0.450\,149-(-0.176\,09)=-0.274\,159$$

继续从表 4.2 中按近似值 $-0.274\,16$ 查挂轮为 $\mu_2=\dfrac{c}{d}=\dfrac{25}{47}$。所以

$$\frac{ac}{bd}=\frac{40\times25}{60\times47}$$

由于选取的对数值往往是近似值，需按被加工工件精度要求验算传动比误差。可用下列公式计算传动比相对误差：

$$\delta=2.3(\lg\mu_{挂}-\lg\mu_{实})$$

由于传动比误差所造成的运动部件的位移误差为：

$$\Delta L=L\delta$$

式中，$\mu_{挂}$——要求的挂轮传动比（理论传动比）；

$\quad\quad\mu_{实}$——选取挂轮后的实际传动比；

$\quad\quad\delta$——传动比相对误差；

$\quad\quad L$——机床运动部件的位移长度，单位为 mm。

【例 4.3】在 X6132 型万能升降台铣床上利用 FW125 型万能分度头铣削右旋螺旋齿轮，已知：该齿轮齿数 $z=36$，模数 $m_n=2$，螺旋角 $\beta=21°30'24''$，试进行机床和分度头的调整计算。

【解】（1）确定机床工作台扳角度大小和方向。

从工件顶来看，工作台应逆时针扳 $21°30'24''$ 的角度。

（2）确定分度手柄 K 的转数（用简单分度法分度）。

$$n_K=\frac{40}{z}=\frac{40}{36}=1+\frac{4}{36}=1+\frac{1}{9}=1+\frac{3}{27}$$

即以 27 孔孔圈为依据，每次分度时，手柄转一整转后，再转 3 个孔距。

（3）配换挂轮齿数。

$$T_{丝杠}=6\text{ mm}，\quad T=\frac{\pi m_n z}{\sin\beta}=\frac{\pi\times2\times36}{\sin21°30'24''}=614.083\,889\,4$$

由 $\dfrac{a_1c_1}{b_1d_1}=\dfrac{40T_{丝杠}}{T}$ 得：

$$\frac{a_1c_1}{b_1d_1}=\frac{40\times6}{616.083\,889\,4}=0.389\,557\,338$$

两边取对数：

$$\lg\frac{a_1c_1}{b_1d_1}=\lg 0.389\ 557\ 338=-0.409\ 428\ 61$$

由近似值 0.409 369 4 从表 4.1 中查出挂轮齿数为 $\dfrac{a_1c_1}{b_1d_1}=\dfrac{30\times50}{55\times70}=\dfrac{24\times40}{44\times56}$。

（4）验算传动比相对误差和位移误差。

因 $\lg\mu=0.409\ 428\ 61$，$\lg\mu_{实}=\lg\dfrac{24\times40}{55\times70}=\lg 0.389\ 603\ 89=-0.409\ 369\ 47$

所以，由 $\delta=2.3(\lg\mu_{挂}-\lg\mu_{实})$ 得：

$$\delta=2.3[-0.409\ 428\ 61-(-0.409\ 369\ 47)]=0.000\ 136\ 022（mm）$$

根据运动部件的位移量，可计算出位移误差。计算出的位移误差值应小于零件精度的允许范围，否则，需重新配换挂轮。

练习与思考题

一、填空题

1. X6132 型铣床的主参数是_____。

2. X6132 型铣床的主运动是_____，进给运动是_____、
_____、_____。

3. X6132 型铣床主轴的启动、停止、换向是由_____负责完成的。

二、简述题

1. 叙述铣床的加工范围。

2. 铣床按用途和布局不同，可分为哪些类型？

3. 立式铣床、卧式铣床、龙门铣床各适宜于加工哪些零件表面？

4. 说明 X6132 型铣床主变速操纵机构的操纵特点。

5. 说明 X6132 型铣床中各离合器的作用。

三、分析题

1. X6132 型铣床的进给传动链中设置有两组三联滑移齿轮变速组和一组曲回机构变速，而曲回机构又可获得三种不同的传动，问：为什么工作台只有 21 种有效的进给量？

2. 列出 X6132 型铣床主运动、进给运动和快速运动的传动路线表达式。

3. 说明 X6132 型铣床是如何用一台电动机既能实现工作台三个相互垂直方向的进给运动，又能实现快速调整移动的。

4. 能在 X6132 型铣床上进行顺铣工作吗？为什么？

5. 结合课本中的图形，分析 X6132 型铣床主轴轴承间隙调整的方法。

6. 在 X6132 型铣床上利用 FW125 型万能分度头加工 $z=17$、$z=18$、$z=19$ 的直齿圆柱齿轮，采用哪一种分度方法进行分度？试进行计算和说明。

7. 在 X6132 型铣床上利用 FW125 型万能分度头加工 $z=83$、$z=97$、$z=101$、$z=107$ 的直齿圆柱齿轮，采用哪一种分度方法进行分度？试进行计算和说明。

8. 在 X6132 型铣床上利用 FW125 型万能分度头加工 $D = 55$、螺旋角 $\beta = 30°$ 的右旋螺旋槽，对机床和分度头需作哪些调整计算？

9. 在 X6132 型铣床上利用 FW125 型万能分度头加工 $z = 36$，$m_n = 3$，螺旋角 $\beta = 18°$ 的右旋螺旋齿圆柱齿轮，采用哪一种分度方法进行分度？对机床和分度头需作哪些调整计算？

第五章　机床主要部件结构

第一节　主　轴　部　件

主轴部件由主轴、主轴轴承以及安装在主轴上的传动件、密封件等组成，机床加工时，主轴部件带动刀具或工件旋转，直接参与表面成形运动，并使刀具或工件与机床其他有关部件间保持正确的相对位置。因而，主轴部件的性能对机床的加工质量和生产效率有重要的影响。

除刨床、拉床等直线运动机床外，大部分机床都有一个主轴部件，有些机床如磨床、螺纹磨床、多轴自动车床等则有两个以上的主轴部件。

一、对主轴部件的基本要求

为了保证工件的加工精度和表面粗糙度，主轴部件必须有足够的旋转精度、刚度、抗振性和良好的热稳定性、耐磨性。机械制造技术学科中对此作了全面的分析，在此只简单地加以概括。

1. 旋转精度

主轴部件的旋转精度是指机床在空载、主轴低速旋转（一般为手动）时，主轴前端安装刀具或工件部位的定心圆柱面或圆锥面的径向跳动、轴肩的端面跳动和轴向窜动，以及主轴的运动精度——主轴回转轴线的漂移等。各类通用机床主轴部件旋转精度在机床精度标准中都作了规定。主轴部件的旋转精度取决于各主要零件如主轴、轴承等的制造精度和装配、调整精度。

2. 刚度

主轴部件的刚度是指主轴部件在受外力作用时抵抗变形的能力。主轴部件刚度的大小通常以使主轴前端部产生单位移动时，在位移方向上所施加的作用力大小来表示。如在主轴前端部加一作用力 F（单位为 N），主轴端的位移量为 y（单位为 μm），则主轴部件的刚度值 K（单位为 N/μm）为：

$$K = \frac{F}{y}$$

很显然，主轴部件的刚度越大，主轴受力后的变形越小。主轴部件的刚度差，主轴就会产生较大的弹性变形，不仅影响工件的加工质量，还会破坏齿轮、轴承的正常工作条件，使其加快磨损、降低精度。

主轴部件的刚度与主轴结构尺寸、所选用的轴承类型及配置形式、轴承间隙的调整程度、主轴上的传动件布置的位置等有关。在设计主轴部件时要充分考虑上述因素，在使用机床时要作好轴承间隙的调整工作。

3. 抗振性

主轴部件的抗振性是指机床工作时主轴部件抵抗振动、保持主轴平稳运转的能力。主轴部件的抗振性差，工作时容易产生振动，降低加工质量，不能采用合理的切削用量，影响机床生产效率，降低刀具耐用度，严重时还可能产生崩刃的现象。

目前，生产中大多以在一定条件下获得的加工表面质量，或以不产生振动的切削条件（如普通车床以不产生振动的最大切削悬伸长度）来衡量其抗振性的好坏。

4. 热稳定性

主轴部件在运转过程中，因摩擦和搅油等产生热量，使主轴受热膨胀而沿轴线伸长，使主轴箱体受热变形而发生主轴轴线位移，破坏了主轴与机床其他有关部件间的准确相对位置，直接影响加工质量；使主轴轴承受热膨胀而减小间隙，破坏正常的润滑条件，加快轴承磨损，对于滑动轴承，严重时甚至会产生"抱轴"现象。

为使主轴部件有良好的热稳定性，可以适当考虑轴承间隙和预紧力的大小，采用合适的润滑方式和供油量，采取措施加强散热等。

5. 耐磨性

为了长期地保持精度，延长使用寿命，主轴部件必须具有足够的耐磨性。主轴部件上易于磨损的部位是主轴轴承、主轴端的定位表面、内锥孔及主轴上与滑动轴承、滑移齿轮、空套齿轮等相配合的轴颈部位。因此，对主轴部件上有相对运动的表面应淬硬，正确选择主轴轴承的类型和润滑方式，适当调整轴承间隙等，提高主轴部件的耐磨性。

二、主轴部件的类型

按主轴部件所具有的运动方式划分，主轴部件有以下几种类型。

1. 只作旋转运动的主轴部件

属于这一类型的主轴部件有各种车床、铣床和磨床的主轴部件。这类主轴部件的结构较简单，传动件直接装在主轴上，主轴通过主轴轴承直接安装在主轴箱箱体上。

2. 既有旋转运动又有轴向直线进给运动的主轴部件

属于这一类型的主轴部件有钻床、镗床的主轴部件。这类主轴部件的主轴通过轴承安装在主轴套筒内，而主轴套筒又通过轴承安装在主轴箱箱体上。主轴在主轴套筒内作旋转主体运动，再通过铣有齿条的主轴套筒带动作轴向进给运动（如钻床主轴部件）；或主轴在主轴套筒内作旋转主体运动，再通过主轴尾端的螺母支架，由丝杠螺母副传动使主轴在主轴套筒内作轴向进给运动（如镗床主轴部件）。

3. 既有旋转运动又有径向进给运动的主轴部件

属于这一类型的主轴部件有卧式镗床的平旋盘主轴部件和组合机床通用部件之一——镗削车端面头的主轴部件。这类主轴部件的主轴作旋转运动，装在主轴前端平旋盘上的径向刀具溜板作径向进给运动。

4. 既有旋转运动又有轴向调整移动的主轴部件

属于这一类型的主轴部件有滚齿机、部分立式铣床、龙门铣床和组合机床通用部件之

——铣削头的主轴部件。这类主轴部件的主轴装在主轴套筒内作旋转运动，并可根据加工需要随主轴套筒一起作轴向调整移动。这类主轴部件附有夹紧装置，以便在加工时将主轴套筒夹紧在主轴箱内，增加主轴部件的刚度。

5. 主轴作旋转运动又作行星运动的主轴部件

属于这一类型的主轴部件有行星式内圆磨床和行星式铣削头等的主轴部件。这类主轴部件的主轴不仅绕自身轴线作旋转运动，还绕另一根与自身轴线平行的轴线作行星运动。

三、主轴

主轴是主轴部件的关键零件，它的结构尺寸和形状、制造精度、材料及热处理等对主轴部件的工作性能影响很大。

主轴的主要尺寸参数包括主轴直径、内孔直径、悬伸长度和支承跨距等。

主轴轴端结构形状取决于机床的类型、安装夹具或刀具的方式。其轴端结构应保证卡盘、夹具或刀具装卸方便，具有较高的定位精度，并能传递一定的转矩。此外，轴端结构应尽量使悬伸长度短一些。为了便于安装标准化的刀具、卡盘或夹具，通用机床的主轴轴端形状和尺寸已经标准化，表5.1列出了部分通用机床主轴轴端结构形状及应用范围。

表 5.1 通用机床主轴轴端结构形状及应用范围

轴端形状	应用	轴端形状	应用
	卧式车床		钻床、镗床
	卧式车床、六角车床、多刀车床、内圆磨床头架主轴		外圆磨床、平面磨床、无心磨床等的砂轮主轴
	各种铣床		内圆磨床砂轮主轴

主轴的材料和热处理方法应根据刚度、强度、耐磨性和精度等方面的要求来确定。主轴的刚度取决于材料的弹性模量，而各种钢材的弹性模量相差很少，所以如无特殊要求，一般用45钢。采用滚动轴承的主轴，一般调质到220～250HB即可；采用滑动轴承的主轴，轴颈处应高频表面淬火到50～55HRC。此外，主轴前端的锥孔和定心轴颈、钻镗床上的卸刀孔等处应淬火到45～55HRC。

对载荷较重的主轴，可选用40Cr钢，以提高主轴的疲劳强度。对受冲击载荷较大的主轴或轴颈处需要更高硬度时，可选用20Cr钢并进行渗碳、淬火处理到56～62HRC。

精密机床的主轴，要求在长期使用中变形小和有高的耐磨性，常选用热处理后残余应力小的 40Cr 或 45MnB 钢。采用滑动轴承的高精度磨床砂轮主轴、坐标镗床主轴，要求有更高的耐磨性，常选用 38CrMoAlA 钢进行氮化处理，使轴颈处表面硬度达到 1 100～1 200 HV（相当于 69～72HRC）。

四、常用主轴部件的轴承及配置形式

1. 主轴部件的轴承

主轴轴承对主轴的工作性能影响极大。主轴的旋转精度在很大程度上由轴承所决定；在外载荷作用下，由于轴承弹性变形引起主轴端位移量约占其总位移量的 30%～50%；轴承旋转时的摩擦发热是引起主轴部件热变形的主要原因；主轴部件的振动与轴承（特别是前轴承）的结构密切有关。因此，主轴轴承必须具有旋转精度高、承载能力和刚度大、功率损耗小、抗振性好、运动平稳和调整方便等特点。

主轴轴承有滚动轴承和滑动轴承两大类。滚动轴承适用转速范围广，具有较高的旋转精度和刚度，并由专业工厂大量生产，选购方便，简化了机床的制造和维修。因而，目前绝大多数机床的主轴都采用滚动轴承。但滑动轴承与滚动轴承相比，具有抗振性好、运动平稳、结构尺寸小等优点，所以在精密机床、重型机床上多使用滑动轴承。

机床主轴上常用的滚动轴承有双列短圆柱滚子轴承（3182100）、向心推力球轴承（36000、46000）、推力球轴承（8000）、60° 接触角的双列推力球轴承（2268000）、圆锥滚子轴承（7000、2007100）等。这些轴承的主要性能特点已在有关课程和典型机床有关内容中作了介绍，在此不再重复。

2. 主轴部件轴承的配置形式

主轴轴承类型及配置形式应根据载荷的大小、方向及其性质，转速高低，精度要求以及结构上的具体要求确定。由于各机床制造厂在使用轴承方面的经验及轴承供应条件的不同，解决的方案不完全一样。下面简单地介绍选择滚动轴承类型及其配置形式的一些原则。

（1）载荷较大、转速中等或较低时，可选用双列短圆柱滚子轴承与单列推力球轴承的组合，或选用前后支承都为圆锥滚子轴承的组合。

（2）径向载荷较大，轴向载荷较小，转速及旋转精度较高时，可选用双列短圆柱滚子轴承与单列向心推力球轴承的组合，如轴向载荷也较大，可选用双列短圆柱滚子轴承与双列向心推力球轴承的组合。

（3）载荷小、转速高时，可选用前后支承都为向心推力球轴承的组合。

（4）要求径向尺寸小、转速较低时，可选用滚子轴承与推力球轴承的组合。

（5）为了提高主轴部件的刚度和承载能力，可在前支承或后支承处安装两个向心推力球轴承或圆锥滚子轴承。

（6）承受轴向载荷，使主轴实现轴向定位的推力支承有以下三种形式。

① 前端定位。止推轴承布置在前支承处。主轴发热后向后伸长，轴端的轴向精度较高，主轴的轴向刚度也较高，但前支承结构复杂，常用于主轴轴端的轴向位置要求较严的精密机床上。

② 后端定位。止推轴承布置在后支承处。主轴发热后向前伸长，影响轴端的轴向精度和

刚度，但前支承结构简单，常用于普通精度的机床上。

③ 两端定位。止推轴承布置在前后支承处。支承结构简单，但主轴发热后伸长会使轴承间隙增大，影响主轴旋转精度。常用于支承跨距较小、转速较低或旋转精度要求不高的机床上。

3. 主轴轴承的预紧

所谓预紧，就是采用预加载荷的方法消除轴承间隙，并使其产生一定的过盈。由于滚动体与滚道发生了一定的预变形，增加了相互间的接触面积，因此不但轴承受力变形减小，刚性和抗振性提高，还可减少滚道形状误差以及滚动体形状误差和尺寸误差对主轴回转轴线漂移的影响。但是超过了合理的预紧量时，不仅上述效果不会明显提高，还会使轴承急剧发热，温度升高，寿命缩短。对于高速轻载主轴部件，轴承发热是主要问题，为了降低轴承温度，则轴承径向预紧量要小些；而对于中、低速和载荷较大的主轴部件，轴承发热问题不突出，为保证足够的结构刚度，轴承预紧量要大些。轴承精度越高，允许的预加载荷越大；反之轴承精度越低，转速越高，轴承正常工作的间隙就越大（或过盈量越小）。轴承初步调整后，试运转中应按实际情况作细致调整，使主轴旋转精度、刚度和温升等达到要求。

滚动轴承调整间隙和实现预紧的方法取决于轴承的结构形式。现以角接触球轴承为例予以说明。如图 5.1（a）所示，将两轴承"背靠背"安装在一起，并在事前先将相对的内圈端面磨去厚度δ，装配时用螺母将两轴承的内圈并紧，即可获得预定的顶紧量。如果由轴承厂选配组合成双联向心推力球轴承，使用更为方便。如图 5.1（b）所示，在两轴承之间配置厚度不同的内、外两个隔套，装配时用螺母将内圈并紧。前两种方法相类似，都可获得准确的预紧量，但使用中都不能进行调整，调整时必须将轴承拆下。如图 5.1（c）所示，由弹簧来自动保持预紧力基本不变，如内圆磨头的轴承结构，这种方法只适用于主轴受单向轴向载荷的场合。如图 5.1（d）所示，在两轴承的外圈之间装入一隔套，用螺母并紧内圈以获得所需的预紧力，这种方法可在使用中进行调整，但预紧力的大小难于控制，需凭工人的经验确定。

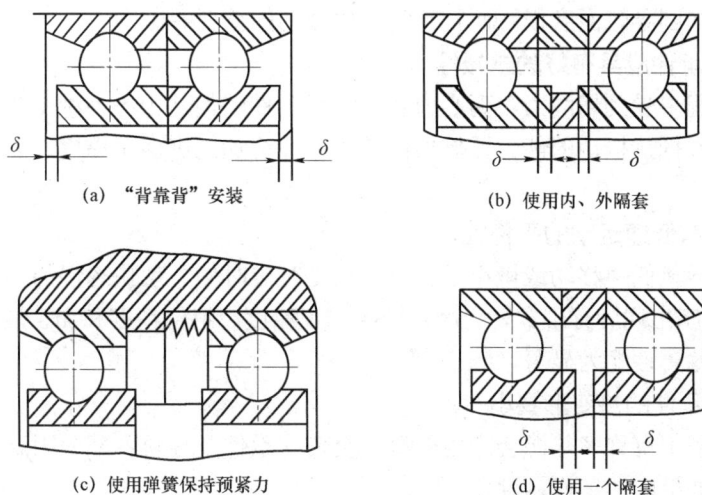

(a) "背靠背"安装　　　　　　　(b) 使用内、外隔套

(c) 使用弹簧保持预紧力　　　　(d) 使用一个隔套

图 5.1　角接触球轴承间隙调整

第二节　导轨与支承件

在机床上，作旋转运动的执行件，如主轴部件，用轴承来支承和导向，以保证其旋转精度；对于作直线运动的执行件，如工作台、刀架等，则用直线导轨作支承和导向，以保证其直线运动的精度；对于作圆运动的执行件，如立式车床的工作台，可用圆导轨作支承和导向，以保证其旋转运动的精度。显然，导轨的品质将直接影响机床移动执行件的性能，直接影响机床的加工质量和生产效率，所以也是机床的关键部件。

导轨是直接做在或镶装在支承件上的。机床的支承件包括床身、立柱、横梁、摇臂、箱体等。支承件组成机床坚固的骨架，除通过导轨支承运动部件外，还在其上固定其他部件、装置和机构，并使它们保持正确的相对位置和运动关系。因此，支承件是重要的基础部件。

一、导轨和支承件的基本要求

1. 导轨应具有高的导向精度

导向精度是指执行件沿导轨运动时，其运动轨迹的准确性。对直线导轨而言，是为直线性；对圆形导轨而言是为正圆性。导轨的导向精度是保证机床工作精度的基本要素。

2. 导轨要有好的精度保持性

导轨磨损或发生变形会逐步降低其导向精度，恶化工作性能，这常常是机床丧失工作能力的主要问题。因此，提高导轨和支承件的稳定性、导轨面的耐磨性，使导轨具有良好的精度保持性是延长机床使用寿命的重要手段。

3. 导轨和支承件应具有足够的刚度

支承件和导轨受重力、切削力、夹紧力、惯性力等载荷的作用，会产生一定的弹性变形。支承件刚度不足，变形过大，不仅会使机床各部件之间的相互位置发生变动，使导轨扭曲、降低导向精度，加剧导轨面磨损，而且也是发生振动的重要原因。

4. 导轨和支承件应具有好的抗振性

机床工作过程中受到切削力、离心力及往复运动件的惯性力等各种交变载荷的作用，会引发振动，支承件抵抗振动的能力即抗振性是机床保证加工表面粗糙度、刀具耐用度和生产效率的基本性能。

5. 导轨应具有低速运动的平稳性

运动部件沿导轨低速移动或微小进给时，发生时走时停、忽快忽慢的不均匀现象，通常称为"爬行"。机床出现爬行现象，会严重影响加工精度、定位精度和加工表面粗糙度，对精密、大型机床的危害性尤为显著。

6. 导轨和支承件的热变形要小

机床工作过程中有许多热源会产生热量，会使支承件及导轨各部分因温度不一致而产生热变形，从而降低机床的工作精度。

此外，还要求导轨和支承件具有良好的工艺性、排屑顺利、维修方便和造型美观等。

二、普通滑动导轨

普通滑动导轨的特点是导轨面之间直接接触，导轨面之间有润滑油，当运动件运动时，可能产生一些动压效应，但未能形成动压油膜，其摩擦情况是部分直接接触摩擦和部分液体摩擦，所以摩擦系数较大，易于磨损和产生爬行现象。普通滑动导轨结构简单，便于制造与维修，是运动速度较低时常用的一种导轨。

（一）导轨的基本结构形状

导轨是成副的。在一副导轨中，一个是固定的支承导轨，另一个是移动导轨。移动导轨相对于支承导轨只有一个自由度。滑动导轨的截面形状有矩形、三角形、燕尾形和圆形四种，如图 5.2 所示。各种形状的支承导轨又有凸形和凹形之分。凸形支承导轨不易积存切屑和脏物，但也不易存油，多用于低速移动。而凹形支承导轨的情况则与之相反，可用于高速移动，但必须做好防护。

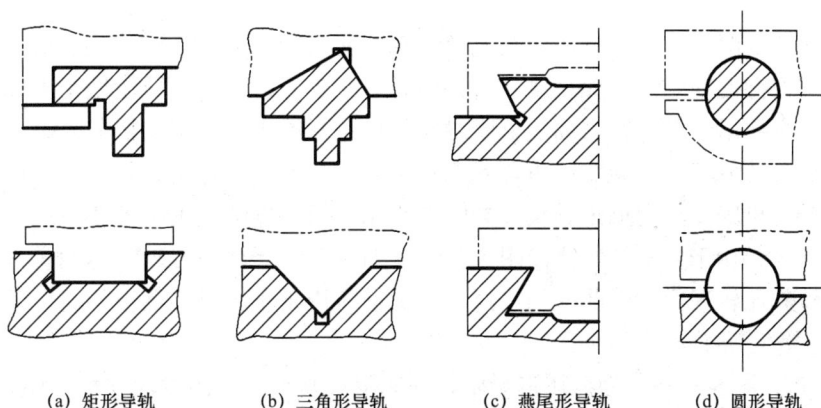

| (a) 矩形导轨 | (b) 三角形导轨 | (c) 燕尾形导轨 | (d) 圆形导轨 |

图 5.2　导轨截面形状

三角形导轨的导向性最好，由两个平直的导轨面组成，两导轨面之间保持一定的夹角。当动导轨与支承导轨贴合时，就被限制了沿 y 和 z 方向的移动和绕 x、y、z 轴的转动。因此，动导轨只有一个沿 x 轴移动的自由度。如果再加上一块压板，则构成闭式导轨结构，使动导轨能承受一定的颠覆力矩。三角形导轨磨损后，在正向载荷作用下，能自动补偿，使导轨面之间经常保持密合，所以导向精度较其他截面形状导轨好。但其垂直与水平方向的误差相互影响，制造与维修较困难。

矩形导轨的刚度和承载能力大，且导轨在垂直与水平方向的误差相互没有影响，因此制造和维修较方便；但其侧向存在间隙，影响导向精度，所以宜用于载荷较大，导向精度要求不太高的场合。燕尾形导轨的高度尺寸小、结构紧凑，能承受颠覆力矩，调整间隙方便；但燕尾形导轨摩擦阻力较大，制造与维修较困难，宜用于低速移动的多层溜板导轨。圆形导轨容易制造，但磨损后不易调整间隙。

（二）导轨的组合形式

机床运动部件的尺寸比导轨面宽得多，所以通常要用两条导轨作支承和导向。在重型机床上，有用三条或更多条导轨的。图 5.3 所示为两条导轨的几种组合形式。

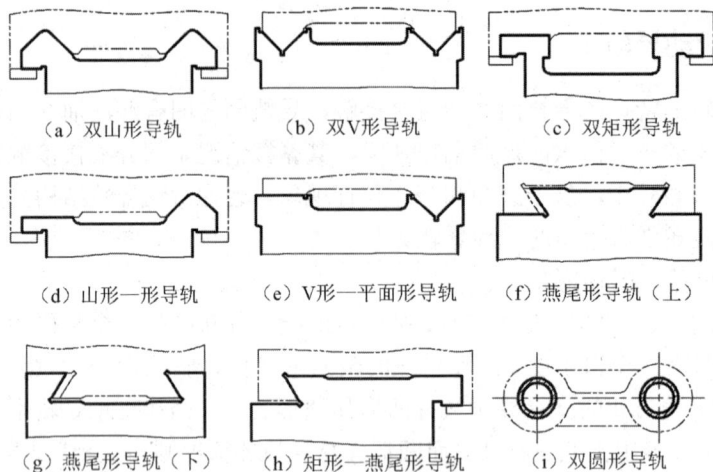

图 5.3 两条导轨的几种组合形式

（a）双山形导轨　（b）双V形导轨　（c）双矩形导轨
（d）山形－形导轨　（e）V形－平面形导轨　（f）燕尾形导轨（上）
（g）燕尾形导轨（下）　（h）矩形－燕尾形导轨　（i）双圆形导轨

图 5.3（a）及图 5.3（b）分别为双山形及双 V 形导轨，其导向精度高，磨损后能自行补偿垂直及水平方向的间隙，因此精度保持性较好。但加工维修时，要求四个表面同时密合，工艺性较差。主要用于精度要求高的机床导轨，如坐标镗床、精密丝杠车床等。

图 5.3（c）为双矩形导轨，刚度与承载能力较大，易于制造与维修，但导向精度较低。常用作普通精度机床及重型机床导轨，如卧式镗床、组合机床及重型车床等。

图 5.3（d）为山形－矩形导轨，图 5.3（e）为 V 形－平面形导轨。这两种导轨组合的导向性和工艺性都比较理想，因此应用广泛。例如前者用于车床纵向溜板导轨，后者用于龙门刨床、磨床工作台导轨。

图 5.3（f）、图 5.3（g）为燕尾形导轨，能承受颠覆力矩，高度尺寸小，调整间隙方便，适用于车床刀架、牛头刨滑枕、铣床工作台等的导轨。

图 5.3（h）为矩形－燕尾形导轨，能承受较大力矩，且调整间隙方便，常用于承受较大颠覆力矩的场合。例如龙门刨床横梁、摇臂钻床摇臂的导轨。

图 5.3（i）为双圆形导轨，常用于承受对称的轴向载荷场合。例如压力机、珩磨机及机械手等的导轨。

（三）间隙调整装置

导轨结合面配合的松紧取决于导轨面之间的间隙大小。间隙适当，运动部件能够沿导轨平稳而轻快地移动，不但有利于保证加工的精度，也有利于减少导轨磨损，防止振动和爬行。调整间隙的方法有下列几种。

1. 压板调整

图 5.4 所示为压板调整的三种方式。压板用螺钉紧固在动导轨上，组成闭式矩形导轨结构。图 5.4（a）所示为修磨或刮研调整法，压板的接合面 d 和导向面 e 用空刀槽分开，若间隙过大，应修磨或刮研 d 面；若间隙过小则应修磨或刮研 e 面。这种结构形式的压板刚性较好，结构简单，但调整较费时。图 5.4（b）所示为垫片调整法，装配时在压板和动导轨的接合面之间加入数片垫片，调整时根据需要进行增减。这种方式虽然比较方便，但结构刚性较差。图 5.4（c）所示为平镶条调整法，平镶条与导轨间的间隙可用带有锁紧螺母的螺钉调整。

其调整较方便，但结构较复杂，刚性也较差，可用于需经常调整，载荷不大的场合。

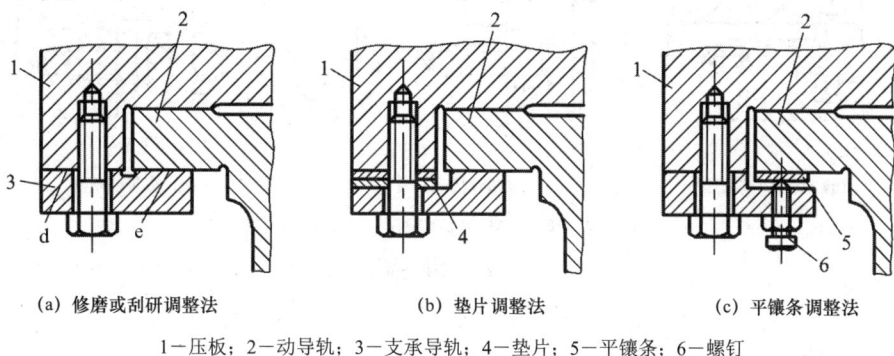

(a) 修磨或刮研调整法　　　　(b) 垫片调整法　　　　(c) 平镶条调整法

1—压板；2—动导轨；3—支承导轨；4—垫片；5—平镶条；6—螺钉

图5.4　压板调整的三种方式

2. 镶条调整

用于调整导轨滑动间隙的镶条有平镶条、楔形镶条和压板镶条等形式，镶条应放置在导轨不受力或受力较小的一侧。

图5.5所示为平镶条的两种结构形式，分别用于矩形导轨和燕尾形导轨。平镶条制造容易，调整方便，但因靠螺钉支承，镶条容易变形，接触刚度较差。

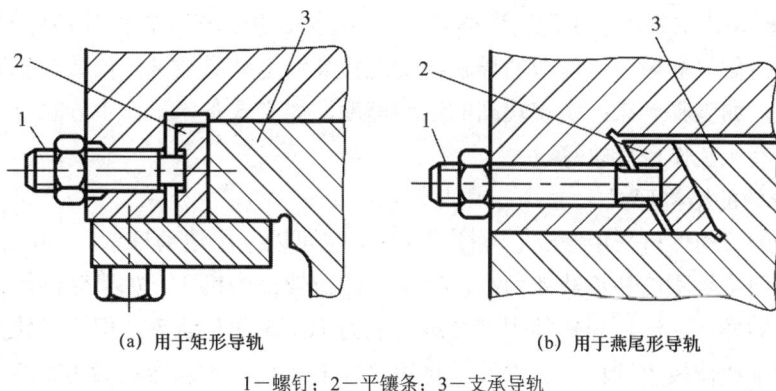

(a) 用于矩形导轨　　　　　　(b) 用于燕尾形导轨

1—螺钉；2—平镶条；3—支承导轨

图5.5　平镶条

图5.6所示为楔形镶条的几种形式。楔形镶条的背面有1:100或1:40的斜度，与动导轨上具有相应斜度的表面贴合，使镶条工作面与支承导轨面均匀接触。

如图5.6（a）所示，用螺钉1带动镶条2纵向移动来调整间隙。为防止镶条窜动，常在镶条两端各装一个螺钉来调整镶条位置。

如图5.6（b）所示，用修磨开口垫圈3的厚度来调节镶条，这种方法调整较麻烦。

如图5.6（c）所示，用螺母6、7来调整镶条。

采用楔形镶条调整导轨间隙，结构简单，调整方便，结构刚性比平镶条好，但制造较困难。

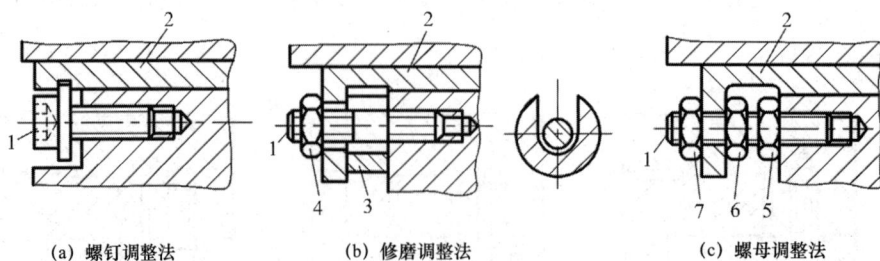

(a) 螺钉调整法　　　(b) 修磨调整法　　　(c) 螺母调整法

1—螺钉；2—镶条；3—开口垫圈；4，5，6，7—螺母

图 5.6　楔形镶条

三、滚动导轨

1. 滚动导轨的特点和应用范围

滚动导轨的特点是在导轨面之间装有一定数量的滚珠、滚柱或滚针等滚动体，使摩擦性质成为滚动摩擦，其摩擦系数为 0.002 5～0.005，远小于普通滑动导轨的摩擦系数，而且动、静摩擦系数很接近。因此，滚动导轨的运动灵敏度高，低速运动平稳性好，不易产生爬行；重复定位误差小，仅为 0.1～0.2 μm，是普通滑动导轨的 1/100；精度保持性好，润滑较简单和便于维修。其缺点是：抗振性较差，结构复杂，制造成本高，对脏物较敏感，需要有良好的防护装置。

因此，滚动导轨主要用于实现精确微量进给，如外圆磨床和平面磨床砂轮架的切入进给；实现精密定位，如坐标镗床工作台的导轨；实现较高的运动灵敏度，如数控机床导轨；为使手摇传动轻便，如工具磨床；实现较高的运动速度，如立式车床工作台导轨；延长导轨使用寿命，如内圆磨床工作台导轨等。

2. 滚动导轨的结构形式

滚动导轨的滚动体可采用滚珠、滚柱或滚针，也可以采用滚动轴承。滚珠导轨结构紧凑，制造较容易，但接触刚度和承载能力小，适用于载荷较小的机床，如磨床砂轮修正器导轨，仪器、机械手的导轨。滚柱导轨的刚度及承载能力都比滚珠导轨高，但对导轨面平行度的要求较高，适用于载荷较大的机床。滚针导轨的滚针细而长，所以导轨结构紧凑，承载能力高于滚珠及滚柱导轨，但摩擦系数较大，适用于尺寸受限制的地方。

滚动导轨可分为开式和闭式两种。开式导轨通常依靠运动部件的自重来压紧滚动体，使之消除间隙。闭式滚动导轨则采用过盈配合或用调整螺钉、弹簧或楔块等使导轨与滚动体之间产生一定的预紧力。闭式滚动导轨预紧后，可提高刚度 3 倍以上，适用于受较大颠覆力矩或对接触刚度、运动精度较高的精密机床导轨以及垂直配置的滚动导轨。

为了减少相邻滚动体间的摩擦，要用保持架将滚动体相互隔开。导轨工作时，滚动体和保持架随着动导轨向前移动，但滚动体的移动速度只是动导轨移动速度的一半，滚动体相对于动导轨是后退的。

四、其他导轨

除了普通滑动导轨和滚动导轨外，还有动压滑动导轨、静压导轨和卸荷导轨等类型。

动压导轨是靠导轨之间的相对运动速度达到一定值时产生的压力油膜将运动件浮起，把两个导轨面隔离，形成纯液体摩擦，所以适用于速度较高的导轨，如龙门刨床的工作台导轨、立式车床的工作台导轨。

静压导轨是把具有一定压力的清洁润滑油，通过节流器输送到导轨的油腔中，在导轨面间建立压力油膜，浮起运动部件，形成纯液体摩擦。这种导轨的摩擦系数极小，承载能力大，支承刚度高，精度保持性好，低速运动不会爬行，但结构复杂。主要用于精密机床的进给运动和低速运动导轨。

卸荷导轨是普通滑动导轨的改进形式，采用液压或机械方式来减轻导轨面压力或降低摩擦系数，但仍保持导轨面直接接触。液压卸荷导轨是介于普通滑动导轨和静压导轨的中间形式，在导轨面上开有油腔，压力油只经过导轨面上宏观波度与微观粗糙度所形成的间隙而流出导轨，但不能将运动部件浮起，油压产生的浮力只抵消运动部件所受载荷的一部分。机构卸荷导轨是用带弹簧的滚动支承作辅助支承，承担一部分载荷，以减小导轨面之间的正压力。卸荷导轨刚度高，提高了耐磨性和低速平稳性。

五、支承件结构

支承件是机床的基础结构部件，要求在不增加重量的条件下具有最大的刚度和抗振性。机床支承件的刚度主要是抗弯刚度、抗扭刚度、局部刚度和联接处的联接刚度，要注意减轻重量，提高刚度也是提高支承件抗振性的主要措施。

支承件应具有合理的截面形状，截面形状是保证高刚度的主要因素。按材料力学的原理，矩形和方形截面具有较高的抗弯刚度；圆形、椭圆形和方形截面的抗扭刚度较好。图 5.7 所示为几种常见的床身截面形状。

图 5.7（a）所示的结构较为简单，易于铸造，常用于一般要求的车床上；图 5.7（b）所示的双壁结构，抗弯刚度和抗扭刚度都较好，但不易制造；图 5.7（c）所示的半封闭截面结构，其刚度为图 5.7（a）所示结构的 1.9 倍，排屑性能好，但工艺性较差，多用于多刀半自动或六角车床；图 5.7（d）所示的全封闭三角形结构，其刚度为图 5.7（a）所示结构的 4 倍，多用于数控车床；图 5.7（e）所示的三面封闭结构（小口），主要用于工作台不升降铣床、龙门刨床和镗床等的床身；图 5.7（f）所示的三面封闭结构（大口），可兼作油箱或安置驱动装置，需防止切屑的落入；图 5.7（g）所示的结构形状适用于重型机床，其导轨数量可较多；图 5.7（h）所示的圆形截面结构，抗扭性能好，可兼作圆导轨，常用作钻床的立柱；图 5.7（i）所示的矩形截面结构主要用于大型立式钻床和组合机床的立柱；图 5.7（j）所示的方形截面结构，能承受空间载荷，主要用作镗床、铣床、滚齿机等的立柱。

在采用薄壁封闭形、半封闭形结构的同时，适当增大支承件横截面的轮廓尺寸，也可显著地提高其刚度，而不会增加重量。

合理地布置隔板和筋条也是提高支承件刚度和抗振性的有效途径。

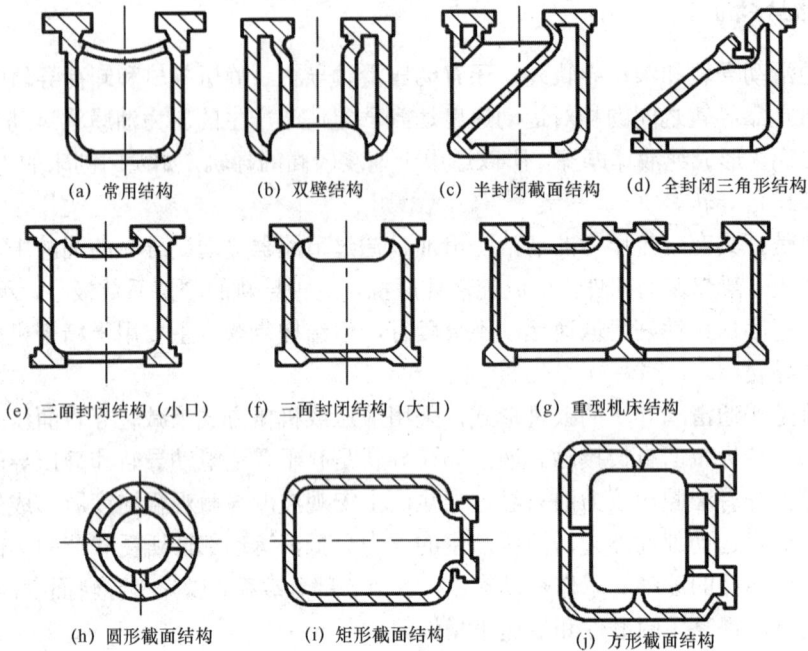

图 5.7　常见的床身截面形状

第三节　操　纵　机　构

一、操纵机构的作用与要求

机床的操纵机构用于控制各运动部件的启动、停止、变速、换向、动作转换以及送料、夹料、转位、夹紧、松开等辅助运动。在普通机床上，主要由操作者通过手操纵机构实现对机床的控制；在自动、半自动机床上，则由机械化的操纵机构按预定程序对机床进行自动控制。因此，合理、先进、可靠的操纵机构不仅可方便操纵、减轻劳动强度，而且直接影响机床的工作性能和生产效率。

对机床操纵机构有以下要求。

（1）操纵手柄（或按钮）布局合理，操纵方便、省力。

操纵件的数量应尽可能少，并相对集中在便于操作的区域内，使操作灵活方便，符合通常的操作习惯，手轮和手柄的操纵力不应超过《金属切削机床　通用技术条件》（GB/T 9061—2006）的规定。

（2）操纵件容易识别，标志醒目、易记，便于操作者熟练掌握。

（3）操纵机构作用可靠，确保安全。有关构件应具有足够的强度、刚度和使用寿命；设有防止运动干涉或避免操作引起事故的安全装置；操纵手柄定位可靠，不会在机床运转时发生松动变位而引发事故；手柄及尺寸较大的手轮不应由机床带着空转，若有小手轮跟着空转时，其转速不能过高，以免伤人。

二、操纵机构的组成和类型

操纵机构一般由以下五部分组成。

（1）操纵件。如手柄、手轮、按钮等。

（2）传动件。包括机械、电力、液压传动件。机械传动件中常用的有杠杆、凸轮、齿轮齿条、丝杠螺母等。

（3）执行件。如拨叉、滑块等。

（4）指示器。用以显示操纵的结果，如标牌、刻度盘等。

（5）辅助件。如导向、定位、限位等装置。操纵机构必须有可靠的定位，常用的定位方式有钢球定位、圆柱销或圆锥销定位以及槽口定位等。

现以变速操纵机构为例，说明操纵机构的工作原理和特点。变速操纵机构可分为单独变速操纵机构和集中变速操纵机构两类。

单独变速操纵机构的特点是一个操纵件只能控制一个执行件，所以结构简单，适用于被操纵件较少的简单机床。集中变速操纵机构的特点是一个操纵件可同时控制两个以上的执行件，使用方便省时，有利于提高机床的生产效率，既美观又防止渗油，但结构较复杂。

三、单独变速操纵机构

单独变速操纵机构主要有拉动式、摆动式、移动式等结构形式。

1. 拉动式操纵机构

拉动式操纵机构结构简单，操作方便，一般有拉出和推入两个位置，靠钢球定位，通过销键防止手柄转动。如 CM6132 型车床进给箱的光、丝杠传动变换操纵机构，拉出手柄时，接通丝杠传动；推回手柄时，接通光杠传动。

2. 摆动式操纵机构

图 5.8 所示为摆动式操纵机构。图 5.8（a）所示为摆杆–滑块式，手柄 4 经转轴 5、摆杆

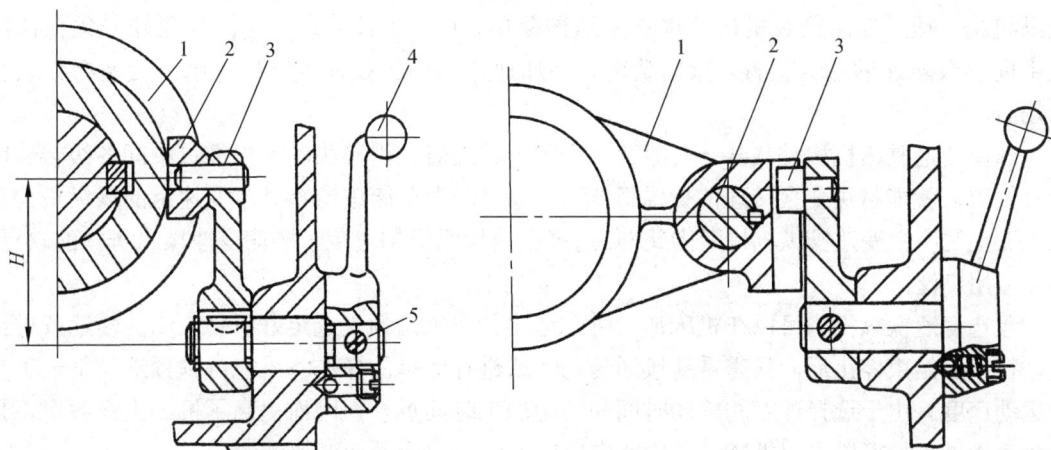

(a) 摆杆–滑块式　　　　　　　　　　　(b) 摆杆–滑块–拨叉式

1—滑移齿轮；2—滑块；3—摆杆；4—手柄；5—转轴　　　1—拨叉；2—导向杆；3—滑块

图 5.8　摆动式操纵机构

3、滑块 2 拨动滑移齿轮 1 作轴向移动。在齿轮改变轴向位置的过程中，滑块沿圆弧运动，滑块将偏离齿轮轴线，偏移量越大，操纵越费力。当滑移齿轮行程较大时，可采用图 5.8（b）所示的摆杆－滑块－拨叉式，滑块 3 拨动拨叉 1 沿导向杆 2 滑动，拨叉 1 又拨动滑动齿轮移动。由于拨叉 1 上的垂直滑槽可以做得较长，因而允许滑移齿轮有较大的行程。

3. 移动式操纵机构

图 5.9 所示为由齿轮、齿条传动的移动式操纵机构。手柄 2 经齿轮 3、齿条 4 推动拨叉 1 沿导向杆 5 移动，操纵比摆动式灵活、省力。

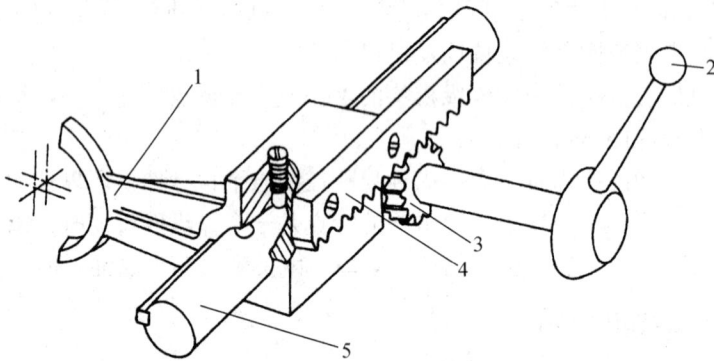

1—拨叉；2—手柄；3—齿轮；4—齿条；5—导向杆

图 5.9 由齿轮齿条传动的移动式操纵机构

四、集中变速操纵机构

集中变速操纵机构包括顺序变速操纵机构、选择变速操纵机构、预选变速操纵机构。

顺序变速操纵机构从某一转速变换为不相邻的另一转速时，滑移齿轮必须顺序地经过中间各级转速的啮合位置。CA6140 型车床的主轴变速箱中所用的操纵机构即为顺序变速操纵机构。顺序变速操纵机构的优点是结构简单，尺寸紧凑；缺点是滑移齿轮必须依次经过中间各级转速的啮合位置，操纵费时，并加速齿端的磨损，所以只能用于变速级数较少的场合。

选择变速操纵机构是从某一转速变换为另一转速时，滑移齿轮不需经过中间各级转速的啮合位置，就能越级变换转速的操纵机构。CA6140 型车床进给箱基本变速组的操纵机构和 X6132 型铣床主变速操纵机构即为此例。选择变速操纵机构避免了顺序变速操纵机构的缺点，因而应用广泛。

预选变速操纵机构可以在机床加工时，通过预选机构预先选定好下一工步的转速或进给量，待工步结束停止后，只需重新接通传动，或进行简单的操作，就能得到预选的下一工步的运动速度。由于选择速度的辅助时间和切削加工时间重合，因而提高了机床生产效率。预选变速操纵机构可以采用机械、液压或电气的方式来实现预选变速。

练习与思考题

1. 对主轴部件的基本要求有哪些？主轴部件的类型有哪些？
2. 说明各种组合形式的滑动导轨的特点以及应用场合。
3. 分别说明各种类型的导轨间隙调整装置的间隙调整方法。
4. 说明对操纵机构的基本要求以及操纵机构的分类。
5. 分析主轴轴承的配置形式对主轴部件的工作性能的影响。
6. CA6140 型车床上用到哪几种导轨结构？各用何种方式调节间隙？
7. 机床主轴轴承怎样排列才能实现预紧力安装？预紧力安装有何优点？
8. 用什么方法可以提高主轴的旋转精度？

第六章 其 他 设 备

第一节 钻床的性能与用途

钻床是主要用钻头在工件上加工孔的机床。通常,钻头旋转为主运动,钻头轴向移动为进给运动。钻床的主要类型有立式钻床、摇臂钻床、台式钻床、深孔钻床、中心孔钻床和各种专门化钻床。

一、立式钻床

1. 立式钻床的工艺范围

立式钻床是主轴箱和工作台安置在立柱上,主轴垂直布置的钻床,其工艺范围如图 6.1 所示。在立式钻床上,除了用麻花钻头在实体工件上钻孔外,还可进行扩孔、铰孔、攻丝、锪沉头孔、修刮端面等工作,适宜于加工中小型零件上直径 $D \leqslant 50$ mm 的孔。用麻花钻头在实体材料上钻孔时,一般只能加工精度要求不高的紧固件孔,钻孔精度可达 IT11 级,表面粗糙度为 $Ra10$。对于要求较高的孔,钻孔只能作粗加工工序。

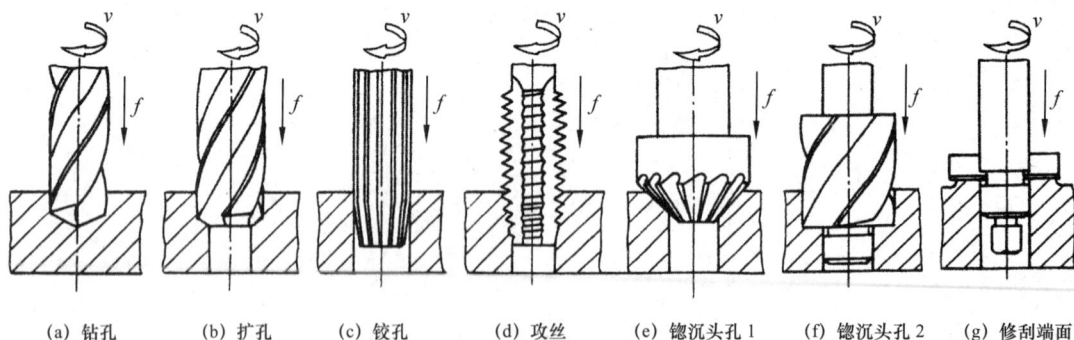

(a) 钻孔　(b) 扩孔　(c) 铰孔　(d) 攻丝　(e) 锪沉头孔 1　(f) 锪沉头孔 2　(g) 修刮端面

图 6.1　立式钻床的工艺范围

2. 立式钻床的组成和布局形式

图 6.2 所示为方柱立式钻床,它由工作台、主轴箱、变速箱、方形立柱和底座等部件组成。加工时,工件直接或通过夹具安装在工作台上。主轴的旋转运动由电动机经主轴箱中的变速传动装置驱动。加工过程中,主轴既作旋转主运动,又沿轴向作进给运动。进给运动是由主轴箱中的进给变速传动装置传给主轴套筒的。主轴箱和工作台可沿立柱导轨调整上下位

置，以适应加工不同高度的工件。扳动手柄可带动主轴作手动送进、快速升降或接通、断开机动进给。

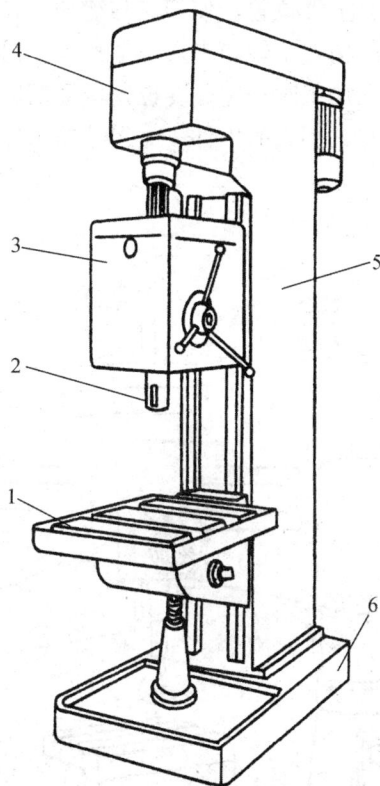

1—工作台；2—主轴；3—主轴箱；4—变速箱；5—方形立柱；6—底座

图 6.2　方柱立式钻床

在立式钻床上，加工完一个孔后要再加工另一个孔时，需要移动工件，使刀具与另一个孔的中心对准。所以立式钻床只适用于中小型零件的加工。

立式钻床的主参数是最大钻孔直径（mm）。

除方柱立式钻床外，还有圆柱立式钻床。以方柱立式钻床为基型，改变某些部件的结构，可派生出多种变形品种机床，如可调多轴立式钻床、转塔立式钻床、十字工作台立式钻床和立式排钻床等。

台式钻床简称台钻，它实质上是一种加工小孔的立式钻床，钻孔直径一般在 15 mm 以下。由于加工的孔径小，所以台钻的主轴转速较高，并通常是用手动进给。

二、摇臂钻床

在大而重的工件上钻孔时，移动工件是很不方便的，需要让工件固定不动，调整钻床主轴的位置，使刀具对准被加工孔的中心，这样就产生了摇臂钻床。

摇臂钻床（基型）如图 6.3 所示，它由底座、立柱、摇臂和主轴箱等部件组成。在底座的左边紧固着内立柱，构成机床的刚性骨架；外立柱套装在内立柱上，并可绕内立柱轴线回转；摇臂套装在外立柱上，可沿外立柱升降移动，调整上下位置。主轴箱装在摇臂上，可沿摇臂导轨作水平移动。因此，主轴箱的位置既可上下移动调整，以适应不同高度的工件，又可在水平面内按极坐标方式调整主轴位置，使刀具与待加工孔的中心重合。当主轴根据加工部位调整定位后，应操纵夹紧机构使主轴箱夹紧在摇臂上，摇臂夹紧在外立柱上，外立柱夹紧在内立柱上，以保证各部件在加工时稳定不变位，保证切削平稳并获得所需的加工精度。在底座上可安装工作台，用来装夹不大的工件。大尺寸的工件，可直接装夹在底座上，甚至放在地面上进行加工。

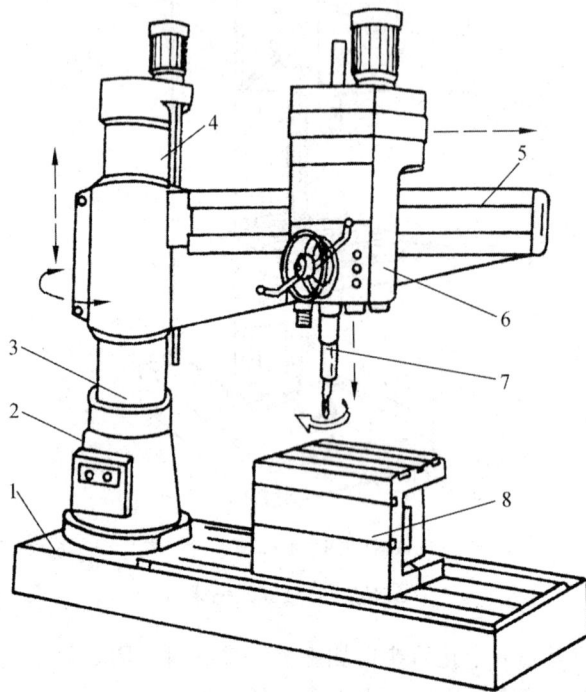

1—底座；2—内立柱；3—外立柱；4—摇臂升降丝杠；5—摇臂；6—主轴箱；7—主轴；8—工作台

图6.3 摇臂钻床（基型）

图 6.4 所示为万向摇臂钻床。它的摇臂 5 可沿升降座 4 的导轨作水平方向移动，升降座连同摇臂一起，可绕立柱 6 回转，并可沿立柱作上下移动。主轴箱 7 装在摇臂一端的转座 2 上，可绕转座轴心线在垂直平面内回转 360°。在摇臂的纵向平面内偏转±90°，使机床可对空间一定范围内任意方向上的孔进行加工。这种机床采用不固定安装方式，可吊运至所需工作地点，对大型工件进行加工。

摇臂钻床的主参数也是最大钻孔直径，其主参数系列为 25、40、63、80、100、125 mm等 6 种规格。

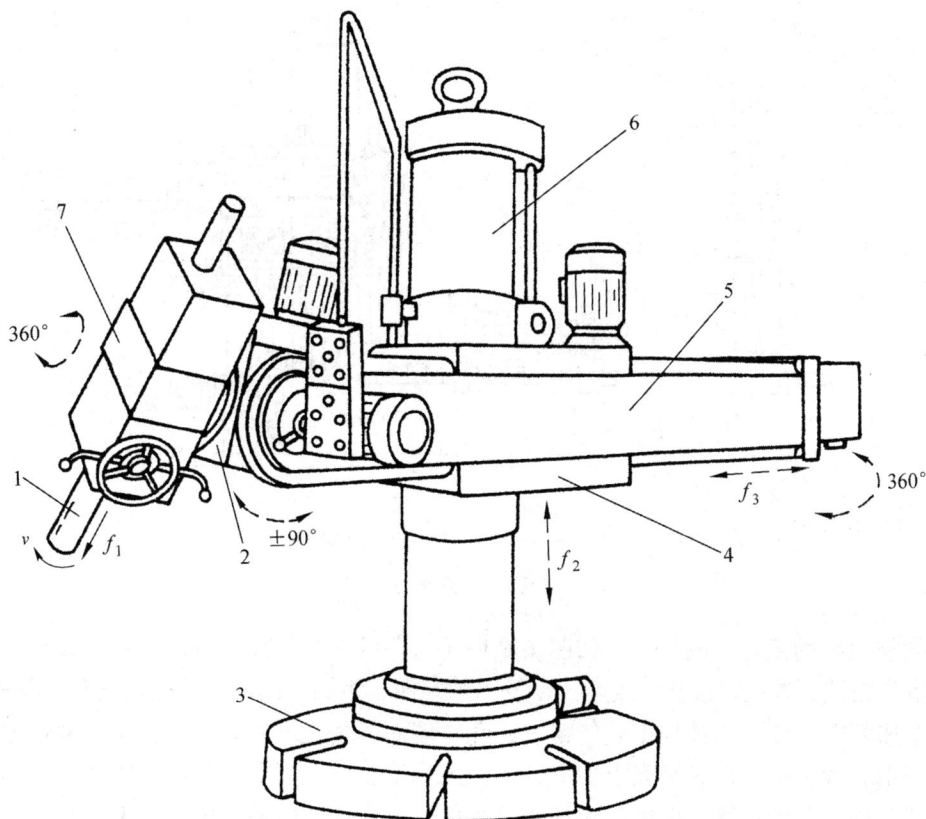

1—主轴；2—转座；3—底座；4—升降座；5—摇臂；6—立柱；7—主轴箱

图 6.4　万向摇臂钻床

第二节　镗床的性能与用途

　　镗床主要是用镗刀在工件上加工已有预制孔的机床，用于加工精度要求较高的孔及相互位置精度较高的孔系。通常，镗刀旋转为主运动，镗刀或工件的移动为进给运动。镗床的主要类型有卧式铣镗床、坐标镗床、精镗床等。

一、卧式铣镗床

　　卧式铣镗床如图 6.5 所示。它由床身、立柱、主轴箱、工作台及上下滑座组成，工作台可纵向、横向移动或进给，工作台还可绕垂直轴线回转任意角度。加工时工件装夹在工作台上，夹持刀具的刀杆可插装在镗轴前端的莫氏锥孔中，由镗轴带动旋转并轴向进给，也可装夹在平旋盘上的刀夹中，由平旋盘带动旋转，或装夹在平旋盘的径向刀具溜板上，由平旋盘带动旋转并径向进给。

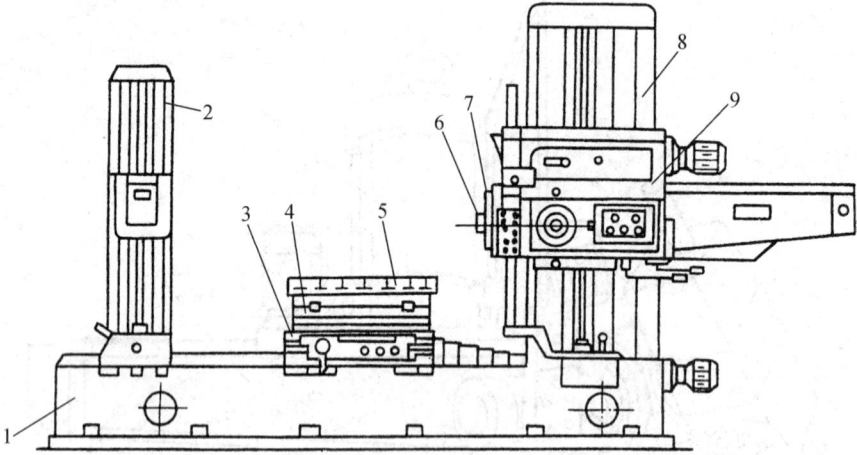

1—床身；2—后立柱；3—下滑座；4—上滑座；5—上工作台；6—主轴；
7—平旋盘；8—前立柱；9—主轴箱

图 6.5 卧式铣镗床

卧式铣镗床的工艺范围很宽，如图 6.6 所示，除镗孔外，还可铣削平面、成形面和各种沟槽，进行钻孔、扩孔、铰孔、攻丝，以及车削端面、短圆柱面、内外环形槽和内外螺纹等。卧式铣镗床能较好地保证被加工孔的精度、孔与端面的垂直度和孔系的相互位置精度，能在一次安装中完成工件四周各个面上的多种多样的加工工序。因此，这种镗床适用于加工尺寸大、形状复杂的各种箱体、机座、夹具体等零件，是一种应用最广泛的镗床。

落地铣镗床是用于加工重型工件的重型卧式铣镗床，其镗轴直径一般在 125 mm 以上。其特点是将被加工工件直接安装在落地工作台上，加工过程中所需的各种运动全由刀具来完成。因此，其前立柱和后立柱都安装在可横向移动的滑座上，使镗床主轴的位置可沿横向进行调整，或实现横向进给运动。而镗轴箱的垂直进给和镗轴的轴向进给等运动的情况则与一

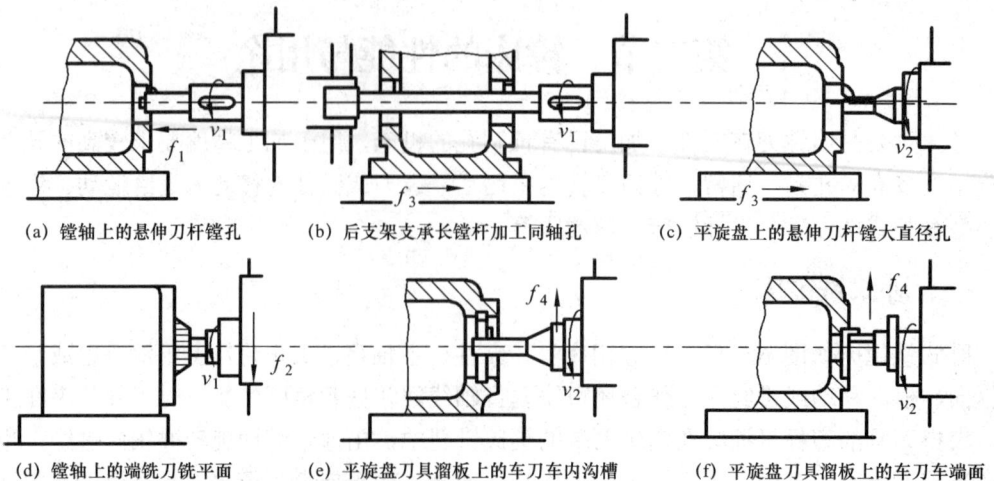

(a) 镗轴上的悬伸刀杆镗孔　(b) 后支架支承长镗杆加工同轴孔　(c) 平旋盘上的悬伸刀杆镗大直径孔

(d) 镗轴上的端铣刀铣平面　(e) 平旋盘刀具溜板上的车刀车内沟槽　(f) 平旋盘刀具溜板上的车刀车端面

图 6.6 卧式铣镗床的工艺范围

般卧式铣镗床相同。

二、坐标镗床

坐标镗床是具有精密坐标定位装置的镗床。主要用于镗削尺寸、形状和位置精度要求较高的孔系，例如钻模、镗模、量具上的精密孔系。在坐标镗床上，还能进行钻孔、扩孔、铰孔、锪端面、切槽、铣削等工作及精密刻度、样板精密划线、孔距及直线尺寸的精密测量等工作。因此，它是一种用途比较广泛的精密机床。

坐标镗床是在恒温［（20±1）℃］条件下制造装配的，也必须在恒温室中使用，对环境的湿度和灰尘要严格控制，应隔离振源，不作粗加工，也不负担其他有损机床精度的工作。

坐标镗床按其布局形式的不同，可分为立式单柱坐标镗床、立式双柱坐标镗床及卧式坐标镗床等主要类型。图 6.7 所示为两种立式坐标镗床。立式单柱坐标镗床用于加工中小型工件，立式双柱坐标镗床用于加工大中型工件，卧式坐标镗床适用于生产车间中成批加工箱体等零件。

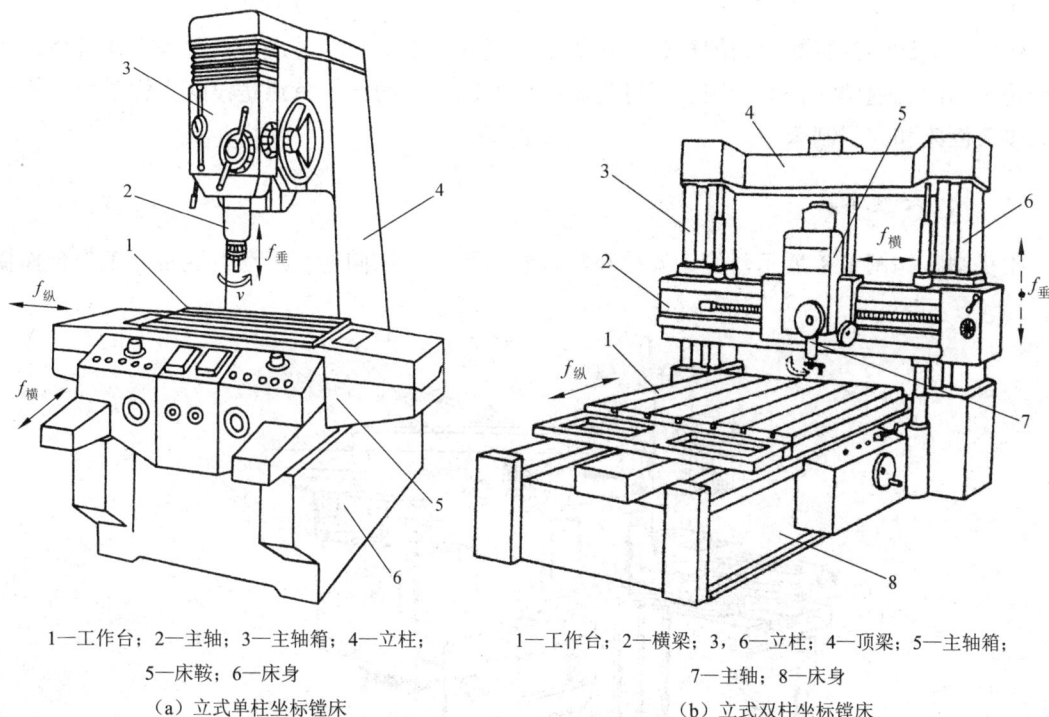

1—工作台；2—主轴；3—主轴箱；4—立柱；
5—床鞍；6—床身
（a）立式单柱坐标镗床

1—工作台；2—横梁；3，6—立柱；4—顶梁；5—主轴箱；
7—主轴；8—床身
（b）立式双柱坐标镗床

图 6.7　立式坐标镗床

坐标镗床的主参数用工作台面宽度表示。坐标镗床加工孔的精度可达 IT6～IT7，表面粗糙度为 Ra 0.63～1.25 μm。

三、精镗床

精镗床又称金刚镗床，是使用金刚石或硬质合金刀具进行精密镗孔的镗床。这是一种高速镗床，镗孔时以很高的切削速度、极小的切深和进给量进行切削，因此可获得很小的加工表面粗糙度和很高的尺寸精度。由于以前采用金刚石镗刀，所以这种镗床被称为金刚镗床，现在已广泛使用硬质合金刀具。

精镗床按其结构布局的不同，可分为卧式、立式、倾斜式、单轴、多轴、单面加工、双面加工等形式。卧式精镗床的主参数为工作台面宽度，立式精镗床的主参数为最大镗孔直径。

立式精镗床的布局形式类似于立式坐标镗床。加工时，主轴带动镗刀旋转作主运动，主轴箱沿立柱导轨作轴向进给运动，工件安装在工作台上，工作台可在水平面内沿纵向、横向移动，以调整工件位置，使镗孔中心与主轴旋转轴线重合。这种机床主要用于加工零件上尺寸较大的精密孔。

卧式精镗床一般用于成批生产中加工轴瓦、活塞、连杆、油泵壳体等零件上的精密孔。按工件的加工要求，机床上可安装一个或多个主轴头，从一边或两边进行加工，主轴头之间的中心距可按工件的孔距大小进行调整。

第三节　刨床的性能与用途

刨床是主运动为直线运动的机床，在每个往复行程中，一个是进行切削的工作行程，另一个是不切削的返回空程，切削加工过程是间断性的。它的一个特点是没有主轴部件。常见的有牛头刨床和龙门刨床。

一、牛头刨床

牛头刨床如图 6.8 所示，刨刀安装在滑枕的刀架上作纵向往复运动。通常，工作台作横

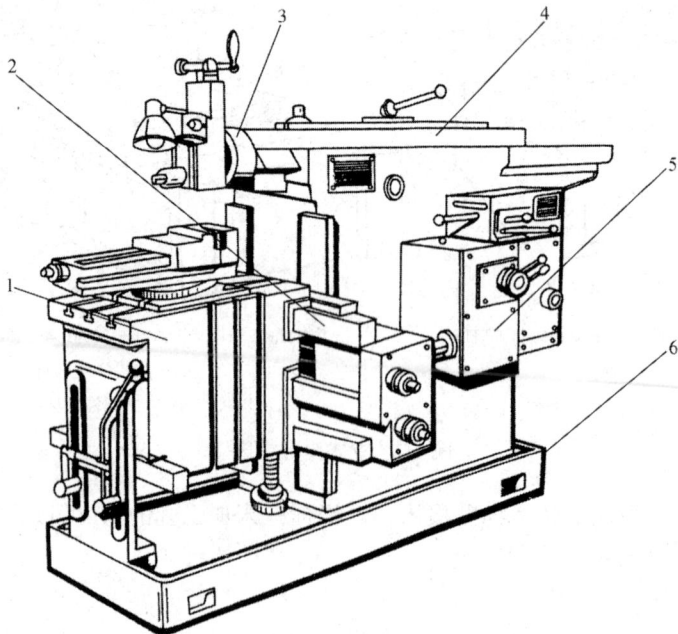

1—工作台；2—工作台滑板；3—刀架座；4—滑枕；5—进给箱；6—底座

图6.8　牛头刨床

向或垂向间歇进给运动。它适用于单件、小批生产中加工中小型零件上的平面、沟槽和直线成形面。加工时,工件安装在工作台上,刨刀安装在滑枕前端的刀架上;由滑枕带动刨刀在水平方向作纵向往复主运动;由工作台带动工件沿横梁导轨作横向间歇进给运动。刀架可沿刀架座上的导轨上、下移动,调整吃刀深度。横梁可沿床身上的直立导轨上下移动,以调整工件与刨刀的相对位置。加工斜面时,刀架座可绕水平轴心线回转一定角度,使刀架滑板导轨与被加工平面平行,手动刀架沿滑板导轨移动,即可加工出所需的斜面。刨削加工在返回行程时不切削,为了防止切削刃损坏,也为了保护已加工表面不受损伤,刨刀应让离加工表面。间歇进给运动应安排在返回行程中完成。

牛头刨床的结构比较简单可靠,操作方法容易掌握,刀具容易刃磨;但回程不切削,换向时有较大惯性冲量,切削速度不能很高,所以生产效率较低,适用于单件、小批生产。牛头刨床的主参数是最大刨削长度。

二、龙门刨床

龙门刨床主要用来加工大型工件上的大平面,尤其是长而窄的平面和沟槽,也可在工作台上夹装多个中小型工件进行多件加工。

B2012A 龙门刨床如图 6.9 所示,具有双立柱和横梁,工作台沿床身导轨作纵向往复运动,立柱和横梁上分别装有可移动的侧刀架和垂直刀架。

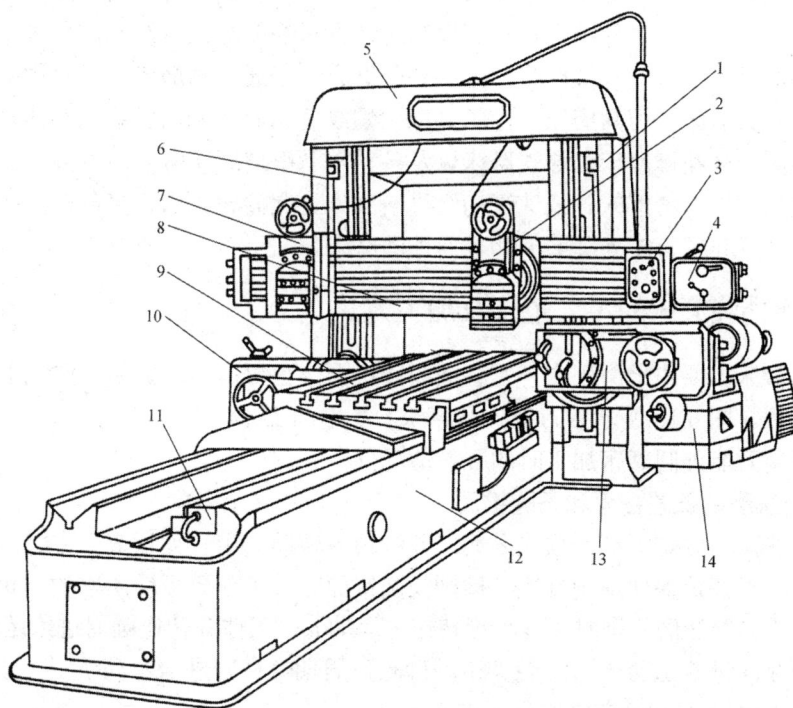

1,6—立柱侧刀架;2—右垂直刀架;3—悬挂按钮站;4—进给箱;5—顶梁;7—左垂直刀架;8—横梁;
9—工作台;10—左侧刀架;11—液压安全器;12—床身;13—右侧刀架;14—工作台减速箱

图 6.9 B2012A 龙门刨床

加工时，工件装夹在工作台上，由工作台带动作往复直线主运动；安装在横梁上的垂直刀架和安装在立柱上的侧刀架，都可作水平方向移动和垂直方向移动，实现进给运动和快速运动。横梁可沿立柱导轨升降至一定位置，以便根据工件高度调整刀具的位置。垂直刀架可在垂直于切削速度的平面内偏转一定角度，以加工倾斜平面。

龙门刨床的主参数是最大刨削宽度。

第四节　磨床的性能与用途

所有以磨具或磨料（如砂轮、砂带、油石研磨剂等）为工具进行切削加工的机床都属于磨床。本节只讨论以砂轮为切削工具的各种磨床。

目前，磨床广泛应用于零件的精加工，特别适合于淬硬钢件和高硬材料制成件的精加工。在一般条件下，普通磨床的加工精度可达 IT5～IT6 级，表面粗糙度 Ra 可达 0.32～1.25；高精度外圆磨床的精密磨削，尺寸精度可达 0.2 μm，圆度可达 0.1 μm，表面粗糙度 Ra 可控制在 0.01。

近年来，精密铸造和锻造技术有很大发展，工件加工余量较小，可以直接用磨床进行终加工。随着磨削工具的改进，高效磨削工艺的发展，磨床的应用范围越来越广。

磨床作业应特别注意安全。例如，在砂轮安装前要注意检查是否有裂纹，安装后要进行平衡和空运转试验，要有砂轮防护罩和吸尘设备等，要切实执行磨床安全操作规程。

由于磨削加工表面、工件结构尺寸和磨削工艺方法的多样性，磨床的品种特别多。通用磨床有普通外圆磨床、万能外圆磨床、无心外圆磨床、普通内圆磨床、行星内圆磨床以及各种平面磨床、工具磨床、刃具磨床、齿轮磨床、螺纹磨床等。专门化磨床有曲轴磨床、凸轮轴磨床、轧辊磨床、花键磨床、导轨磨床以及各种轴承滚道磨床等。新发展的高效磨床有高速磨床、高速深切快进给磨床、低速深切缓进给磨床、宽砂轮磨床、多砂轮磨床以及各种砂带磨床等。本节只介绍万能外圆磨床和普通外圆磨床。

一、万能外圆磨床的工艺范围及加工方法

万能外圆磨床主要用于磨削内外圆柱面和圆锥面，也可磨削端面和台阶端面。其主参数为最大磨削直径。图 6.10 所示为万能外圆磨床的基本加工方法。

下面是利用万能外圆磨床加工时的几种情况分析。

1. 用纵磨法磨削长圆柱面和长圆锥面

工件支承在两个固定不动的顶尖之间，并绕顶尖转动。用"死顶尖"方式加工，可避免主轴旋转误差，更好地保证磨削精度。磨削长圆锥面时，工作台扳转所需的小角度，以获得要求的锥度。用纵磨法磨外圆时，砂轮旋转作主运动 n_t，工件旋转作圆周进给运动 n_w，工作台带动工件作纵向进给运动 f_a，砂轮架带动砂轮作周期性横向进给运动 f_r。

2. 用切入法磨销短圆柱面和短圆锥面

采用宽砂轮磨削工件，砂轮宽度略大于工件加工面长度，所以不再需要工件作纵向进给运动，其余运动与上述纵磨法相同，但 f_r 可连续缓慢进给。磨削短工件时，可夹持在工件头架主轴上旋转；磨削短圆锥面时，将工件头架扳转所需角度。

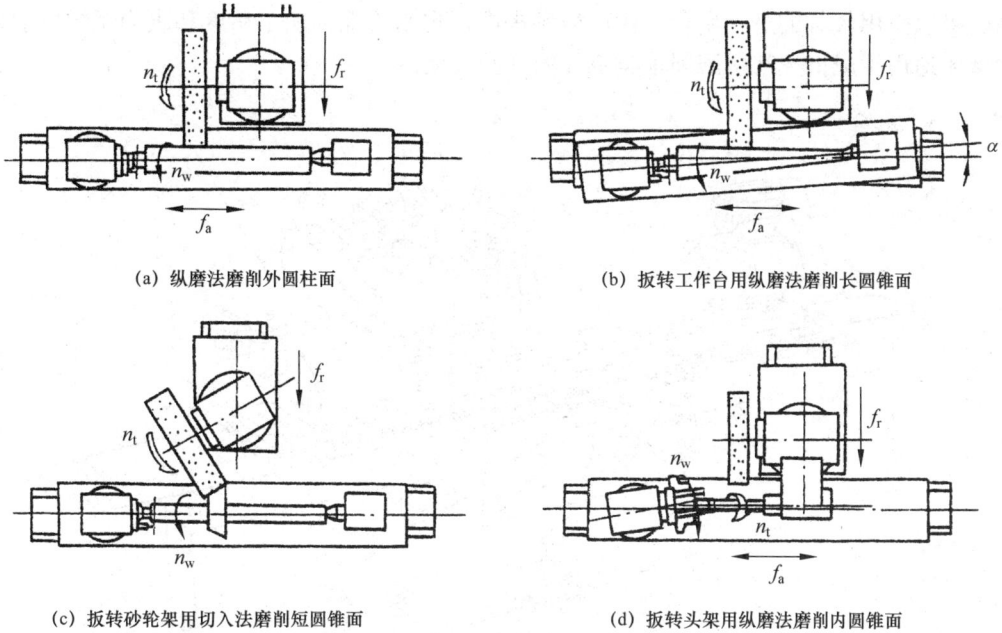

(a) 纵磨法磨削外圆柱面　　　　　　　　　　　(b) 扳转工作台用纵磨法磨削长圆锥面

(c) 扳转砂轮架用切入法磨削短圆锥面　　　　　(d) 扳转头架用纵磨法磨削内圆锥面

图 6.10　万能外圆磨床的基本加工方法

3. 用砂轮侧面磨削轴肩端面

磨削轴肩端面时，砂轮架停止横向进给，并用手动纵向移动工件，使轴肩轻轻贴靠在砂轮侧面上进行磨削。

4. 用内圆磨头磨削圆柱孔和圆锥孔

工件夹持在工件头架卡盘中旋转，加工锥孔时，将头架扳动所需角度，所需运动也是 n_t、n_w、f_a、f_r。

二、万能外圆磨床的外形布局、组成及运动

万能外圆磨床的布局和组成如图 6.11 所示。在床身顶面前部的纵向导轨上安装着工作台 3，台面上装有工件头架 2 和尾架 6，长工件可用头、尾架上的顶尖支承，短工件可用头架上的卡盘夹持，由头架带动作旋转运动，实现工件的圆周进给运动。工作台 3 由液压传动作纵向直线往复运动，使工件作纵向进给运动。工作台有上下两层，上部工作台可在水平面内偏转 ±10°，以便磨削锥度小的长锥体。砂轮架 5 安装在床身顶部的横向导轨上，可沿横向导轨作快速进退移动、横向进给或调位移动。砂轮架和工件头架分别可绕垂直轴线转动 ±30°和 ±90° 的角度，以便磨削锥度大的短锥体。翻下内圆磨头 4，可磨削内孔及其端面。

三、普通外圆磨床的特点

普通外圆磨床的外形和结构与万能外圆磨床相似。因不用这种机床加工短的工件、锥度大的圆锥面和内孔，所以机床不带内圆磨具；工件头架主轴不能转动，不带卡盘；工件头架和砂轮架都不能绕垂直轴线偏转角度，因此，普通外圆磨床的工艺范围较窄，只能顶夹在顶尖之间磨削外圆柱面、锥度不大的外圆锥面和轴间端面。但是由于结构层次减少，机床刚性

提高，可以采用较大的磨削用量，生产效率提高，也易于保证加工精度和表面粗糙度要求。这种磨床适用于成批生产中磨削轴类零件的外圆表面。

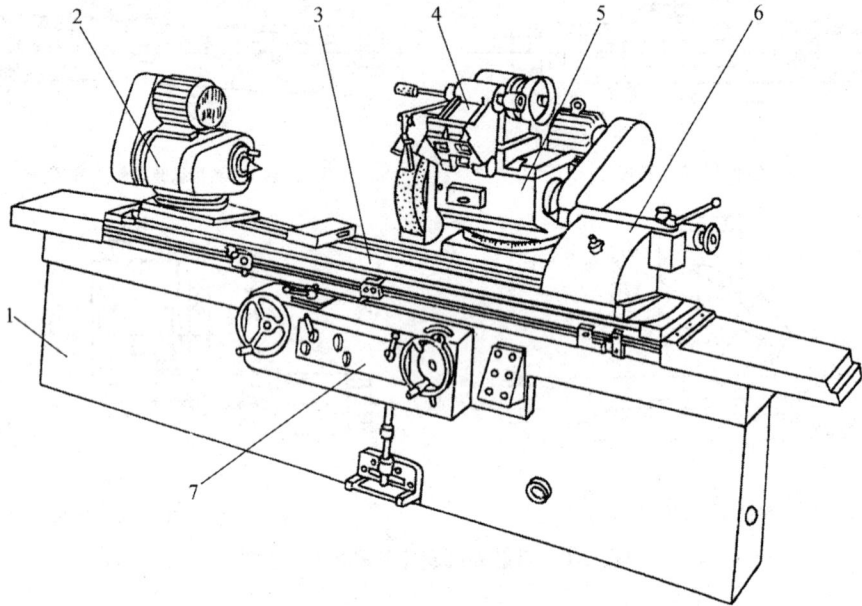

1—床身；2—工件头架；3—工作台；4—内圆磨头；5—砂轮架；6—尾架；7—控制箱

图 6.11　万能外圆磨床的布局和组成

第五节　齿轮加工机床

齿轮加工机床是用来加工齿轮齿面的机床。由于齿轮在传动中的重要作用及其对精度的严格要求，齿轮加工机床已成为机械工业中的重要技术装备。

一、常用齿轮加工机床的类型

加工圆柱齿轮的机床有滚齿机、插齿机、人字齿轮铣齿机等。

加工圆锥齿轮的机床有直齿锥齿轮刨齿机、直齿锥齿轮铣齿机、直齿锥齿轮拉齿机、弧齿锥齿轮铣齿机、弧齿锥齿轮拉齿机等。

精加工齿轮齿面的机床有磨齿机、剃齿机、珩齿机、研齿机等。

二、展成切齿法工作原理

加工齿轮齿面的方法有成形法和展成法两种，齿轮加工机床广泛采用展成法。

按齿轮啮合原理加工齿面的方法称为展成切齿法。刀具作为啮合齿轮副的一方，工件作为另一方，刀具与工件之间的相对运动模仿一对齿轮的啮合运动。在啮合运动过程中，刀具对工件进行切削加工，形成被加工齿面。按展成切齿法加工齿轮的优点是，用同一把刀具可以加工同一模数不同齿数的齿轮，加工精度和生产效率较高。因此在齿轮加工机床上获得广泛的应用。

三、插齿机

插齿机按展成法原理加工齿轮，主要用于加工直齿圆柱齿轮，尤其适用于加工内齿轮和多联齿轮。

（一）插齿原理

插齿刀是一个特殊的齿轮，它的模数和压力角与被加工齿轮的模数和压角力相同，在端面上磨出前角，在齿面上磨出后角，并形成切削刃。

插齿原理如图 6.12 所示，齿轮形插齿刀作上下往复主运动插削工件齿轮。在径向切入阶段，插齿刀每往复运动一次，在回程中作一次径向进给，直至进到预定深度后停止径向进给。接着是圆周对滚切削阶段，工件继续转动一整转，插削完成整个齿圈，全部达到预定深度。根据齿轮模数的大小和加工精度的高低，可采用一次径向切入法、二次径向切入法或三次径向切入法加工。

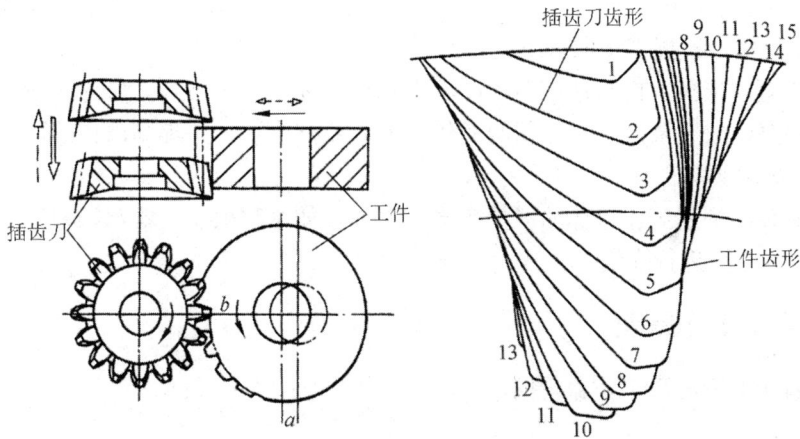

图 6.12　插齿原理

（二）插齿机的运动

1. 主运动

插齿刀轴心线与工件轴心线互相平行，插齿刀沿轴向的往复直线运动形成所需的切削速度。通常，垂直向下运动为工作行程，向上运动为回程。插齿刀的行程应大于工件厚度，两端都要有一定的超程量。

2. 插齿刀的圆周进给运动

插齿刀在作往复运动的同时，还作缓慢的转动。插齿刀每往复一次，其分度圆所转过的弧长就是圆周进给量 $f_{圆周}$（mm）。

3. 展成运动

展成运动是插齿刀与工件齿轮间的啮合运动。每当插齿刀转过一个齿，工件也相应地转过一个齿。展成运动也可称为分齿运动。

4. 径向切入运动

在插齿加工开始时，插齿刀刀尖还没有接触到工件外圆柱面，在插削过程中，刀具（或工件）作径向切入运动，逐渐切入预定齿深，插齿刀每往复一次，径向切入 $f_{径向}$（mm）。径向进给运动在回程中进行，是一个间歇运动。

5. 让刀运动

插齿刀在回程中不切削，为了避免擦伤加工表面和减少刀刃磨损，刀尖必须退离工件一小段距离，并在下一切削行程开始前重新恢复正确加工位置。这种让开和复位的运动为让刀运动。

插齿机是一种半自动机床，在加工一个工件的过程中，上述各种运动能自动完成，在完成整个工作循环后自动停机，待拆卸已加工工件，装上新的毛坯后，重新开动机床即可开始下一个自动工作循环。所以能实现多机床看管，提高生产效率。

第六节　泵

泵是用来输送液体的一种机械设备，通过泵把原动机的机械能变成液体的动能和压力能。泵的种类很多，根据工作原理不同，泵可分为以下几种类型。

（1）叶片泵，依靠泵内高速旋转的叶轮来输送液体，如离心泵、轴流泵等。

（2）容积泵，依靠泵内工作容积的变化而吸入或排出液体并提高液体的压力能，如活塞式泵、回转式齿轮泵等。

（3）喷射泵，利用工作流体的能量来输送液体，如水喷射泵、蒸汽喷射泵等。

本节将对离心泵进行介绍。

一、离心泵工作原理

图 6.13 所示为离心泵工作原理图。

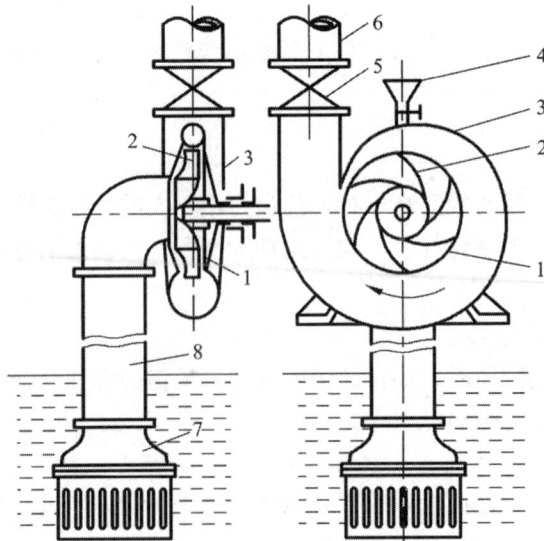

1—叶轮；2—叶片；3—泵壳；4—漏斗；5—阀门；6—排出管；7—底阀；8—吸入管

图 6.13　离心泵工作原理图

泵的主要工作部件为安装在轴上的叶轮 1，叶轮上均匀分布着一定数量的叶片 2。泵的壳体 3 是一个逐渐扩大的扩散室，形状如蜗壳，工作时壳体不动。泵的入口与插入液池一定深度的吸入管 8 相连。吸入管的另一端装有底阀 7，泵的出口则与阀门 5 和排出管 6 相连。

开泵前，吸入管和泵内必须充满液体。这时先通过漏斗 4 充灌液体（称为灌泵），然后关闭漏斗下方的阀门开泵。开泵后，叶轮高速旋转，其中的液体随着叶片一起旋转，在离心力的作用下，飞离叶轮向外射出，射出的液体在泵壳扩散室内速度逐渐变慢，压力逐渐增加，然后从泵出口、排出管流出。此时，在叶轮中心处由于液体被甩向周围而形成既没有空气又没有液体的真空低压区，液池中的液体在池面大气压力的作用下，推开底阀 7 经吸入管流入泵内。液体就是这样连续不断地从液池中被抽吸上来又连续不断地从排出管流出。

二、离心泵装置

离心泵装置如图 6.14 所示，由离心泵 3、电动机、吸入管 2、排出管 8 和阀门等组成。

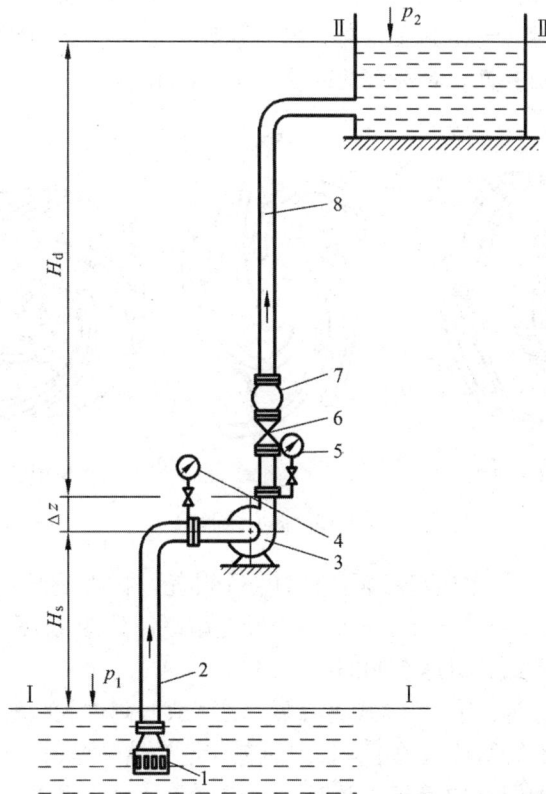

1—底阀；2—吸入管；3—离心泵；4—真空表；5—压力表；6—闸阀；7—逆止阀；8—排出管

图 6.14 离心泵装置

底阀 1 由单向阀和防污网组成。底阀上的单向阀只允许液体从吸液池流进吸入管，而不允许反方向流动。它的主要作用是保证泵在启动前能灌满液体，而周边的防污网则起着防止液池中的杂物被吸入泵中的作用。

逆止阀 7 又称止回阀，它实际上也是个单向阀，在停泵时靠排出管中的液体压力自动关闭，防止液体倒流泵内冲坏叶轮。

闸阀 6 的用途是在开、停或检修泵时截断流体，对于小型泵装置，它还用于调节泵的流量。

真空表 4 和压力表 5，分别用于测定泵的入口和出口的压力，人们可以根据表的读数的变化，分析判断泵的运行是否正常。

三、离心泵分类

离心泵的类型很多，一般根据用途、叶轮、吸入方式、压出方式、扬程、泵轴位置等来分类。

按离心泵的用途可分为清水泵、杂质泵和耐酸泵。

按叶轮结构可分为：① 闭式叶轮离心泵，叶片左右两侧都有盖板，如图 6.15（a）所示，适用于输送无杂质的液体，如清水、轻油等。② 开式叶轮离心泵，叶片左右两侧没有盖板，如图 6.15（b）所示，适用于输送污浊液体，如泥浆等。③ 半开式叶轮离心泵，如图 6.15（c）所示，适用于输送有一定黏性、容易沉淀或含有杂质的液体。

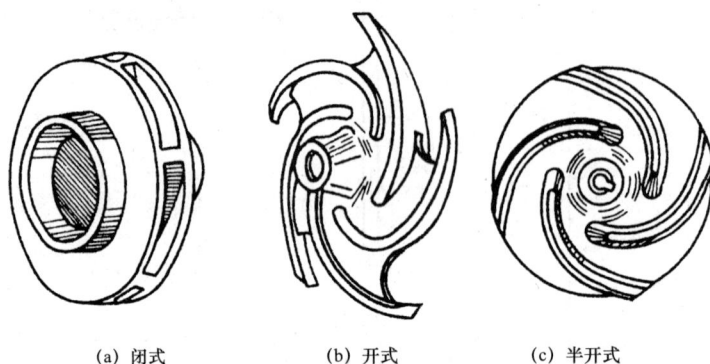

(a) 闭式   (b) 开式   (c) 半开式

图 6.15　离心泵叶轮

按叶轮数目可分为：① 单级离心泵，只有一个叶轮，扬程较低，一般不超过 50～70 m。② 多级离心泵，泵的转动部分（转子）由多个叶轮串联，如图 6.16 所示，泵的扬程随叶轮数目的增加而提高，扬程最大可达 2 000 m。

按泵的吸入方式可分为：① 单吸式离心泵，液体从一侧进入叶轮。这种泵结构简单，制造容易，但叶轮两侧所受液体总压力不同，因而有一定的轴向推力。② 双吸式离心泵，液体从两侧同时进入叶轮，如图 6.17 所示。这种泵结构复杂，制造困难，主要的优点是流量大，轴向力平衡。

按泵的压出方式分为：① 蜗壳式离心泵，如图 6.18 所示，液体从叶轮流出后，直接进入蜗壳的流道，由于流道截面从小变大，速度减慢，部分动能转化为静压。这种压出方式结构简单，常用于单级离心泵或多级泵的最后一级。② 导流式离心泵（透平泵），如图 6.19 所示。在叶轮外周的泵壳上固定有导叶，导叶起着导流的作用，同时液体流经导叶，部分动能被转化为压力能。导叶用于多级泵和高速离心泵上，在单级泵中应用较少。

按扬程分为：① 低压泵，扬程不超过 200 m 水柱。② 中压泵，扬程为 200～600 m 水柱。
③ 高压泵，扬程超过 600 m 水柱。

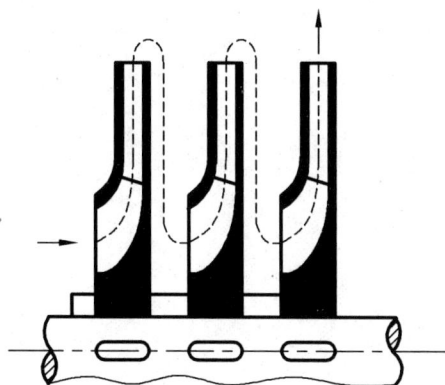

图 6.16 多级离心泵的叶轮串联简图

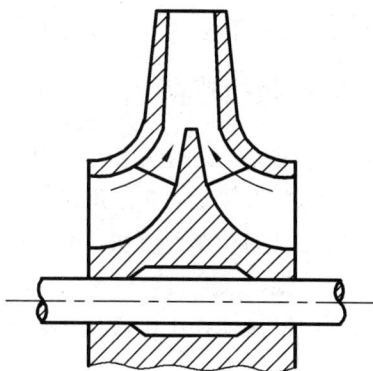

图 6.17 双吸式离心泵

图 6.18 蜗壳式离心泵

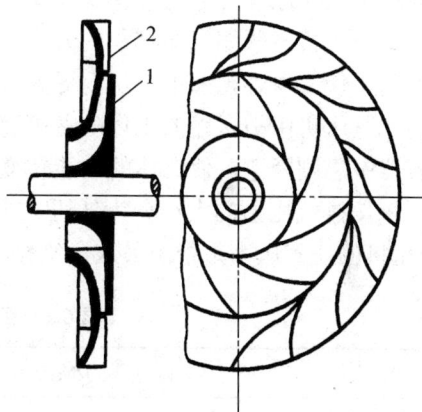

1—叶轮；2—导叶

图 6.19 导流式离心泵

按泵轴位置分为：① 立式泵，泵轴垂直放置，吸入口在泵的下端。② 卧式泵，泵轴水
平放置。这种泵维修管理方便，常见泵多为这种形式。

第七节 空 压 机

一、空压机的作用

空气压缩机简称空压机，是一种生产压缩空气的机器，它将原动机的能量转化为空气的
压力能。

在生产和生活中，许多机器和机构是利用压缩空气为动力的。机械制造厂中的气动工夹
具、锻造空气锤、振压式造型机、落砂机、冲砂锤、风铲、风镐、风动手提砂轮、汽车和

161

火车中的气动制动、柴油机中的气压启动等，都以压缩空气为动力。此外，空压机还在火电厂、轻纺、印刷、矿山、化工、炼钢、制氧、制冷及物料的管道输送等工业部门获得广泛的应用。

空压机既可压缩空气，也可压缩其他气体。

二、空压机的特点

空压机能获得广泛的应用，是因为它具有许多特点。

（1）压缩空气便于集中生产和远距离输送。

（2）气动机构动作速度快，容易控制。

（3）无污染，安全性好。

（4）气动机械体积小、质量小、操作方便。

三、空压机的分类

空压机按工作原理可分为容积式和动力式。

容积式空压机靠压缩气体容积的方法来提高气体压力。如活塞式空压机，活塞在气缸内作往复运动，使气体容积缩小，从而提高气体压力。

动力式空压机中被压缩的气体随着高速旋转的叶轮运动，从而使气体获得较大的动能，再在扩容器中急剧降速，使气体的动能转变为压力，如离心式空压机。

空压机按排气压力的大小分为低压、中压、高压和超高压空压机。其压力范围如表 6.1 所示。空压机的排气压力是指由最末一级排气阀排出的压缩气体的表压力，单位为 Pa 或 MPa。

表 6.1　空压机的压力范围

类　别	排气压力/MPa	类　别	排气压力/MPa
低　压	0.2～1	高　压	10～100
中　压	1～10	超高压	100 以上

空压机按冷却方式分为风冷式和水冷式。

四、活塞式空压机

1. 活塞式空压机的类型

活塞式空压机按气缸排列方式分为立式、卧式、角度式、对称平衡式空压机。

活塞式空压机按活塞动作分为单作用式、双作用式空压机。单作用式空压机是活塞往复运动时，吸、排气只在活塞一侧进行，在一个工作循环中完成一次吸、排气。双作用式空压机是活塞往复运动时，其两侧均能吸、排气，在一个工作循环中完成两次吸、排气。

活塞式空压机按排气量分为微型、小型、中型、大型空压机。

活塞式空压机按工作压力分为低压、中压、高压、超高压空压机。

2. 活塞式空压机的工作原理

图 6.20 所示为单级单作用活塞式空压机结构示意图，空气的压缩是由气缸工作容积变化

实现的。曲轴旋转一周，活塞往复移动一次，顺序完成吸气、压缩、排气三个过程，即完成一次工作循环。

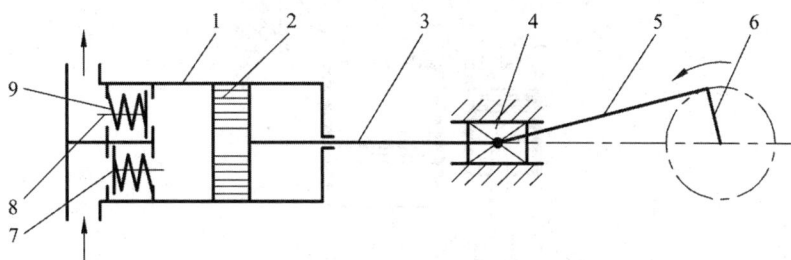

1—气缸；2—活塞；3—活塞杆；4—十字头；5—连杆；6—曲轴；7—吸气阀；8—排气阀；9—弹簧

图6.20　单级单作用活塞式空压机结构示意图

（1）吸气过程。活塞自最左端上止点向右移动，气缸容积增大，压力降低，当压力低于进气管中的压力时，吸气阀在压力差作用下自动打开，空气被吸入气缸，直到活塞移动至最右端下止点，吸气过程才停止。

（2）压缩过程。活塞由最右端下止点开始反向向左移动，由于吸气阀是单向阀，气缸中的空气不能倒流进入进气阀，同时排气阀在弹簧和排气管中气压的作用下尚未打开，气缸中的空气暂时还不能进入排气阀。活塞左移使气缸容积变小，空气被压缩，其压力随着活塞左移而逐渐升高。

（3）排气过程。当气缸中空气压力的作用力稍大于排气管中气压作用力与排气阀弹簧作用力之和时，排气阀自动打开，开始排气。在排气过程中，压力不再升高，直至活塞移动至最左端上止点，排气过程结束。

3. 两级压缩简介

当空压机排气压力较高时，常采用两级压缩或多级压缩。

压缩比是指气缸排气压力与吸气压力的比值。压缩比越大，因余气膨胀而失去的气缸工作容积越大，当排气压力达到一定值时，气缸就不再吸气和排气了，因此每级压缩比不宜过大。

随着压缩比的增大，气缸内气体的温度会随着升高，这样使润滑油的黏度变小，润滑质量降低，运动件之间的摩擦增大，功率消耗增加。并且，当温度达到润滑油的闪点时，润滑油会发生燃烧、爆炸。

由此可知，要获得较高压力的压缩空气，应采用两级或多级压缩，逐级地提高压力。此外为了减少功的消耗，在每级压缩后，用冷却器对高温压缩空气进行冷却。

图6.21所示为两级活塞式空压机简图，在一级气缸与二级气缸之间有中间冷却器。压缩气体经二级气缸排出，送入储气罐或后冷却器中。

4. 活塞式空压机的结构

图6.22所示为4L-20/8型空压机构造示意图，它是一种双缸、二级双作用（或称复动）、水冷活塞式空压机。主要由传动机构、压缩机构、吸气阀、排气阀、排气量调节装置、安全保护装置、润滑系统和冷却系统组成。

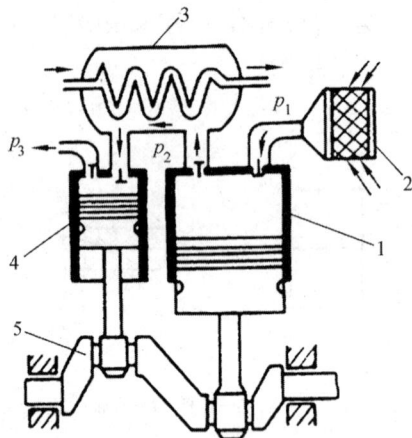

1—低压气缸；2—空气过滤器；3—冷却器；4—高压气缸；5—曲轴

图 6.21　两级活塞式空压机简图

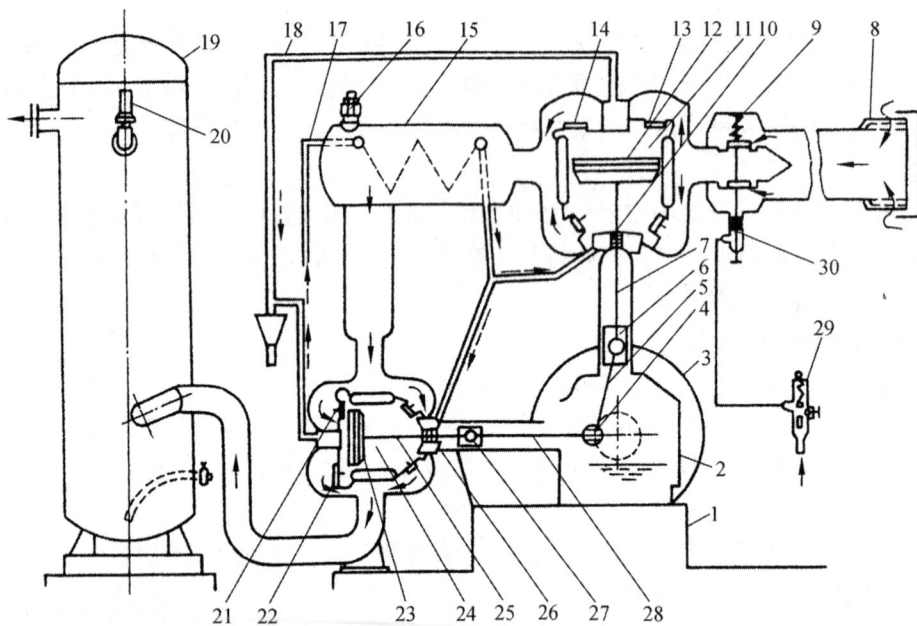

1—机座；2—机身；3—带轮；4—曲轴；5—立列连杆；6—立列十字头；7—一级活塞杆；8—空气过滤器；
9—减荷阀；10—立列填料箱；11—一级气缸；12—一级活塞；13—一级吸气阀；14—一级排气阀；
15—中间冷却器；16—一级安全阀；17—进水管；18—出水管；19—储气罐；20—二级安全阀；
21—二级吸气阀；22—二级排气阀；23—二级活塞；24—二级气缸；25—二级活塞杆；
26—卧列填料箱；27—卧列十字头；28—卧列连杆；29—压力调节器；30—减荷阀组件

图 6.22　4L－20/8 型空压机构造示意图

空压机由电机通过三角带驱动。机器工作时，曲轴转动，并通过连杆分别驱动立列与卧列十字头作往复直线运动，当一级活塞向下移动时，空气经过滤器、一级吸气阀吸入一级气缸内，当一级活塞向上移动时，气缸内空气被压缩，从一级排气阀被压进中间冷却器。当二级活塞向右移动时，中间冷却器内的压缩空气经二级吸气阀被吸入二级气缸，再次压缩后，从二级排气阀排出。进入后冷却器或储气罐中储存，以供使用。

（1）气缸。气缸由缸体、缸盖和缸座三个铸件组成。缸壁外有水套，三个铸件的水套相互贯通，水套壁将吸气阀和排气阀的气路隔开。缸盖、缸体和缸座均用双头螺栓联接。在结合面上有石棉橡胶垫片，以保证密封。

（2）活塞。活塞用铸铁制成，结构为中空密闭的整体圆盘，借锥孔与活塞杆相连。

活塞环用高级灰铸铁制造，具有稳定的弹力。

钢制活塞杆的杆身经表面硬化处理，具有良好的耐磨性。活塞杆与十字头连接的螺纹可用以调节活塞上、下止点间隙，调节好后用螺母锁紧。上止点间隙为 2～3 mm，下止点间隙为 1.2～2.2 mm。

（3）连杆。连杆用优质中碳钢制成，杆身内部有贯穿两头的油孔。连杆的大头为分开式，嵌有瓦片，其间有调整间隙的软金属。连杆的小头轴衬为铜套，穿入十字头销与十字头相连。

（4）曲轴。曲轴用优质中碳钢制成，仅有一个曲柄销，曲臂上固结着两块平衡块。曲轴的外伸端用来装配皮带轮。曲轴后端插有传动齿轮油泵的小轴，并经过小轴上的蜗杆驱动柱塞式注油器。

（5）曲轴箱。曲轴箱用灰铸铁制成，其两侧壁上有轴承座。曲轴箱底部与基础用地脚螺栓固接。

（6）填料箱。为了气缸的密封，在活塞杆伸出端与气缸之间设有填料箱。填料要求有良好的密封性和耐磨性，所用材料有铸铁、巴氏合金、青铜、高铅青铜和聚四氟乙烯。

练习与思考题

1. 比较车床、钻床、镗床加工孔时的运动情况，不同的机床适于加工哪些工件。
2. 卧式铣镗床、坐标镗床、精镗床三者各有何特点？各有什么用途？
3. 卧式铣镗床有几个作主运动的执行件？各叫什么名称？各有何作用？
4. 铣床能完全代替刨床吗？刨床适用于何种场合？
5. 除所用的刀具不同外，比较车床车外圆柱面和外圆磨床磨削外圆柱面有何不同。
6. 万能外圆磨床能加工外圆柱面和外圆锥面，为什么还需要普通外圆磨床？
7. 何为展成切齿法？用此法加工齿轮齿面有何优点？
8. 叙述插齿机的用途和运动。
9. 万能外圆磨床的基本加工方法有哪些？分别用于加工哪些工件？
10. 叙述泵的用途和类型。
11. 说明离心泵是如何工作的。
12. 离心泵工作前为什么要灌泵？
13. 根据用途、叶轮、吸入方式、压出方式、扬程、泵轴位置不同，离心泵可分为哪些类型？

    14. 举例说明空压机的作用。

    15. 活塞式空压机的工作循环有哪几个过程？试加以说明。

    16. 单作用与双作用活塞空压机工作原理有何区别？

    17. 活塞式空压机由哪些主要部件组成？

第七章 常用设备的安装与故障分析

第一节 机械设备的安装

机械设备的安装，就是准确、牢固地把机械设备安装到预定的空间位置上，经过检测、调整和试运转，使各项技术指标达到规定的标准。这一过程包括基础的验收，安装前周密的物质和技术准备，设备吊装、检测及调整，基础的二次灌浆及养护，试运转，等等。

机械设备安装质量的好坏，不但影响产品的产量和质量，而且会直接影响设备自身的使用寿命。所以整个安装过程必须对每个环节严格把关，以确保安装质量。

一、安装计划

最大限度地加快施工进展，以缩短安装周期，对新建企业来说可以早日投产，对进行技术改造的老企业，则可以缩短停产时间。为此，必须运用网络图制定施工计划和进行施工管理。其大致步骤如下。

（1）确定各施工工序和工序中各环节所需时间。

（2）初步绘制出施工网络图。

（3）计算各工序最早和最晚的开工及完工时间。

（4）找出网络图中的主要矛盾项目及主要矛盾线，并计算总工期及时差。

（5）选择最佳方案，并据此修改网络图。

（6）根据网络图制定科学的具体施工方案和编制施工计划。

（7）在施工过程中，必须注意因情况的变化而引起的矛盾转化，及时调整施工计划。

需要注意的是，在制订机械设备安装的施工计划和组织实施过程中，都必须重视施工的安全问题，防止人身和设备安全事故的发生。

二、设备的基础

工厂绝大部分机械设备都需要牢固地固定在基础上，长久地保持其空间几何位置不变动。基础要承受设备的全部重量和运转时产生的各种动载荷，并把它们传布到地下。此外，基础还起吸收和隔离振动的作用。如果基础设计不当或施工质量不佳，必将影响设备的精度、使用寿命和产品质量，严重时会使设备不能开动，甚至引起重大设备事故。

设备的基础按其结构可分为块型基础和构架式基础。构架式基础一般用来安装塔类、罐类和高频率设备，如发电机组。块型基础应用广泛，适合安装各种类型的设备。

设备的基础一般用混凝土浇灌而成，浇灌时常留出地脚螺栓的安装孔，待设备装上基础并初步找好水平后再浇灌地脚螺栓。对于一些小型设备或受力稳定的中型设备，也可不用地脚螺栓，直接将设备安装在基础上，用调整垫铁调整水平后，在设备周围浇灌 200～300 mm 高的混凝土脚柱。

三、设备安装前的准备工作

设备安装前有许多准备工作，主要有技术准备，机械的检查、清洗、预装配和预调整，设备吊装的准备及安全措施制定等。准备工作是否周密，将直接影响安装质量和工期。

1. 技术准备

（1）安装前，主持和从事安装工作的工程人员，应该充分研究机械设备的图纸、说明书，熟悉设备的结构特点和工作原理，掌握设备的主要技术数据、技术参数、设备性能、安装特点等。

（2）研究设备安装的施工图，检查施工图与设备本身以及安装现场有无尺寸不符、安装部位错位或工艺管线与厂房原有管线是否冲突等。

（3）了解与本次安装有关的国家和省部委颁发的施工、验收规范。研究和制定要达到这些规范的技术要求所需的技术措施，并据此制定对施工的各个环节、安装的各个部位的技术要求。

（4）对安装工人进行有针对性的技术培训。

2. 开箱检查与清洗

设备到货后应立即进行开箱检查，根据设备装箱单逐一核对零部件、备品配件、专用工具等是否齐全，运输途中是否造成变形、锈蚀或损坏，并作记录，然后进行清洗。

3. 设备的预装配和预调整

为了缩短安装工期，减少安装时的组装、调整工作量，常常在安装前预先对设备的若干部件进行预装和预调整，把若干零部件组装成大部件。用这些预先组合好的大部件进行安装，可以大大加快安装进度。预装和预调整常常可以提前发现设备存在的问题，及时加以处理，以确保安装的进度和质量。

4. 吊装用机具

根据设备安装的施工方案，选择和准备吊装用的机具。吊装使用的机具一般有索具、吊具、水平运输工具等。

四、设备的安装

1. 设置安装基准

机械设备安装过程中，需要确定机械的高程和在平面上的位置，这就需要设置作为测量和调整高程的基准点。

2. 基础的处理和设置垫板

在安装重型机械设备时，为防止安装后基础下沉或倾斜，要在安装前对基础进行预压。当基础的养护期满后，在基础上放上相当于设备重量的 1.5～1.7 倍的重物，进行预压。时间为 70～120 h，每天用水准仪观察，直到基础不再下沉为止。

安装前要先将基础表面铲成麻面并设置垫板。一次浇灌出来的基础，其表面的高程、水平和地脚螺栓位置不可能达到安装的精度要求。所以通常采用垫板组来调整设备的高程，调整好后，再进行二次灌浆以防垫板松动。

3. 设备安装位置的检测与调整

设备吊装到基础上后，其位置还需要调整才能达到要求。调整的依据就是检测的数据。设备安装位置的检测与调整包括两项内容，一是设备的整体找正、找平、找高程，二是设备各部件之间相互位置的检测与调整。

4. 二次灌浆

设备检测调整合格后，应尽快进行二次灌浆，其作用是防止垫板松动。浇灌时应注意不要碰到垫板和设备。

5. 试运转

试运转是对设备安装施工质量的综合检验。大多数情况下，试运转中都会发现一些问题，如设备本身由于设计、制造造成的缺陷，由于工艺及基础设计不当、安装质量不良造成的故障。

试运转的步骤和内容为：辅助系统试运转，动力设备空载试运转，设备空载试运转，设备负荷试运转，设备的精度检验。

6. 安装工程的质量评审与验收

由相关部门（一般有主管部门、生产设计和施工单位）根据合同规定、国家质量标准、设计要求、工艺要求等验收标准进行各项目验收，合格后进行工程移交。

第二节　机床常见故障及排除

一、机床的维护、保养和计划维修

（一）机床的维护

正确维护机床是提高工作效率，保持机床较长的使用寿命，保持机床的加工精度的必备条件。经常维护机床，也是劳动者的职责。维护机床主要是采取及时的清洁措施和定期对机床零部件进行润滑。

1. 日常的清洁措施

在机床开动之前，应该用粗白色软布将机床上的灰尘和污物清除干净，在工作完毕后，应将机床上的切屑清除，并把导轨上的乳状物、铁末及污秽的东西清除干净，然后在导轨上加上一层薄的润滑油。这是机床操作者每个工作班前后必须做的准备及结束工作。

2. 机床的润滑

正确而合理地润滑机床，可以减少机床相对运动件的磨损，延长机床的使用寿命，减少由于摩擦而引起的动力消耗，提高机械效率，是保证机床连续正常工作的重要措施。

机床的润滑分为分散润滑和集中润滑两种。分散润滑是在机床的各个润滑点分别用独立、分散的润滑装置来润滑，集中润滑是由一个润滑系统同时给许多润滑点进行润滑。前者一般用间歇的方法进行，后者则经压力连续地进行。

（1）手工润滑。手工润滑一般是在开动机床之前用油壶向各个润滑点，如油孔、油杯、压油杯等加入一定的润滑油（通常采用20～40号机械油，多用30号机械油进行润滑），以达到润滑的目的。负荷较轻，运动速度低的摩擦副，多用手工润滑。这种润滑方法，每个工作班开动机床之前必须进行一次。

（2）油芯油杯润滑。油芯油杯润滑是利用油杯中油芯的毛细管作用将油从油杯中吸起，借助其自重滴到摩擦副上。这种润滑方法有过滤作用，能连续不停地滴油，但机床不工作时仍继续滴油，耗油量较大，一般用于负荷轻及低速的摩擦副。

（3）飞溅润滑。飞溅润滑是借箱体内高速旋转的齿轮或专用甩油盘，将箱体内的润滑油甩起，飞溅到各个摩擦副上。这种方法多用于主轴箱和变速箱中。

（4）集中循环润滑。集中循环润滑是用润滑油泵将过滤干净的润滑油经油管输送到各个润滑点，并经回油管流回油箱。这种润滑方法能连续供油，既能起润滑作用，又能起冷却作用，且供油量能调节，适于结构复杂、高速、重载，对温升有一定要求的摩擦副如摩擦离合器、轴承等。集中循环润滑一般采用30号机械油。

机床的润滑工作按照机床说明书上的机床润滑图，并定期进行换和加油。机床的主轴箱、进给箱、溜板箱和工作台等，一般应每半个月添油一次，每2～6个月换油一次，由机床操作者进行。

（二）机床的保养

机床的保养分例行保养（日保养）、一级保养（月保养）和二级保养（年保养）。

1. 例行保养

例行保养的目的是确保机床的整齐、清洁、安全，由机床操作者每天独立进行。保养的内容包括开车前的检查、润滑，工作中遵守操作规程，下班认真清扫、做好交接班工作、周末大清洗等工作。

2. 一级保养

一级保养的目的是减少机床磨损，延长使用寿命，消除事故隐患，为完成生产计划创造良好条件。机床每运转1～2个月（两班制），以操作工人为主，维修工人配合，在排定的时间按规定内容进行一次保养，保养时间一般为4～8 h。一级保养的内容是进行部件的拆卸、清洗、检查、调整和紧固等工作。现以普通车床的一级保养为例进行说明。

普通车床的一级保养从八个部位进行。

（1）外部保养。清洗机床的外表；清洗丝杠、光杠、操纵杠等外露精密表面，要求无毛刺、无锈蚀；检查补齐外部缺件。

（2）传动部分。检查主轴上的螺母和紧定螺钉是否松动；调整摩擦离合器及制动器；检查清洗导轨面、修光其上的毛刺，清洗调整镶条；检查皮带，必要时调整其松紧程度。

（3）刀架溜板。拆洗横溜板和小溜板上的丝杠螺母、压板并调整镶条及丝杠螺母间隙。

（4）挂轮架。拆洗齿轮、轴套，然后注入新油脂，调整齿轮间隙。

（5）尾座。拆洗尾座使内外清洁，调整顶尖与主轴的同轴度。

（6）润滑部位。油路要畅通，油窗醒目，润滑装置齐全，清洗滤油器。

（7）冷却部位。清洗过滤网，冷却液池应无沉淀、无杂物，冷却管道畅通，固定紧牢。

（8）电器部件。电器装置要固定整齐，动作可靠，触点良好。

3. 二级保养

二级保养的目的是使机床达到完好标准，提高和巩固设备完好率，延长大修周期。机床每运转一年，以维修工人为主，操作工人参加，在排定时间进行一次包括修理内容的保养，保养时间一般为 7 d 左右。二级保养的内容除一级保养内容外，还须进行检修、换油。如修复、更换磨损零件，部分刮研，机械、电机的换油等。现以普通车床的二级保养为例进行说明。

普通车床的二级保养从七个部位进行。

（1）传动部位。检查各部件的传动零件，根据情况调整、修复或更换；检查修刮镶条及导轨。

（2）操纵部位。操纵装置动作灵敏，定位可靠。

（3）尾座。检查尾座，修复尾座套筒锥体。

（4）润滑部位。清洗油泵、油池，更换润滑油。

（5）冷却部位。拆检阀门消除泄漏，更换冷却液。

（6）机床精度。检查调整精度，必要时刮研修复。

（7）电器。进行电器检修，必要时更换电器元件，测量电机的绝缘情况。

（三）机床的计划维修

机床的计划维修分小修、中修（又称项修）和大修三类。这三类计划维修是根据设备动力部门编制的年维修计划进行的。

1. 小修

一般情况下，小修可以以二级保养来代替。小修时以维修工人为主，对机床进行部分检查和调整，更换个别严重磨损的零件，调整零部件间的间隙和相对位置，对相对运动件的结合面上的毛刺和划痕进行修光等工作。

2. 中修

中修前，须先进行预检，以便确定修理项目，制定中修预检单，并做好外购件和磨损件的配备工作。中修前预检需 5 d 左右。

中修除进行二保工作项目外，根据预检情况对机床的局部进行针对性修理，由维修工人为主，在机床原地进行。中修时间需 21 d 左右。修理时，拆卸、分解需要修理的部件，清洗和擦净已分解的零部件和未分解的部件，进一步检定所有零件、部件，核对和补充中修单，修复或更换不能维持到下一次大修期的零件，修刮磨损的导轨和工作台台面，非工作表面进行喷漆或补漆，进行外观检查、空载和负荷试验；检查温升、噪声，并按机床精度标准验收机床，个别难以达到精度的部分，留到大修时解决。

3. 大修

大修前，须进行全机床预检，必要时，进行磨损件的测绘，制定大修预检单，作好外购件和配件的购置或制造工作。

大修以维修工人为主，将机床搬回到机修车间进行，时间需 35 d 左右。修理时，拆卸和分解整台机床，清洗、擦净全部零件，核对和补充预检单；更换或修复不符合要求的零件、修复主要大型零件；刮削全部刮研表面，恢复机床的原有精度并达到出厂精度标准，对非工作内表面清洗涂漆，非工作外表面上腻子、打光、喷漆，进行外观检查和空转、负荷试验；

检查温升、噪声并按机床精度检验标准验收机床。遇有不合格项目，须进一步进行修复。

二、机床加工中零件表面的常见缺陷及排除措施

机床加工工件时所能达到的加工精度，与机床、刀具、夹具、工件整个系统有关。就机床本身而言，影响加工精度的因素也很多，如机床制造时的零件制造误差和装配误差；机床在负荷下由于力的作用而产生的静态精度变化；机床在使用过程中的局部温升、相对运动件的磨损等；机床的刚度、振动、受热变形等。本节只从机床精度因素方面分析普通车床加工中零件表面的常见缺陷及排除措施，如表 7.1 所示。

表 7.1　普通车床加工中零件表面的常见缺陷及排除措施

常见缺陷		产生原因	排除措施
加工内外圆柱表面	锥度	1. 主轴锥孔轴线与尾座套筒锥孔轴线在水平面内的同轴度误差； 2. 主轴轴线对溜板移动在垂直平面内的平行度误差； 3. 导轨在同一平面内的误差	1. 调整尾座相对于尾座底板在水平面内的横向位置； 2. 修刮导轨恢复精度； 3. 调整相应的机床垫铁
	圆度误差	1. 主轴轴承间隙过大； 2. 主轴轴颈或箱体轴承孔的圆度误差； 3. 主轴轴承外圈的外径或滚道有圆度误差	1. 调整主轴轴承； 2. 用镀铬法局部修复轴颈，用研磨修复或镗大后镶套修复； 3. 更换主轴轴承
	圆柱度误差	1. 溜板移动在水平面内的直线度误差； 2. 床身导轨在垂直平面内的直线度误差； 3. 床头和尾座两顶尖的等高度误差； 4. 主轴轴线对溜板移动在水平面内的平行度误差	1. 修刮导轨； 2. 修刮导轨（如尾座高，可修刮尾座底板上平面，如尾座低，可用纸或铜皮垫高或更换底板）； 3. 调整主轴箱（用两矩形导轨定位时）位置或修刮导轨（用一矩一山导轨定位时）
	多次装夹中加工出的各面间，基准面与加工面间的同轴度误差	1. 主轴定心轴颈径向跳动； 2. 主轴轴肩、支承面的跳动； 3. 主轴轴线的径向跳动	1. 用车刀修定心轴颈，重配卡盘法兰； 2. 用车刀修轴肩支承面； 3. 在刀架上安装内磨夹具自磨内锥孔 注意：以上三项措施，必须在调整主轴轴承或更换轴承后，仍发现跳动才进行自加工
精加工螺纹	螺距误差	1. 主轴的轴向窜动； 2. 丝杠的轴向窜动； 3. 挂轮的啮合间隙过大； 4. 开合螺母合上后工作不稳定； 5. 从主轴到丝杠间的传动链传动比误差	1. 调整主轴轴承，特别是推力球轴承； 2. 调整进给箱输出轴上的推力球轴承； 3. 调整挂轮的啮合间隙； 4. 调整开合螺母的燕尾导轨镶条； 5. 设法将传动链传动比误差减小
	螺纹表面有波纹	1. 丝杠的轴向窜动； 2. 工件细长刚性差，引起振动	调整进给箱输出轴上的推力球轴承、使用跟刀架

续表

常见缺陷		产生原因	排除措施
精加工端面	平面度误差（中凸中凹不平整）	1. 横刀架横向移动对主轴轴线的垂直度误差（＜90°）； 2. 横刀架横向移动对主轴轴线的垂直度误差（＞90°）； 3. 横导轨直线度误差； 4. 主轴轴向窜动	1. 修刮横导轨并调整镶条（在＜90°范围内）； 2. 修刮横导轨并调整镶条（在＞90°范围内）； 3. 修刮横导轨的直线度； 4. 调整主轴轴承及推力球轴承
	重复出现环状波纹	1. 横向进给丝杠螺母间隙太大； 2. 横向进给丝杠弯曲	1. 调整横向进给丝杠螺母间隙； 2. 校直丝杠
精加工圆柱表面	重复出现定距波纹	1. 纵进给齿轮齿条啮合不正确，刀架定期振动； 2. 光杠弯曲，每转一转使刀架周期性振动； 3. 进给箱、溜板箱、光杠支架三孔同轴度误差，使光杠处于弯曲状态下工作； 4. 溜板箱中传动齿轮损坏或分度圆振摆超差； 5. 纵溜板与床身导轨配合间隙过大	1. 将齿条平行向下移，使与齿轮啮合正常，并重打定位销； 2. 校直光杠； 3. 调整三者恢复同轴度； 4. 检查所有齿轮，更换损坏或超差齿轮； 5. 用0.04 mm塞尺检查平压板与导轨间隙，修刮平压板工作面
	有混乱波纹	1. 主轴轴向窜动； 2. 主轴轴承滚道磨损太大； 3. 卡盘与主轴配合松动； 4. 方刀架底面与小溜扳上的刀架座表面接触不良； 5. 燕尾导轨间隙过大	1. 调整主轴轴承及推力球轴承； 2. 更换新轴承； 3. 重新配作卡盘法兰； 4. 将刀具夹紧在刀架上，用涂色法检查接触情况并用修刮法修复； 5. 调整导轨间隙
	在定长上有凸痕	1. 床身导轨在定长上有碰伤、凸痕，使刀架定长抬起； 2. 进给齿条的接缝不良或某处有凸出	1. 修去碰伤、凸痕上的毛刺； 2. 修去齿条毛刺，修整某一齿形或校正两齿条间接缝

三、铣床加工中零件表面的常见缺陷及排除措施

卧式升降台铣床加工中零件表面的常见缺陷及排除措施如表7.2所示。

表7.2　卧式升降台铣床加工中零件表面的常见缺陷及排除措施

常见缺陷	产生原因	排除措施
精加工时，工件表面出现波纹	1. 主轴轴承磨损过大； 2. 工作台纵横导轨上的压板、镶条磨损或未调整好，出现间隙过大，引起铣切时振动； 3. 纵向丝杠螺母副间隙过大； 4. 不参与切削进给工作的相对运动件没有锁紧	1. 调整或更换主轴轴承； 2. 调整导轨上的压板、镶条，使其间隙适当，松紧合适； 3. 调整丝杠螺母副间隙； 4. 锁紧床鞍和升降台

续表

常见缺陷	产生原因	排除措施
工件表面间的平行度或垂直度误差	1. 工作台面对床身垂直导轨面的垂直度超差； 2. 工作台面对工作台移动的平行度超差； 3. 主轴旋转轴线对工作台面的平行度超差； 4. 主轴旋转轴线对工作台中央 T 形槽的垂直度超差； 5. 中央 T 形槽对工作台纵向移动的平行度超差； 6. 工作台横向移动对工作台纵向移动的垂直度超差	根据不同加工表面和加工对象，按"机修工艺"检验机床各有关部件间的精度，根据误差情况对有关部件进行修刮或调整，以恢复原来精度
工件加工表面在接刀处不平	1. 升降台垂直移动的直线度超差； 2. 工作台面对床身垂直导轨面的垂直度超差； 3. 主轴旋转轴线对工作台横向移动的平行度超差	根据不同加工表面和加工对象，按"机修工艺"检验机床各有关部件间的精度，根据误差情况对有关部件进行修刮或调整，以恢复原来精度
加工表面平行度误差	1. 升降台垂直移动的直线度超差； 2. 主轴轴肩支承面的跳动超差； 3. 主轴锥孔轴线的径向跳动超差； 4. 主轴旋转轴线对工作台面的平行度超差	1. 修刮床身上的垂直导轨； 2. 调整或更换主轴轴承； 3. 修刮横导轨
表面粗糙度差	1. 主轴端部的跳动超差； 2. 主轴锥孔轴线的径向跳动超差； 3. 悬梁导轨对主轴旋转轴线的平行度超差； 4. 刀杆支架孔对主轴旋转轴线的重合度超差	1. 调整或更换主轴轴承； 2. 调整或更换主轴轴承； 3. 修刮横导轨； 4. 用偏心钢套代替原来的后支架铜套或后支架孔镗大重新配一铜套

第三节　内燃机常见故障及排除方法

影响内燃机故障的因素很多，现就常见的几种常见故障、原因分析及排除方法列表说明，如表 7.3 所示。

表 7.3　故障分析及排除方法

常见故障		原因分析	排除方法
声音异常	活塞拉缸或卡住	1. 杂物影响； 2. 活塞环折断等	1. 清洗过滤器； 2. 更换活塞环等
	敲缸	气缸壁与活塞磨损间隙过大	调换活塞环，必要时镗缸、更换活塞
气缸积炭		1. 气门关闭不严； 2. 漏气，机油上窜，燃油燃烧不完全等	1. 调整气门间隙； 2. 调换活塞环，进、排气管排堵，使之通畅
烧瓦		机油压力过低，造成润滑不良	调整机油压力，调换轴瓦、或刮轴瓦与轴颈研磨
缸体、缸盖产生裂纹		1. 冬季停机后，未放尽冷却水； 2. 缸水过热时，骤加冷水； 3. 缸盖螺栓松紧不均	1. 停机后应放尽水； 2. 应低速运转 10～15 min 后，再加水； 3. 均匀拧紧

常见故障		原因分析	排除方法
漏水		水封损坏、联接管松动、散热器芯部破裂等	及时更换相关零件
内燃机不启动或启动不正常	点火系出故障，如火花塞无火、火花微弱等	1. 积炭、油污，间隙过大； 2. 电路出故障	1. 清除积炭、油污，调整间隙或更换火花塞； 2. 逐级检查电路故障位置
	化油器不供油或来油不畅	1. 油管碰瘪，造成堵塞； 2. 油路中管接头渗水； 3. 化油器针阀卡死； 4. 汽油过滤器堵塞等	1. 理顺油管； 2. 密封拧紧； 3. 用起子柄敲振针阀部位； 4. 清洗滤芯等
	喷油泵不供油或供油不足	1. 供油调节拉杆卡死在不泵位置； 2. 油路中有空气； 3. 出油阀偶件、柱塞偶件磨损	1. 调整供油拉杆； 2. 用手油泵排除油路中的空气； 3. 研磨修复
	喷油器喷油不足或不喷油、喷油雾化不良、漏油等	1. 积炭； 2. 喷油压力低； 3. 喷嘴磨损、不洁	1. 清除积炭，疏通喷油孔； 2. 拧紧调压螺钉，更换调压弹簧等； 3. 清洗、研磨或更换喷嘴

练习与思考题

1. 机械设备安装的步骤和内容有哪些？

2. 使用机床时，应如何进行机床的维护和保养？

3. 描述机床中修、大修的内容。

4. 在普通车床加工圆柱表面时，如工件产生锥度、圆度和圆柱度误差，从机床精度因素方面分析其产生原因及应采取的排除措施。

5. 在铣床上加工平面时，如平面接刀不平，平面间产生平行度、垂直度、平面度等误差，从机床精度因素方面分析其产生的原因及应采取的排除措施。

6. 内燃机不启动的原因有哪些？如何排除？

7. 气门关闭不严会导致什么情况发生？如何解决？

附录 A 金属切削机床类、组、系划分及主参数

表 A.1 金属切削机床类、组划分表

类别		组别									
		0	1	2	3	4	5	6	7	8	9
车床 C		仪表车床	单轴自动车床	多轴自动、半自动车床	回轮、转塔车床	曲轴及凸轮轴车床	立式车床	落地及卧式车床	仿形及多刀车床	轮、轴、辊、锭铲齿车床	其他车床
钻床 Z			坐标镗钻床	深孔钻床	摇臂钻床	台式钻床	立式钻床	卧式钻床	铣钻床	中心孔钻床	
镗床 T				深孔镗床		坐标镗床	立式镗床	卧式铣镗床	精镗床	汽车拖拉机修理用镗床	
磨床	M	仪表磨床	外圆磨床	内圆磨床	砂轮机		导轨磨床	刀具刃磨床	平面及端面磨床	曲轴、花键轴磨床	工具磨床
	2M		超精机	内、外圆珩磨机	平面球面珩磨机	抛光机	砂带抛光机	刀具刃磨及研磨机	可转位刀片磨削机	研磨机	其他磨床
	3M		球轴承套圈沟磨机				叶片磨削机床				
齿轮加工机床 Y		仪表齿轮加工机床		锥齿轮加工机	滚齿机	剃齿及珩齿机	插齿机	花键轴铣床	齿轮磨齿机	其他齿轮加工机	齿轮倒角及检查机
螺纹加工机床 S				套丝机	攻丝机			螺纹铣床	螺纹磨床	螺纹车床	
铣床 X		仪表铣床	悬臂及滑枕铣床	龙门铣床	平面铣床	仿形铣床	立式升降台铣床	卧式升降台铣床	床身式铣床	工具铣床	其他铣床
刨插床 B			悬臂刨床	龙门刨床			插床	牛头刨床		边缘及模具刨床	其他刨床

续表

类别	组别									
	0	1	2	3	4	5	6	7	8	9
拉床 L			侧拉床	卧式外拉床	连续拉床	立式内拉床	卧式内拉床	立式外拉床	键槽及螺纹拉床	其他拉床
特种加工机床 D		超声波加工机	电解磨床	电解加工机			电火花磨床	电火花加工机		
锯床 G			砂轮片锯床		卧式带锯床	立式带锯床	圆锯床	弓锯床	锉锯床	
其他机床	其他仪表机床	管子加工机	木螺钉加工机		刻线机	切断机				

表 A.2 常用机床组、系代号及主参数

类	组	系	机床名称	主参数的折算系数	主参数	第二主参数
车床	1	1	单轴纵切自动车床	1	最大棒料直径	
	1	2	单轴横切自动车床	1	最大棒料直径	
	1	3	单轴转塔自动车床	1	最大棒料直径	
	2	1	多轴棒料自动车床	1	最大棒料直径	轴数
	2	2	多轴卡盘自动车床	1/10	卡盘直径	轴数
	2	6	立式多轴半自动车床	1/10	最大车削直径	轴数
	3	0	回轮车床	1	最大棒料直径	
	3	1	滑鞍转塔车床	1/10	最大车削直径	
	3	3	滑枕转塔车床	1/10	最大车削直径	
	4	1	万能曲轴车床	1/10	最大工件回转直径	最大工件长度
	4	6	万能凸轮轴车床	1/10	最大工件回转直径	最大工件长度
	5	1	单柱立式车床	1/100	最大车削直径	最大工件高度
	5	2	双柱立式车床	1/100	最大车削直径	最大工件高度
	6	0	落地车床	1/100	最大工件回转直径	最大工件长度
	6	1	卧式车床	1/10	床身上最大回转直径	最大工件长度
	6	2	马鞍车床	1/10	床身上最大回转直径	最大工件长度
	6	4	卡盘车床	1/10	床身上最大回转直径	最大工件长度
	6	5	球面车床	1/10	刀架上最大回转直径	最大工件长度
	7	1	仿形车床	1/10	刀架上最大车削直径	最大车削长度

类	组	系	机床名称	主参数的折算系数	主参数	第二主参数
车床	7	5	多刀车床	1/10	刀架上最大车削直径	最大车削长度
	7	6	卡盘多刀车床	1/10	刀架上最大车削直径	
	8	4	轧辊车床	1/10	最大工件直径	最大工件长度
	8	9	铲齿车床	1/10	最大工件直径	最大模数
	9	1	多用车床	1/10	床身上最大回转直径	最大工件长度
钻床	1	3	立式坐标镗钻床	1/10	工作台面宽度	工作台面长度
	2	1	深孔钻床	1/10	最大钻孔直径	最大钻孔深度
	3	0	摇臂钻床	1	最大钻孔直径	最大跨距
	3	1	万向摇臂钻床	1	最大钻孔直径	最大跨距
	4	0	台式钻床	1	最大钻孔直径	
	5	0	圆柱立式钻床	1	最大钻孔直径	
	5	1	方柱立式钻床	1	最大钻孔直径	
	5	2	可调多轴立式钻床	1	最大钻孔直径	轴数
	8	1	中心孔钻床	1/10	最大工件直径	最大工件长度
	8	2	平端面中心孔钻床	1/10	最大工件直径	最大工件长度
镗床	4	1	单柱坐标镗床	1/10	工作台面宽度	工作台面长度
	4	2	双柱坐标镗床	1/10	工作台面宽度	工作台面长度
	4	5	卧式坐标镗床	1/10	工作台面宽度	工作台面长度
	6	1	卧式铣镗床	1/10	镗轴直径	
	6	2	落地镗床	1/10	镗轴直径	
	6	9	落地铣镗床	1/10	镗轴直径	镗轴直径
	7	0	单面卧式精镗床	1/10	工作台面宽度	工作台面长度
	7	1	双面卧式精镗床	1/10	工作台面宽度	工作台面长度
	7	2	立式精镗床	1/10	最大镗孔直径	
磨床	0	4	抛光机			
	0	6	刀具磨床			
	1	0	无心外圆磨床	1	最大磨削直径	
	1	3	外圆磨床	1/10	最大磨削直径	最大磨削长度
	1	4	万能外圆磨床	1/10	最大磨削直径	最大磨削长度

类	组	系	机床名称	主参数的折算系数	主参数	第二主参数
磨床	1	5	宽砂轮外圆磨床	1/10	最大磨削直径	最大磨削长度
	1	6	端面外圆磨床	1/10	最大回转直径	最大工件长度
	2	1	内圆磨床	1/10	最大磨削孔径	最大磨削深度
	2	5	立式行星内圆磨床	1/10	最大磨削孔径	最大磨削深度
	2	9	坐标磨床	1/10	工作台面宽度	工作台面长度
	3	0	落地砂轮机	1/10	最大砂轮直径	
	5	0	落地导轨磨床	1/100	最大磨削宽度	最大磨削长度
	5	2	龙门导轨磨床	1/100	最大磨削宽度	最大磨削长度
	6	0	万能工具磨床	1/10	最大回转直径	最大工件长度
	6	3	钻头刃磨床	1	最大刃磨钻头直径	
	7	1	卧轴矩台平面磨床	1/10	工作台面宽度	工作台面长度
	7	3	卧轴圆台平面磨床	1/10	工作台面直径	
	7	4	立轴圆台平面磨床	1/10	工作台面直径	
	8	2	曲轴磨床	1/10	最大回转直径	最大工件长度
	8	3	凸轮轴磨床	1/10	最大回转直径	最大工件长度
	8	6	花键轴磨床	1/10	最大磨削直径	最大磨削长度
	9	0	工具曲线磨床	1/10	最大磨削长度	
齿轮加工机床	3	1	滚齿机	1/10	最大工件直径	最大模数
	4	2	剃齿机	1/10	最大工件直径	最大模数
	4	6	珩齿机	1/10	最大工件直径	最大模数
	5	1	插齿机	1/10	最大工件直径	最大模数
铣床	2	0	龙门铣床	1/100	工作台面宽度	工作台面长度
	3	0	圆台铣床	1/10	工作台面直径	
	4	3	平面仿形铣床	1/10	最大铣削宽度	最大铣削长度
	4	4	立体仿形铣床	1/10	最大铣削宽度	最大铣削长度
	5	0	立式升降台铣床	1/10	工作台面宽度	工作台面长度
	6	0	卧式升降台铣床	1/10	工作台面宽度	工作台面长度
	6	1	万能升降台铣床	1/10	工作台面宽度	工作台面长度
	7	1	床身铣床	1/100	工作台面宽度	工作台面长度

续表

类	组	系	机床名称	主参数的折算系数	主参数	第二主参数
铣床	8	1	万能工具铣床	1/10	工作台面宽度	工作台面长度
	9	2	键槽铣床	1	最大键槽宽度	
刨插床	2	0	龙门刨床	1/100	最大刨削宽度	最大刨削长度
	2	2	龙门铣磨刨床	1/100	最大刨削宽度	最大刨削长度
	5	0	插床	1/10	最大插削宽度	
	6	0	牛头刨床	1/10	最大刨削长度	

附录 B 传动元件简图符号

表 B.1 传动元件简图符号

序号	名称	基本符号	可用符号
1	圆柱齿轮传动		
	圆锥齿轮传动		
	蜗轮与圆柱蜗杆		
	齿轮齿条		
2	圆柱凸轮		
3	联轴器（一般符号）		
	固定联轴器		
	弹性联轴器		

序号	名称		基本符号	可用符号
4	啮合式离合器	单向式		
		双向式		
5	摩擦离合器	单向式		
		双向式		
6	液压离合器（一般符号）			
7	电磁离合器			
8	超越离合器			
9	制动器			
10	整体螺母			
11	开合螺母			
12	皮带传动		V带　平带	

序号	名称		基本符号	可用符号
13	链传动		链　链　链	
14	滚珠螺母			
15	推力轴承	单向推力普通轴承		
		双向推力滚动轴承		
		推力滚动轴承		
16	向心轴承	普通轴承		
		滚动轴承		
17	向心推力轴承	单向向心推力普通轴承		
		双向向心推力普通轴承		
		向心推力滚动轴承		

注：表中的摩擦离合器，如需表明控制方式时，可在箭头的上方用英文字母 E 代表电磁控制，P 代表液压控制。

参 考 文 献

[1] 晏初宏，吴国华. 金属切削机床 [M]. 3 版. 北京：机械工业出版社，2019.

[2] 沈志雄. 金属切削机床 [M]. 2 版. 北京：机械工业出版社，2013.

[3] 窦金平. 通用机械设备 [M]. 2 版. 北京：北京理工大学出版社，2019.